建筑工程类型等级划分速查手册

张魁英　李大维　主编

中国建筑工业出版社

图书在版编目（CIP）数据

建筑工程类型等级划分速查手册/张魁英，李大维主编．—北京：中国建筑工业出版社，2007
 ISBN 978-7-112-09197-3

Ⅰ．建… Ⅱ．①张…②李… Ⅲ．①建筑工程-类型-手册②建筑工程-等级-手册 Ⅳ．TU-62

中国版本图书馆 CIP 数据核字（2007）第 038906 号

在建筑工程的设计、施工技术规范中规定了种种类型与等级，本书将散布于现行国家规范、标准中繁多的类型、等级划分标准等内容摘选编辑成一本工具书，以方便广大工程技术人员在设计、施工、监理工作中使用。全书共分建筑、结构两大部分共 26 章，涉及各种类型、等级 400 多种。本书特点是实用性较强，方便读者速查，节省时间。

本书可供建筑行业设计、施工、监理等人员使用，也可供相关专业师生参考。

* * *

责任编辑：余永祯
责任设计：赵明霞
责任校对：刘　钰　安　东

建筑工程类型等级划分速查手册
张魁英　李大维　主编

*

中国建筑工业出版社出版、发行（北京西郊百万庄）
新　华　书　店　经　销
霸州市顺浩图文科技发展有限公司制版
北京蓝海印刷有限公司印刷

*

开本：787×1092 毫米　1/16　印张：15¾　插页：5　字数：404 千字
2007 年 5 月第一版　　2007 年 5 月第一次印刷
印数：1—4000 册　　定价：**36.00** 元
ISBN 978-7-112-09197-3
（15861）

版权所有　翻印必究
如有印装质量问题，可寄本社退换
（邮政编码 100037）

本社网址：http://www.cabp.com.cn
网上书店：http://www.china-building.com.cn

主　　编：张魁英　李大维
编写人员：庄丽辉　佟胜宝　陈占芳　张素敏
　　　　　张凤霞　梁建军　吕以兑　王大程
　　　　　岳文洲

前言

在建筑工程的设计、施工技术规范中，规定了种种类型与等级。诸如：按坚硬程度将岩石分为五类，按风化程度将岩石分为六类，按地质成因将土分为七类，按粒径将土分为四类，建筑物的耐火等级分为四级，地下工程防水等级分为四级，建筑物的安全等级分为三级，有抗震设防要求的建筑物分为四个抗震设防类别等。如此繁多的类型、等级，散布于国家现行各个技术规范中，使得工程技术人员在设计、施工、监理工作实践中，查找起来比较麻烦。编者为了给广大工程技术人员创造方便，精心从各本国家现行技术规范中把各种类型、等级的划分标准摘选出来，同时选摘了与类型、等级相关联的基本规定内容，经过系统整理，汇编成册。

编辑本书依据的是中国建筑工业出版社2005年9月第一版、2005年9月第一次印刷的《现行建筑设计规范大全》、2005年9月第一版、2005年11月第二次印刷的《现行建筑结构规范大全》和2005年8月第一版、2005年8月第一次印刷的《现行建筑施工规范大全》。全书分建筑、结构两个部分，共26节，涉及各种类型、等级410多种。本书是工程技术人员查询与学习的一本非常实用的工具手册。

限于水平，本书的不足与错误之处在所难免，恳请读者批评与指正。您若需要深入了解与某种类型、等级相关联的其他内容，请查阅规范原文；如发现本书内容有与规范不一致的地方，均以现行规范为准。敬请读者谅解。

编者

2006年12月

目录

建 筑 部 分

1 民用建筑类别 1
  1.1 民用建筑按使用功能分类 1
  1.2 民用建筑按地上层数或高度分类 1
  1.3 宿舍居室按使用要求分类 1
  1.4 普通住宅套型分类 2
  1.5 民用建筑的设计使用年限分类 2
  1.6 洁净手术部用房分级 2
    1.6.1 洁净手术室分级 2
    1.6.2 洁净辅助用房的分级 3
  1.7 体育建筑等级 4

2 建筑规模类型 5
  2.1 幼儿园的规模类型 5
  2.2 博物馆的规模类型 5
  2.3 剧场建筑分类 5
    2.3.1 剧场建筑按使用性质及观演条件分类 5
    2.3.2 剧场的规模按观众容量分类 5
  2.4 电影院的规模按观众厅的容量分类 6
  2.5 商店建筑的规模类型 6
  2.6 旅馆建筑等级 6
  2.7 营业性餐馆建筑等级 6
  2.8 营业性冷、热饮食店建筑等级 7
  2.9 非营业性食堂建筑等级 7
  2.10 汽车客运站建筑等级 7
  2.11 港口客运站建筑等级 8
  2.12 铁路旅客车站建筑规模类型 8
  2.13 粮食平房仓分类 8
    2.13.1 粮食平房仓按堆装形式分类 8
    2.13.2 粮食平房仓按使用功能分类 8
    2.13.3 粮食平房仓按温度控制要求分类 8
  2.14 泵站等别、泵站建筑物级别 8
    2.14.1 灌溉排水泵站等别 8

  2.14.2 泵送建筑物级别 ……………………………………………………………… 9
 2.15 汽车库建筑类型 …………………………………………………………………… 9
 2.16 石油库的等级 ……………………………………………………………………… 9
 2.17 汽车加油加气站的等级 …………………………………………………………… 10
  2.17.1 汽车加油站的等级 …………………………………………………………… 10
  2.17.2 液化石油气加气站的等级 …………………………………………………… 10
  2.17.3 加油和液化石油气加气合建站的等级 ……………………………………… 10
  2.17.4 加油和压缩天然气加气合建站的等级 ……………………………………… 11
 2.18 猪屠宰车间的等级 ………………………………………………………………… 11
 2.19 猪加工分割车间的等级 …………………………………………………………… 11
 2.20 水泥工厂的规模类型 ……………………………………………………………… 11
 2.21 生物安全实验室的分级 …………………………………………………………… 12
  2.21.1 四级生物安全实验室的分类 ………………………………………………… 12
  2.21.2 生物安全实验室选用生物安全柜的原则 …………………………………… 12
 2.22 老年人住宅和老年人公寓的规模类型 …………………………………………… 13
 2.23 体育馆规模分类 …………………………………………………………………… 13
 2.24 游泳设施规模分类 ………………………………………………………………… 13
 2.25 小型水力发电站工程等别 ………………………………………………………… 13
  2.25.1 水工建筑物的级别 …………………………………………………………… 14
  2.25.2 水库大坝提级的指标 ………………………………………………………… 14
 2.26 石油天然气站场等级划分 ………………………………………………………… 14

3 腐蚀性介质种类及腐蚀性等级 …………………………………………………………… 16
 3.1 腐蚀性介质种类及类别 ……………………………………………………………… 16
 3.2 生产部位腐蚀性介质类别举例 ……………………………………………………… 16
 3.3 腐蚀性介质对建筑材料的腐蚀性等级 ……………………………………………… 20
  3.3.1 气态介质对建筑材料的腐蚀性等级 ………………………………………… 20
  3.3.2 腐蚀性水对建筑材料的腐蚀性等级 ………………………………………… 21
  3.3.3 酸碱盐溶液对建筑材料的腐蚀性等级 ……………………………………… 22
  3.3.4 固态介质对建筑材料的腐蚀性等级 ………………………………………… 22
  3.3.5 污染土对建筑材料的腐蚀性等级 …………………………………………… 23

4 火灾危险性类别 …………………………………………………………………………… 25
 4.1 生产的火灾危险性分类 ……………………………………………………………… 25
 4.2 储存物品的火灾危险性分类 ………………………………………………………… 27
 4.3 村镇厂房的火灾危险性分类和举例 ………………………………………………… 28
 4.4 村镇库房、堆场、贮罐的火灾危险性分类和举例 ………………………………… 29
 4.5 洁净厂房生产工作间的火灾危险性分类举例 ……………………………………… 29
 4.6 可燃气体的火灾危险性分类 ………………………………………………………… 30
 4.7 液化烃、可燃液体的火灾危险性分类 ……………………………………………… 30
 4.8 甲、乙、丙类固体的火灾危险性分类举例 ………………………………………… 31
 4.9 石油化工企业工艺装置或装置内单元的火灾危险性分类举例 …………………… 31

4.10 火灾自动报警系统保护对象分级 ··· 33
4.11 火灾探测器的具体设置部位（建议性）······································ 34
4.12 自动喷水灭火系统设置场所火灾危险等级 ·································· 36
 4.12.1 自动喷水灭火系统设置场所火灾危险等级举例 ·························· 37
 4.12.2 塑料、橡胶分类举例 ··· 37
4.13 工业建筑灭火器配置场所的火灾危险等级 ·································· 38
4.14 民用建筑灭火器配置场所的火灾危险等级 ·································· 39
4.15 水泥工厂建（构）筑物生产的火灾危险性类别、耐火等级及防火间距 ········ 40
4.16 火灾的种类 ··· 41
4.17 石油库储存油品的火灾危险性分类 ·· 41
4.18 石油天然气火灾危险性分类 ·· 41

5 建筑物的耐火等级 ··· 43
5.1 建筑物的耐火等级，其构件的燃烧性能和耐火极限的限值规定 ················ 43
5.2 民用建筑的耐火等级、层数、长度和面积 ···································· 44
5.3 各类厂房的耐火等级、层数和占地面积 ······································ 45
5.4 库房的耐火等级、层数和建筑面积 ·· 46
5.5 高层建筑物的耐火等级 ·· 47
5.6 村镇建筑物的耐火等级及构件材料 ·· 48
 5.6.1 村镇民用建筑的耐火等级、允许层数、长度和面积 ······················ 49
 5.6.2 村镇厂（库）房建筑的耐火等级、允许层数和允许占地面积 ············ 49
5.7 档案馆耐火等级 ·· 49
5.8 汽车库、修车库的耐火等级 ·· 50
5.9 飞机库的耐火等级 ·· 50
5.10 剧场的耐久年限和耐火等级 ·· 50
5.11 电影院的耐久年限和耐火等级 ·· 51
5.12 不同等级体育建筑耐火等级 ·· 51
5.13 石油库内生产性建筑物和构筑物的耐火等级 ································ 51

6 建筑构件的燃烧性能和耐火极限 ··· 52
6.1 建筑构件的燃烧性能和耐火极限 ·· 52
6.2 高层建筑构件的燃烧性能和耐火极限 ·· 63
6.3 高层建筑钢结构构件的燃烧性能和耐火极限 ·································· 63
6.4 防火门、防火窗的耐火极限 ·· 64
6.5 飞机库建筑构件的燃烧性能和耐火极限 ······································ 64
6.6 车库建筑构件的燃烧性能和耐火极限 ·· 65
6.7 混凝土小型空心砌块墙体的燃烧性能和耐火极限 ······························ 65
6.8 建筑内部装修材料的燃烧性能等级 ·· 65
 6.8.1 装修材料分类 ··· 65
 6.8.2 装修材料燃烧性能等级划分 ··· 66
 6.8.3 民用建筑内部装修材料燃烧性能等级规定 ······························ 67
 6.8.4 工业厂房内部各部位装修材料的燃烧性能等级 ·························· 70

6.9 木结构建筑构件的燃烧性能和耐火极限 ………………………………………… 70

7 建筑物生产危险等级

7.1 民用爆破器材工厂 ……………………………………………………………… 72
   7.1.1 民用爆破器材工厂危险品生产工序的危险等级 …………………………… 72
   7.1.2 民用爆破器材工厂危险品仓库的危险等级 ………………………………… 74
   7.1.3 建筑物的危险等级划分 ……………………………………………………… 75
   7.1.4 电气危险场所的区域划分 …………………………………………………… 75
   7.1.5 工作间危险区域划分和防雷类别 …………………………………………… 75
   7.1.6 民用爆破器材工厂库房危险区域划分和防雷类别 ………………………… 77
   7.1.7 与爆炸危险区域毗邻工作间的危险区域划分 ……………………………… 77
   7.1.8 排风室危险区域划分 ………………………………………………………… 77
7.2 烟花爆竹工厂 ……………………………………………………………………… 78
   7.2.1 烟花爆竹工厂的危险品生产工序的危险等级 ……………………………… 78
   7.2.2 烟花爆竹工厂的危险品仓库的危险等级 …………………………………… 78
   7.2.3 建筑物的危险等级划分 ……………………………………………………… 78
   7.2.4 工作间和仓库的危险场所类别划分 ………………………………………… 79
   7.2.5 与爆炸危险场所毗邻的场所的危险类别划分 ……………………………… 80
   7.2.6 排风室危险场所类别划分 …………………………………………………… 80
7.3 石油库内爆炸危险区域的等级范围划分 ………………………………………… 80
7.4 加油加气站内爆炸危险区域的等级范围划分 …………………………………… 86
7.5 民用建筑物保护类别划分 ………………………………………………………… 89

8 防水等级与防洪标准等级

8.1 地下工程防水等级和设防要求 …………………………………………………… 91
   8.1.1 地下工程防水等级标准 ……………………………………………………… 91
   8.1.2 地下工程不同防水等级的适用范围 ………………………………………… 91
   8.1.3 明挖法地下工程防水设防要求 ……………………………………………… 91
   8.1.4 暗挖法地下工程防水设防要求 ……………………………………………… 91
   8.1.5 地下工程迎水面防水卷材厚度选用 ………………………………………… 92
   8.1.6 地下工程防水涂料厚度选用 ………………………………………………… 92
   8.1.7 盾构隧道衬砌防水措施 ……………………………………………………… 93
8.2 屋面工程防水等级和设防要求 …………………………………………………… 93
   8.2.1 屋面防水卷材厚度选用 ……………………………………………………… 94
   8.2.2 屋面防水涂膜厚度选用 ……………………………………………………… 94
8.3 新型干法水泥厂的防洪标准等级 ………………………………………………… 94
8.4 水库工程水工建筑物的防洪标准 ………………………………………………… 94
8.5 小型水力发电站非挡水厂房的防洪标准 ………………………………………… 95
   8.5.1 小水电站临时建筑物洪水标准 ……………………………………………… 95
   8.5.2 小水电站坝体临时渡汛洪水标准 …………………………………………… 95
8.6 不同淹没对象设计洪水标准 ……………………………………………………… 96

9 建筑热工分区、建筑气候分区、大气透明度等级

9.1 建筑热工设计分区及设计要求 …………………………………………………… 97

9.1.1	全国建筑热工设计分区图	97
9.1.2	旅游旅馆建筑热工与空气调节节能的设计等级	97
9.1.3	旅游旅馆各种用途空调房间室内设计计算参数	97
9.2	中国建筑气候区划图	98
9.3	室内干湿程度的类别划分	99
9.4	大气透明度等级	99

10 室内环境类别及卫生特征级别

10.1	民用建筑工程室内环境类别	102
10.2	民用建筑工程室内环境污染物浓度限量	102
10.3	人造木板及饰面人造木板按游离甲醛含量或游离甲醛释放量分类	102
10.4	空气中悬浮粒子洁净度等级	103
10.5	工业企业生产车间的卫生特征级别	103
10.6	危险品生产工序的卫生特征分级	104
10.7	民用建筑工程根据控制室内环境污染分类	105
10.8	人造木板及饰面人造木板按环境污染分类	105
10.8.1	环境测试舱法测定分类限量	105
10.8.2	穿孔法测定分类限量	106
10.8.3	干燥器法测定分类限量	106

11 民用建筑隔声减噪标准等级

11.1	民用建筑隔声减噪设计标准等级	107
11.2	民用建筑室内允许噪声等级	107
11.3	民用建筑空气声隔声标准	108
11.4	民用建筑撞击声隔声标准	108
11.5	图书馆用房噪声等级分区及允许噪声级标准	109
11.6	体育馆扩声系统扩声特性指标等级	109

12 安全防范工程的风险等级与防护级别

12.1	防护对象风险等级划分原则	111
12.2	安全防范系统的防护级别划分原则	111
12.3	五类高风险对象的风险等级与防护级别的确定	111
12.4	普通风险对象的安全防范类型	112
12.4.1	通用型公共建筑安全防范类型	112
12.4.2	住宅小区的安全防范类型及安防系统配置标准	112

13 采光等级及采光系数标准值

13.1	建筑室内视觉作业场所采光等级及采光系数标准值	114
13.2	居住建筑的采光等级及采光系数标准值	114
13.3	办公建筑的采光等级及采光系数标准值	115
13.4	学校建筑的采光等级及采光系数标准值	115
13.5	图书馆建筑的采光等级及采光系数标准值	115
13.6	旅馆建筑的采光等级及采光系数标准值	115
13.7	医院建筑的采光等级及采光系数标准值	116

- 13.8 博物馆和美术馆建筑的采光等级及采光系数标准值 116
- 13.9 工业建筑的采光等级及采光系数标准值 116
- 13.10 中国光气候分区图 118
- 13.11 光气候系数 K 118

14 防雷分类及用电负荷等级 119
- 14.1 建筑物的防雷分类 119
- 14.2 防雷区（LPZ）的划分 119
- 14.3 水泥工厂建筑物防雷类型 120
  - 14.3.1 水泥工厂的电气负荷等级 120
  - 14.3.2 水泥工厂原料矿山电气负荷等级 120
- 14.4 博物馆电气负荷等级及防雷类型 121
- 14.5 档案馆防雷类型 121
- 14.6 剧场电气负荷等级及防雷类型 121
- 14.7 电影院电气负荷等级及防雷类型 122
- 14.8 办公建筑的电气负荷等级 122
- 14.9 旅馆电气负荷等级 122
- 14.10 商店电气负荷等级 122
- 14.11 餐馆、汽车站、港口客运站、铁路客运站、粮食仓、石油库、加油加气站、冷库、汽车库、修车库、停车场、飞机库等建筑电气负荷等级及防雷类型 123
- 14.12 每套住宅的用电负荷标准及电度表规格 124
- 14.13 建筑与建筑群综合布线系统分级和传输距离限值 124
- 14.14 防空地下室战时的电力负荷分级 125
- 14.15 建筑物电子信息系统雷电防护等级 125
- 14.16 地区雷暴日等级划分 126

结 构 部 分

15 岩土工程勘察等级 129
- 15.1 土试样质量等级 129
  - 15.1.1 土试样据试验目的划分质量等级 129
  - 15.1.2 土试样据取样方法与工具划分质量等级 129
  - 15.1.3 冻土试样据试验目的划分质量等级 129
- 15.2 圆锥动力触探试验类型 130
- 15.3 岩土工程勘察等级 130
  - 15.3.1 工程重要性等级 130
  - 15.3.2 场地复杂程度等级 130
  - 15.3.3 地基复杂程度等级 131
- 15.4 高层建筑岩土工程勘察等级 131

16 场地环境类型及岩体分类 133
- 16.1 场地环境类型 133

16.1.1 场地冰冻区分类 ··· 133
  16.1.2 场地冰冻段分类 ··· 133
 16.2 岩体按结构类型分类 ··· 133
 16.3 岩体完整程度分类 ··· 134
  16.3.1 岩体完整程度的定性分类 ··· 134
  16.3.2 岩体完整程度划分 ··· 135
 16.4 岩体基本质量等级分类 ··· 135
 16.5 全新活动断裂分级 ··· 136
 16.6 泥石流的工程分类和特征 ··· 136

17 岩土分类 ··· 137
 17.1 岩石坚硬程度分类 ··· 137
 17.2 岩石风化程度分类 ··· 137
 17.3 土按沉积年代分类 ··· 138
  17.3.1 土按地质成因分类 ··· 138
  17.3.2 土按有机质含量分类 ·· 138
  17.3.3 土按粒径分类 ··· 139
 17.4 碎石土按粒径分类 ··· 139
  17.4.1 碎石土密实度按 $N_{63.5}$ 分类 ······································· 139
  17.4.2 碎石土密实度按 N_{120} 分类 ······································· 139
  17.4.3 碎石土密实度野外鉴别 ··· 140
 17.5 砂土按粒径分类 ··· 140
 17.6 粉土密实度按孔隙比分类 ··· 140
 17.7 黏性土按塑性指数 I_P 分类 ·· 141
 17.8 其他土类 ··· 141
 17.9 红黏土的状态分类 ··· 142
  17.9.1 红黏土的结构分类 ··· 142
  17.9.2 红黏土的复浸水特性可按表 17.9.2 分类 ····························· 142
  17.9.3 红黏土的地基均匀性分类 ·· 142
 17.10 膨胀土的膨胀潜势分类 ·· 142
 17.11 黄土的湿陷性判定 ·· 143
  17.11.1 湿陷性黄土的湿陷程度种类 ··· 143
  17.11.2 湿陷性黄土场地的湿陷类型 ··· 143
  17.11.3 湿陷性黄土地基的湿陷等级 ··· 143
  17.11.4 湿陷性黄土场地上的建筑物分类 ···································· 143
  17.11.5 湿陷性土地基的埋地管道等与建筑物之间的防护距离 ·············· 144
  17.11.6 中国湿陷性黄土工程地质分区图 ···································· 146
 17.12 盐渍岩分类 ·· 146
  17.12.1 盐渍土按含盐化学成分分类 ··· 146
  17.12.2 盐渍土按含盐量分类 ·· 146
 17.13 软土的结构性分类 ·· 147
 17.14 冻土按冻结状态持续时间分类 ·· 147

- 17.14.1　地基土的冻胀性分类 ……………………………………… 147
- 17.14.2　多年冻土的类型和分布 ……………………………………… 148
- 17.14.3　季节活动层的类型和分布 …………………………………… 148
- 17.14.4　多年冻土的融沉性分级 ……………………………………… 148
- 17.14.5　建筑基底下允许残留冻土层厚度 …………………………… 150

18　基坑、边坡及支护类型 ……………………………………… 151
18.1　基坑土方工程分级 ……………………………………… 151
- 18.1.1　基坑变形的监控值 ……………………………………… 151
- 18.1.2　基坑监测项目选择 ……………………………………… 151
18.2　建筑边坡类型 ……………………………………………… 152
18.3　滑坡的类型 ………………………………………………… 152
18.4　岩质边坡的岩体类型 ……………………………………… 152
18.5　岩质边坡的破坏形式分类 ………………………………… 153
18.6　基坑支护结构选型 ………………………………………… 153
18.7　围岩级别 …………………………………………………… 155
18.8　隧洞和斜井的锚喷支护类型和设计参数 ………………… 157

19　地基基础设计等级及结构安全等级 ………………………… 159
19.1　地基基础设计等级 ………………………………………… 159
- 19.1.1　不同地基基础设计等级的设计规定 …………………… 159
- 19.1.2　可不作地基变形计算设计等级为丙级的建筑物范围 … 160
19.2　建筑桩基安全等级 ………………………………………… 160
19.3　边坡工程安全等级 ………………………………………… 161
19.4　基坑支护侧壁安全等级 …………………………………… 161
19.5　建筑结构的安全等级 ……………………………………… 162
- 19.5.1　软土地区建筑物的安全等级 …………………………… 162
- 19.5.2　高层建筑安全等级 ……………………………………… 162
- 19.5.3　高耸结构的安全等级 …………………………………… 163
- 19.5.4　水泥厂建（构）筑物的安全等级 ……………………… 163
19.6　生物安全实验室的结构安全等级 ………………………… 163
19.7　电视塔安全等级 …………………………………………… 163

20　部分材料等级 ………………………………………………… 164
20.1　烧结普通砖、烧结多孔砖等的强度等级 ………………… 164
20.2　蒸压灰砂砖，蒸压粉煤灰砖的强度等级 ………………… 164
20.3　砌块的强度等级 …………………………………………… 164
20.4　石材的强度等级 …………………………………………… 164
20.5　砂浆的强度等级 …………………………………………… 164
20.6　普通钢筋的强度标准值 …………………………………… 164
- 20.6.1　预应力钢筋的强度标准值 ……………………………… 165
- 20.6.2　冷轧带肋钢筋强度标准值 ……………………………… 165
20.7　混凝土强度等级 …………………………………………… 165

20.7.1 混凝土强度标准值 ·········· 165
20.7.2 混凝土按坍落度分级 ·········· 165
20.7.3 混凝土按维勃稠度分级 ·········· 166
20.7.4 轻骨料混凝土按用途分类 ·········· 166
20.7.5 轻骨料混凝土的密度等级 ·········· 166
20.7.6 结构混凝土耐久性对混凝土强度等级的最低限值 ·········· 167
20.7.7 给排水管道工程混凝土抗渗等级 ·········· 168
20.7.8 地下工程防水混凝土的设计抗渗等级 ·········· 168
20.8 砌体结构中块体材料和砂浆的强度等级 ·········· 168
20.8.1 5层及5层以上房屋的墙以及受振动或层高大于6m的墙、柱所用材料的最低强度等级要求 ·········· 169
20.8.2 地面以下或防潮层以下的砌体、潮湿房间的墙所用材料的最低强度等级的要求 ·········· 169
20.9 石材按外形规则程度分类 ·········· 169
20.10 承重木结构构件材质等级 ·········· 170
20.10.1 承重结构方木材质标准 ·········· 170
20.10.2 承重结构板材材质标准 ·········· 171
20.10.3 承重结构原木材质标准 ·········· 171
20.10.4 针叶树种木材适用的强度等级 ·········· 171
20.10.5 阔叶树种木材适用的强度等级 ·········· 171
20.10.6 木材强度检验标准 ·········· 171
20.11 胶合木构件的材质等级 ·········· 172
20.12 轻型木结构用规格材的材质等级 ·········· 174

21 建筑抗震设防分类及设防标准 ·········· 177
21.1 建筑抗震设防类别划分 ·········· 177
21.1.1 建筑抗震设防类别划分的因素 ·········· 177
21.1.2 建筑抗震设防类别 ·········· 177
21.2 各抗震设防类别建筑的抗震设防标准 ·········· 177
21.3 城市和工矿企业与抗震防灾和救灾有关的建筑的抗震设防类别示例 ·········· 178
21.4 公共建筑和居住建筑抗震设防类别示例 ·········· 178
21.5 城镇给排水、燃气、热力建筑抗震设防类别示例 ·········· 179
21.6 电力建筑抗震设防类别示例 ·········· 179
21.7 交通运输建筑抗震设防类别示例 ·········· 180
21.8 邮电通信、广播电视建筑抗震设防类别示例 ·········· 180
21.9 采煤、采油和矿山生产建筑抗震设防类别示例 ·········· 181
21.10 原材料生产建筑抗震设防类别示例 ·········· 181
21.11 加工制造业生产建筑抗震设防类别示例 ·········· 182
21.12 仓库类建筑抗震设防类别示例 ·········· 183
21.13 水泥厂建（构）筑物的建筑抗震设防类别示例 ·········· 183
21.14 生物安全实验室的抗震设防分类 ·········· 183

22 抗震建筑的地段、场地类别 ·········· 184
22.1 对建筑抗震有利、不利和危险地段的划分 ·········· 184

22.2 建筑的场地类别 ·· 184
22.2.1 构筑物的场地分类 ·· 184
22.2.2 不同类型场地的建筑抗震构造措施 ······························ 184
22.2.3 土层剪切波速的测量与经验估计 ··································· 185
22.3 液化土层地基的液化等级 ··· 185

23 我国主要城镇抗震设防烈度、设计基本地震加速度和设计地震分组 ············ 186

24 抗震等级 ··· 199
24.1 混凝土结构的抗震等级 ··· 199
24.2 现浇钢筋混凝土房屋的抗震等级 ······································ 200
24.2.1 确定钢筋混凝土房屋抗震等级的有关规定 ······················ 200
24.2.2 隔震后丙类钢筋混凝土结构的抗震等级 ·························· 201
24.3 A级高度的高层建筑结构抗震等级 ···································· 201
24.4 型钢混凝土组合结构的抗震等级 ······································ 202
24.5 钢筋混凝土大板结构的抗震等级 ······································ 203
24.6 钢筋轻骨料混凝土结构的抗震等级 ··································· 203
24.7 钢—混凝土混合结构的抗震等级 ······································ 203
24.8 框排架结构的框架跨的抗震等级 ······································ 204
24.9 桩基的抗震构造等级 ·· 204
24.10 配筋砌块砌体剪力墙和墙梁的抗震等级 ··························· 205
24.11 配筋小型空心砌块抗震墙房屋的抗震等级 ························ 205
24.12 现浇预应力混凝土结构构件的抗震等级 ··························· 206

25 建筑结构不规则类型及抗震房屋高度、高宽比限值 ····························· 207
25.1 平面不规则类型 ·· 207
25.1.1 竖向不规则类型 ·· 207
25.1.2 不规则的建筑结构应采取的抗震措施 ···························· 207
25.2 多层砌体房屋的层数和总高度限值 ··································· 208
25.2.1 多层砌体房屋的最大高宽比 ······································ 208
25.2.2 房屋抗震横墙最大间距 ·· 209
25.3 小砌块房屋的层数和总高度限值 ······································ 209
25.4 配筋砌块砌体剪力墙房屋适用的最大高度 ·························· 210
25.5 多孔砖房屋的最大高宽比 ··· 210
25.6 现浇钢筋混凝土房屋适用的最大高度 ································ 210
25.7 A级高度钢筋混凝土高层建筑的最大适用高度 ···················· 211
25.7.1 B级高度钢筋混凝土高层建筑的最大适用高度 ················· 211
25.7.2 A级高度钢筋混凝土高层建筑的最大高宽比 ··················· 212
25.7.3 B级高度钢筋混凝土高层建筑的最大高宽比 ··················· 212
25.8 钢—混凝土混合结构高层建筑的最大适用高度 ···················· 212
25.9 各类大板建筑的适用层数 ··· 213
25.10 钢结构和有混凝土剪力墙的钢结构高层建筑的最大适用高度 ··· 213
25.11 现浇预应力混凝土房屋适用的最大高度 ··························· 214

26 其他有关分类 ··· 215

26.1　荷载分类和荷载代表值 ·· 215
26.2　地面粗糙度分类 ·· 215
26.3　砌体房屋的静力计算方案分类 ·· 215
26.4　高层建筑基础防水混凝土的抗渗等级 ······························· 216
26.5　装配式大板居住建筑各种结构类型的承重墙所用材料强度等级 ······ 216
26.6　不同环境类别纵向受力钢筋的混凝土保护层最小厚度 ·········· 217
26.7　混凝土结构构件的裂缝控制等级 ····································· 217
　　26.7.1　混凝土结构构件的裂缝控制等级及最大裂缝宽度限值 ····· 218
　　26.7.2　钢筋轻骨料混凝土结构构件的裂缝控制等级及最大裂缝宽度限值 ····· 218
　　26.7.3　无粘结预应力混凝土构件的裂缝控制等级 ···················· 218
26.8　一、二级焊缝质量等级及缺陷分级 ·································· 220
26.9　现浇混凝土结构外观质量缺陷分类 ·································· 221
26.10　砌体施工质量控制等级 ··· 221
26.11　建筑变形测量的等级及其精度要求 ································ 222
26.12　钢材表面除锈等级要求 ··· 222
26.13　建筑工程基桩桩身完整性分类 ······································ 222
　　26.13.1　钻芯法判定桩身完整性类别 ····································· 223
　　26.13.2　低应变法判定桩身完整性类别 ·································· 223
　　26.13.3　高应变法判定桩身完整性类别 ·································· 223
　　26.13.4　声波透射法判定桩身完整性类别 ······························· 224
26.14　PVC塑料门、窗建筑物理性能分级 ································ 224
　　26.14.1　塑料门、窗的抗风压性能分级 ·································· 224
　　26.14.2　塑料门、窗空气渗透性能分级 ·································· 224
　　26.14.3　塑料门、窗雨水渗透性能分级 ·································· 224
　　26.14.4　塑料门、窗保温性能分级 ·· 225
　　26.14.5　塑料门、窗空气声计权隔声性能分级 ························· 225
26.15　铝合金门、窗建筑物理性能分级 ···································· 225
　　26.15.1　铝合金门、窗的抗风压性能分级 ······························· 225
　　26.15.2　铝合金门、窗水密性能分级 ····································· 226
　　26.15.3　铝合金门、窗气密性能分级 ····································· 226
　　26.15.4　铝合金门、窗保温性能分级 ····································· 226
　　26.15.5　铝合金门、窗空气声隔声性能分级 ···························· 226
　　26.15.6　铝合金窗采光性能分级 ··· 226
26.16　耐火砌体分类 ··· 226
26.17　建筑钢结构工程的焊接难度区分原则 ····························· 227
　　26.17.1　焊接方法分类及代号 ·· 228
　　26.17.2　焊缝质量等级的选用原则 ·· 228
　　26.17.3　钢结构施焊位置分类及代号 ····································· 228
　　26.17.4　钢结构常用钢材分类 ·· 228
　　26.17.5　钢结构试件接头形式分类及代号 ······························· 228
26.18　钢筋机械连接接头的等级 ·· 229
参考文献 ·· 230

建筑部分

1 民用建筑类别

1.1 民用建筑按使用功能分类

民用建筑按使用功能可分为居住建筑和公共建筑两大类。

1.2 民用建筑按地上层数或高度分类

1. 住宅建筑按层数可分为四类，且应符合表1.2的规定。

住宅建筑按层数分类 表1.2

住宅类别	层数范围	住宅类别	层数范围
低层	1～3层	中高层	7～9层
多层	4～6层	高层	10层及10层以上

2. 除住宅之外的民用建筑，高度不大于24m者为单层和多层建筑，大于24m者为高层建筑（不包括建筑高度大于24m的单层公共建筑）。
3. 建筑高度大于100m的民用建筑为超高层建筑。

1.3 宿舍居室按使用要求分类

宿舍居室按其使用要求分为甲、乙、丙三类，各类居室的人均居住面积不应小于表1.3的规定。

宿舍居室类别 表1.3

项目	类型	甲类	乙类	丙类	
每室居住人数		2人	3～4人	6人	8人
人均居住面积 m^2/人	单层床	6	4	—	—
	双层床	—	—	3	2.60
贮藏空间		壁柜、吊柜、书架			

注：1. 1人居室的面积指标和功能标准，按国家规定或实际需要确定；
2. 居室包括睡眠和学习合用或分隔为两部分组成的空间；
3. 居室应有贮藏空间、严寒、寒冷和温暖地区平均每人贮藏量不宜小于0.45m^2，炎热地区不宜小于0.35m^2。

1.4 普通住宅套型分类

普通住宅套型分为一至四类，其居住空间个数和使用面积，不宜小于表1.4的规定，厨房的使用面积不应小于表1.4的规定。

普通住宅套型类别　　　　　　　　　　表1.4

套 型	居住空间数（个）	使用面积（m^2）	厨房使用面积（m^2）
一类	2	34	4
二类	3	45	4
三类	3	56	5
四类	4	68	5

注：表内使用面积均未包括阳台面积。

1.5 民用建筑的设计使用年限分类

使用年限分类应符合表1.5的规定。

民用建筑设计使用年限分类　　　　　　　　　　表1.5

类别	设计使用年限（年）	示　　例
1	5	临时性建筑
2	25	易于替换结构构件的建筑
3	50	普通建筑和构筑物
4	100	纪念性建筑和特别重要的建筑

1.6 洁净手术部用房分级

洁净手术部用房分为四级，并以空气洁净度级别作为必要保障条件。在空态或静态条件下，细菌浓度（沉降菌法浓度或浮游菌法浓度）和空气洁净度级别都必须符合划级标准。

1.6.1 洁净手术室分级

1. 洁净手术室分级应符合表1.6.1-1的规定。

洁净手术室分级　　　　　　　　　　表1.6.1-1

等级	手术室名称	手术切口类别	适用手术提示
Ⅰ	特别洁净手术室	Ⅰ	关节置换手术，器官移植手术及脑外科、心脏外科和眼科等手术中的无菌手术
Ⅱ	标准洁净手术室	Ⅰ	胸外科、整形外科、泌尿外科、肝胆胰外科、骨外科和普通外科中的一类切口无菌手术
Ⅲ	一般洁净手术室	Ⅱ	普通外科（除去一类切口手术）、妇产科等手术
Ⅳ	准洁净手术室	Ⅲ	肛肠外科及污染类等手术

2. 洁净手术室的等级标准的指标应符合表 1.6.1-2 的规定。

洁净手术室的等级标准（空态或静态） 表 1.6.1-2

等级	手术室名称	沉降法(浮游法)细菌最大平均浓度		表面最大染菌密度（个/cm²）	空气洁净度级别	
		手术区	周边区		手术区	周边区
Ⅰ	特别洁净手术室	0.2个/30min·φ90皿(5个/m³)	0.4个/30min·φ90皿(10个/m³)	5	100级	1000级
Ⅱ	标准洁净手术室	0.75个/30min·φ90皿(25个/m³)	1.5个/30min·φ90皿(50个/m³)	5	1000级	10000级
Ⅲ	一般洁净手术室	2个/30min·φ90皿(75个/m³)	4个/30min·φ90皿(150个/m³)	5	10000级	100000级
Ⅳ	准洁净手术室	5个/30min·φ90皿(175个/m³)		5	300000级	

注：1. 浮游法的细菌最大平均浓度采用括号内数值。细菌浓度是直接所测的结果，不是沉降法和浮游法互相换算的结果。
2. Ⅰ级眼科专用手术室周边区按10000级要求。

1.6.2 洁净辅助用房的分级

1. 洁净辅助用房的分级应符合表 1.6.2-1 的要求。

主要洁净辅助用房分级 表 1.6.2-1

等级	用 房 名 称
Ⅰ	需要无菌操作的特殊实验室
Ⅱ	体外循环灌注准备室
Ⅲ	刷手间
	消毒准备室
	预麻室
	一次性物品、无菌敷料及器械与精密仪器的存放室
	护士站
	洁净走廊
	重症护理单元(ICU)
Ⅳ	恢复(麻醉苏醒)室与更衣室(二更)
	清洁走廊

2. 洁净辅助用房的等级标准的指标应符合表 1.6.2-2 的要求。

洁净辅助用房的等级标准（空态或静态） 表 1.6.2-2

等级	沉降法(浮游法)细菌最大平均浓度	表面最大染菌密度（个/m³）	空气洁净度级别
Ⅰ	局部：0.2个/30min·φ90皿(5个/m³) 其他区域：0.4个/30min·φ90皿(10个/m³)	5	局部：100级 其他区域：1000级
Ⅱ	1.5个/30min·φ90皿(50个/m³)	5	10000级
Ⅲ	4个/30min·φ90皿(150个/m³)	5	100000级
Ⅳ	5个/30min·φ90皿(175个/m³)	5	300000级

注：浮游法的细菌最大平均浓度采用括号内数值。细菌浓度是直接所测的结果，不是沉降法和浮游法互相换算的结果。

1.7 体育建筑等级

1. 体育建筑等级应根据其使用要求分为四个等级,且应符合表1.7-1的规定。

体育建筑等级　　　　　　　　　　　　　　　　　表1.7-1

等　级	主　要　使　用　要　求
特级	举办亚运会、奥运会及世界级比赛主场
甲级	举办全国性和单项国际比赛
乙级	举办地区性和全国单项比赛
丙级	举办地方性、群众性运动会

2. 不同等级体育建筑的结构设计使用年限,应符合表1.7-2的规定。

体育建筑的结构设计使用年限　　　　　　　　　　表1.7-2

建筑等级	主体结构设计使用年限
特级	>100年
甲级、乙级	50~100年
丙级	25~50年

2 建筑规模类型

2.1 幼儿园的规模类型

幼儿园分为大、中、小型,各类型的建筑规模应符合表 2.1 的规定。

幼儿园类型及建筑规模　　　　　　　表 2.1

类　型	建筑规模	类　型	建筑规模
大型	10 至 12 个班	小型	5 个班及 5 个班以下
中型	6～9 个班		

2.2 博物馆的规模类型

博物馆分为大、中、小型,各类型的建筑规模及适用范围应符合表 2.2 的规定。

博物馆类型及建筑规模与适用范围　　　　　　　表 2.2

类型	建筑规模	适　用　范　围
大型	大于 10000m²	一般适用于中央各部委直属博物馆及各省、自治区、直辖市博物馆
中型	4000～10000m²	一般适用于各系统省厅(局)直属博物馆及省辖市(地)博物馆
小型	小于 4000m²	一般适用于各系统市(地)、县(县级市)局直属博物馆及县(县级市)博物馆

注:1. 建筑规模仅指博物馆的业务及辅助用房面积之和,不包括职工生活用房面积。
　　2. 大、中型馆的耐久年限不应少于 100 年,小型馆的耐久年限不应少于 50 年。

2.3 剧场建筑分类

2.3.1 剧场建筑按使用性质及观演条件分类

剧场建筑分为歌舞、话剧、戏曲三类。当剧场为多功能时,其技术规定按其主要使用性质确定,其他用途应适当兼顾。

2.3.2 剧场的规模按观众容量分类

剧场的规模分为四类,并应符合表 2.3.2 的规定。

剧场规模按观众容量分类　　　　　　　表 2.3.2

类　型	观众容量	类　型	观众容量
特大型	1601 座以上	中型	801～1200 座
大型	1201～1600 座	小型	300～800 座

注:话剧、戏曲剧场不宜超过 1200 座,歌舞剧场不宜超过 1800 座。

2.4 电影院的规模按观众厅的容量分类

电影院的规模按观众厅的容量分为四类,并应符合表2.4的规定。

电影院的规模按观众容量分类　　　　　　　　表2.4

类　型	观众容量	类　型	观众容量
特大型	1201座以上	中型	501~800座
大型	801~1200座	小型	500座以下

2.5 商店建筑的规模类型

商店建筑的规模,根据其使用类别、建筑面积,分为大、中、小型,应符合表2.5的规定。

商店建筑的规模分类　　　　　　　　表2.5

规模类型	百货商店、商场类 建筑面积(m²)	菜市场类 建筑面积(m²)	专业商店类 建筑面积(m²)
大型	>15000	>6000	>5000
中型	3000~15000	1200~6000	1000~5000
小型	<3000	<1200	<1000

2.6 旅馆建筑等级

根据旅馆的使用功能,按建筑质量标准和设备、设施条件,将旅馆建筑由高至低划分为一、二、三、四、五、六级6个建筑等级。

在《旅馆建筑设计规范》JGJ 62—90中,不同建筑等级的旅馆对电梯设置、客房净面积、客房附设卫生间、客房层服务用房、门厅、餐厅、商店、美容室、理发室、康乐设施、洗衣房、防火、热水、暖通空调、排烟排风、用电负荷、照明、广播音响、天线和闭路电视、自动控制、电子计算机管理系统等各方面均有不同的要求。

不同建筑等级的旅馆,客房净面积应符合表2.6的规定。

不同建筑等级的旅馆对客房净面积(m²)的要求　　　　　　　　表2.6

建筑等级	一级	二级	三级	四级	五级	六级
单床间	12	10	9	8		
双床间	20	16	14	12	12	10
多床间				每床不小于4		

2.7 营业性餐馆建筑等级

营业性餐馆建筑分为三级,每座最小使用面积、环境条件及适用范围应符合表2.7的规定。

営业性餐馆建筑等级　　　　　　表 2.7

等级	每座最小使用面积(m²/座)	环 境 条 件	适 用 范 围
一级	1.30	餐厅座位布置宽敞,环境舒适,设施设备完善	接待宴请和零餐的高级餐馆
二级	1.10	餐厅座位布置比较舒适,设施设备比较完善	接待宴请和零餐的中级餐馆
三级	1.00	—	以零餐为主的一般餐馆

2.8 营业性冷、热饮食店建筑等级

营业性冷热饮食店建筑分为二级,每座最小使用面积及环境条件应符合表2.8的规定。

营业性冷、热饮食店建筑等级　　　　　　表 2.8

等级	每座最少使用面积(m²/座)	环 境 条 件
一级	1.30	有宽敞、舒适环境的高级饮食店,设施、设备标准较高
二级	1.10	一般饮食店

2.9 非营业性食堂建筑等级

非营业性食堂建筑分为二级,每座最少使用面积及环境条件应符合表2.9的规定。

非营业性食堂建筑等级　　　　　　表 2.9

等级	每座最少使用面积(m²/座)	环 境 条 件
一级	1.10	餐厅座位布置比较舒适
二级	0.85	餐厅座位布置满足基本要求

2.10 汽车客运站建筑等级

汽车客运站的建筑等级应根据车站的年平均日旅客发送量划分为四级,并应符合表2.10的规定。

汽车客运站建筑等级　　　　　　表 2.10

等级	发车位	年平均日旅客发送量(人次)
一级	20~24	10000~25000
二级	13~19	5000~9999
三级	7~12	1000~4999
四级	6 以下	1000 以下

注:当年平均日旅客发送量超过25000人次时,宜另建汽车客运站分站。

2.11 港口客运站建筑等级

港口客运站的建筑规模应根据设计旅客聚集量按表2.11的规定划分为四级。

港口客运站建筑等级　　　　　　表2.11

等　级	设计旅客聚集量(人)	等　级	设计旅客聚集量(人)
一级	≥2500	三级	500～1499
二级	1500～2499	四级	100～499

注：1. 设计旅客聚集量的计算见《港口客运站建筑设计规范》JGJ—86—92附录1。
　　2. 国际航线港口客运站的建筑规模，可根据客运站的实际需要确定。
　　3. 政治、经济地位重要的港口客运站，其建筑规模等级可按实际需要确定，报主管部门批准。

2.12 铁路旅客车站建筑规模类型

铁路旅客车站的建筑规模，应根据旅客最高聚集人数，按表2.12划分为四类。

铁路旅客车站建筑类型　　　　　　表2.12

建筑规模类型	最高聚集人数 H(人)	建筑规模类型	最高聚集人数 H(人)
特大型	$H \geq 10000$	中型	$400 < H < 2000$
大型	$2000 \leq H < 10000$	小型	$50 \leq H \leq 400$

2.13 粮食平房仓分类

2.13.1 粮食平房仓按堆装形式分类
分为散装仓和包装仓。

2.13.2 粮食平房仓按使用功能分类
分为收纳仓、中转仓、储备仓、成品仓。

2.13.3 粮食平房仓按温度控制要求分类
分为三类，应符合表2.13.3的规定。

粮食平房仓按温度控制要求分类　　　　　　表2.13.3

类　别	控制温度 t	类　别	控制温度 t
常温仓		低温仓	$t < 15℃$
准低温仓	$15℃ \leq t \leq 20℃$		

2.14 泵站等别、泵站建筑物级别

2.14.1 灌溉排水泵站等别
灌溉、排水泵站应根据装机流量与装机功率划分等别，其等别应按表2.14.1确定。

2 建筑规模类型

灌溉、排水泵站分等指标　　　　　　　　　　　表 2.14.1

泵站等别	泵站规模	分等指标	
		装机流量(m^3/s)	装机功率($10^4 kW$)
Ⅰ	大(1)型	≥200	≥3
Ⅱ	大(2)型	200～50	3～1
Ⅲ	中型	50～10	1～0.1
Ⅳ	小(1)型	10～2	0.1～0.01
Ⅴ	小(2)型	<2	<0.01

注：1. 装机流量装机功率系指单站指标，且包括备用机组在内。
　　2. 由多级或多座泵站联合组成的泵站工程的等别，可按其整个系统的分等指标确定。
　　3. 当泵站按分等指标分属两个不同等别时，应以其中的高等别为准。

2.14.2 泵送建筑物级别

泵站建筑物应根据泵站所属等别及其在泵站中的作用和重要性分级，其级别应按表 2.14.2 确定。

泵站建筑物级别划分　　　　　　　　　　　表 2.14.2

泵站等别	永久性建筑物级别		临时性建筑物级别
	主要建筑物	次要建筑物	
Ⅰ	1	3	4
Ⅱ	2	3	4
Ⅲ	3	4	5
Ⅳ	4	5	5
Ⅴ	5	5	—

注：1. 永久性建筑物系指泵站运行期间使用的建筑物，根据其重要性分为主要建筑物和次要建筑物，主要建筑物系指失事后造成灾害或严重影响泵站使用的建筑物，如泵房、进水闸、引渠、进、出水池、出水管道和变电设施等；次要建筑物系指失事后不致造成灾害或对泵站使用影响不大并易于修复的建筑物，如挡土墙、导水墙和护岸等。
　　2. 临时性建筑物系指泵站施工期间使用的建筑物，如导流建筑物、施工围堰等。

2.15 汽车库建筑类型

汽车库建筑规模宜按汽车类型和容量分为四类，并应符合表 2.15 的规定。

汽车库建筑分类　　　　　　　　　　　表 2.15

规模类型	特大型	大型	中型	小型
停车数(辆)	>500	301～500	51～300	<50

注：此分类适用于中、小型车辆的坡道式汽车库及升降机式汽车库，并不适用其他机械式汽车库。

2.16 石油库的等级

石油库等级的划分应符合表 2.16 的规定。

石油库的等级划分   表 2.16

等级	石油库总容量 $TV(m^3)$	等级	石油库总容量 $TV(m^3)$
一级	$100000 \leqslant TV$	四级	$1000 \leqslant TV \leqslant 10000$
二级	$30000 \leqslant TV < 100000$	五级	$TV < 1000$
三级	$10000 \leqslant TV < 30000$		

注：1. 表中总容量 TV 系指油罐容量和桶装油品设计存放量之总和，不包括零位罐和放空罐的容量。
2. 当石油库储存液化石油气时，液化石油气罐的容量应计入石油库总容量。

2.17 汽车加油加气站的等级

2.17.1 汽车加油站的等级
等级划分，应符合表 2.17.1 的规定。

加油站的等级   表 2.17.1

级别	油罐容积(m^3)	
	总容积	单罐容积
一级	$120 < V \leqslant 180$	$\leqslant 50$
二级	$60 < V \leqslant 120$	$\leqslant 50$
三级	$V \leqslant 60$	$\leqslant 30$

注：1. V 为油罐总容积。
2. 柴油罐容积可折半计入油罐总容积。

2.17.2 液化石油气加气站的等级
等级划分应符合表 2.17.2 的规定。

液化石油气加气站的等级   表 2.17.2

级别	液化石油气罐容积(m^3)	
	总容积	单罐容积
一级	$45 < V \leqslant 60$	$\leqslant 30$
二级	$30 < V \leqslant 45$	$\leqslant 30$
三级	$V \leqslant 30$	$\leqslant 30$

注：V 为液化石油气罐总容积。

2.17.3 加油和液化石油气加气合建站的等级
等级划分应符合表 2.17.3 的规定。

加油和液化石油气加气合建站的等级   表 2.17.3

液化石油气加气站 \ 加油站	一级 ($120 < V \leqslant 180$)	二级 ($60 < V \leqslant 120$)	三级 ($30 < V \leqslant 60$)	四级 ($V \leqslant 30$)
一级 ($45 < V \leqslant 60$)	×	×	×	×
二级 ($30 < V \leqslant 45$)	×	一级	一级	一级
三级 ($20 < V \leqslant 30$)	×	一级	二级	二级
四级 ($V \leqslant 20$)	×	一级	二级	三级

注：1. V 为油罐总容积或液化石油气罐总容积（m^3）。
2. 柴油罐容积可折半计入油罐总容积。
3. 当油罐总容积大于 $60m^3$ 时，油罐单罐容积不应大于 $50m^3$；当油罐总容积小于或等于 $60m^3$ 时，油罐单罐容积不应大于 $30m^3$。
4. 液化石油气罐单罐容积不应大于 $30m^3$。
5. "×"表示不应合建。

2.17.4 加油和压缩天然气加气合建站的等级

等级划分，应符合表2.17.4的规定。

加油和压缩天然气加气合建站的等级　　　　表2.17.4

级　别	油品储罐容积(m³)		压缩天然气储气设施总容量(m³)
	总容积	单罐容积	
一级	61～100	≤50	≤12
二级	≤60	≤30	

注：柴油罐容积可折半计入油罐总容积。

2.18 猪屠宰车间的等级

猪屠宰车间按小时屠宰量分为四级，并应符合表2.18的规定。

猪屠宰车间等级　　　　表2.18

等　级	小时屠宰量N(头/h)	等　级	小时屠宰量N(头/h)
Ⅰ级	N≥300	Ⅲ级	30≤N<70
Ⅱ级	70≤N<300	Ⅳ级	N<30

2.19 猪加工分割车间的等级

猪加工分割车间按班产分割量分为两级，并应符合表2.19的规定。

猪加工分割车间等级　　　　表2.19

等级	班产分割量Q(t)
一级	Q≥5
二级	Q<5

2.20 水泥工厂的规模类型

1. 水泥工厂生产线的设计规模，按日产水泥熟料量划分为大、中、小型三个类型，并应符合表2.20的规定。

水泥工厂类型　　　　表2.20

类　型	日产水泥熟料量(t)
大型	3000t、4000t及以上
中型	小于3000t至700t
小型	小于700t

2. 水泥原料矿山设计生产规模的划分应按水泥工厂设计生产规模确定。

2.21 生物安全实验室的分级

根据实验室所处理对象的生物危害程度和采取的防护措施,把生物安全实验室分为四级,其中一级对生物安全隔离的要求最低,四级最高。

一般以 BSL-1、BSL-2、BSL-3、BSL-4 表示相应级别的生物安全实验室;以 ABSL-1、ABSL-2、ABSL-3、ABSL-4 表示相应级别的动物生物安全实验室。

生物安全实验室的分级见表 2.21。

生物安全实验室的分级　　　　　　　　　　　　　　　　　表 2.21

分级	危害程度	处 理 对 象
一级	低个体危害,低群体危害	对人体、动植物或环境危害较低,不具有对健康成人、动植物致病的致病因子
二级	中等个体危害,有限群体危害	对人体、动植物或环境具有中等危害或具有潜在危险的致病因子,对健康成人、动物和环境不会造成严重危害。有有效的预防和治疗措施
三级	高个体危害,低群体危害	对人体、动植物或环境具有高度危害性,通过直接接触或气溶胶使人传染上严重的甚至是致命疾病,或对动植物和环境具有高度危害的致病因子。通常有预防和治疗措施
四级	高个体危害,高群体危害	对人体、动植物或环境具有高度危害性,通过气溶胶途径传播或传播途径不明,或未知的、高度危险的致病因子。没有预防和治疗措施

2.21.1 四级生物安全实验室的分类

实验室可以分为安全柜型、正压服型和混合型三种,见表 2.21.1。

四级生物安全实验室的分类　　　　　　　　　　　　　　　表 2.21.1

类 型	特 点
安全柜型	使用Ⅲ级生物安全柜
正压服型	使用Ⅱ级生物安全柜和具有生命支持供气系统的正压防护服
混合型	使用Ⅲ级生物安全柜和具有生命支持供气系统的正压防护服

2.21.2 生物安全实验室选用生物安全柜的原则

选用安全柜原则应符合表 2.21.2 的规定。

生物安全实验室选用生物安全柜的原则　　　　　　　　　表 2.21.2

防 护 类 型	选用生物安全柜类型
保护人员,生物危险度一级、二级、三级	Ⅰ级、Ⅱ级、Ⅲ级
保护人员,生物危险度四级,安全柜型	Ⅲ级
保护人员,生物危险度四级,正压服型	Ⅱ级
保护实验对象	Ⅱ级、带层流的Ⅲ级
少量的,挥发性的放射和化学防护	Ⅱ级 B1,排风到室外的Ⅱ级 A2
挥发性的放射和化学防护	Ⅰ级、Ⅱ级 B2、Ⅲ级

2.22 老年人住宅和老年人公寓的规模类型

老年人住宅和老年人公寓的规模可按表 2.22 的标准划分为小型、中型、大型和特大型四种规模类型。

老年人住宅和老年人公寓的规模划分标准 表 2.22

规模类型	人数	人均用地指标	规模类型	人数	人均用地指标
小型	50 人以下	80～100m²	大型	151～200 人	95～105m²
中型	51～150 人	90～100m²	特大型	201 人以上	100～110m²

2.23 体育馆规模分类

应符合表 2.23 的规定。

体育馆规模分类 表 2.23

分类	观众席容量(座)	分类	观众席容量(座)
特大型	10000 以上	中型	3000～6000
大型	6000～10000	小型	3000 以下

注：体育馆的规模分类与表 1.7-1 的等级规定有一定对应关系，但不绝对化。

2.24 游泳设施规模分类

应符合表 2.24 的规定。

游泳设施规模分类 表 2.24

分类	观众席容量(座)	分类	观众席容量(座)
特大型	6000 以上	中型	1500～3000
大型	3000～6000	小型	1500 以下

注：游泳设施的规模分类与表 1.7-1 的等级规定有一定对应关系。

2.25 小型水力发电站工程等别

电站工程应根据其规模、效益和在国民经济中的重要性分为Ⅳ、Ⅴ两等。其等别按表 2.25 的规定确定。

电站工程的等别 表 2.25

工程等级	工程规模	装机容量 (MW)	水库总库容 (万 m³)	灌溉面积 (万亩)	防洪保护农田 (万亩)
Ⅳ	小(1)型	50～10	1000～100	5～0.5	30～5
Ⅴ	小(2)型	<10	100～10	<0.5	<5

注：1. 表中的水库总库容指校核洪水位以下水库静库容。
  2. 综合利用的水利水电枢纽工程，当按其各项用途分别确定的等别不同时，应以其中的最高等别确定整个枢纽工程的等别。

2.25.1 水工建筑物的级别

应根据其所属枢纽工程的等别、作用和重要性按表2.25.1的规定确定。

水工建筑物的级别　　　　　表2.25.1

工程等别	永久性水工建筑物级别		临时性水工建筑物级别
	主要建筑物	次要建筑物	
Ⅳ	4	5	5
Ⅴ	5	5	5

2.25.2 水库大坝提级的指标

水库大坝的坝高超过表2.25.2规定者，可提高一级，但洪水标准不予提高。

水库大坝提级的指标　　　　　表2.25.2

坝的原级别		4	5
坝高(m)	土石坝	50	30
	混凝土坝、浆砌石坝	70	40

注：1. 当水工建筑物的工程地质条件复杂或采用新坝型、新型结构时，可提高一级，但洪水标准不予提高。
2. 当水库总库容大于、等于1000万m^3，或土石坝坝高超过50m，混凝土坝和浆砌石坝坝高超过70m时，其挡水和泄水建筑物设计尚应执行国家现行的有关标准的规定。

2.26 石油天然气站场等级划分

1. 油品、液化石油气、天然气凝液站场按储罐总容量划分等级时，应符合表2.26的规定。

油品、液化石油气、天然气凝液站场分级　　　　　表2.26

等级	油品储存总容量V_P(m^3)	液化石油气、天然气凝液储存总容量V_L(m^3)
一级	$V_P \geqslant 100000$	$V_L > 5000$
二级	$30000 \leqslant V_P < 100000$	$2500 < V_L \leqslant 5000$
三级	$4000 < V_P < 30000$	$1000 < V_L \leqslant 2500$
四级	$500 < V_P \leqslant 4000$	$200 < V_L \leqslant 1000$
五级	$V_P \leqslant 500$	$V_L \leqslant 200$

注：油品储存总容量包括油品储罐、不稳定原油作业罐和原油事故罐的容量，不包括零位罐、污油罐、自用油罐以及污水沉降罐的容量。

2. 天然气站场按生产规模划分等级时，应符合下列规定：

(1) 生产规模大于或等于$100 \times 10^4 m^3/d$的天然气净化厂、天然气处理厂和生产规模大于或等于$400 \times 10^4 m^3/d$的天然气脱硫站、脱水站定为三级站场。

(2) 生产规模小于$100 \times 10^4 m^3/d$，大于或等于$50 \times 10^4 m^3/d$的天然气净化厂、天然气处理厂和生产规模小于$400 \times 10^4 m^3/d$，大于或等于$200 \times 10^4 m^3/d$的天然气脱硫站、脱水站及生产规模大于$50 \times 10^4 m^3/d$的天然气压气站、注气站定为四级站场。

(3) 生产规模小于 $50\times10^4\,\mathrm{m^3/d}$ 的天然气净化厂、天然气处理厂和生产规模小于 $200\times10^4\,\mathrm{m^3/d}$ 的天然气脱硫站、脱水站及生产规模小于或等于 $50\times10^4\,\mathrm{m^3/d}$ 的天然气压气站、注气站定为五级站场。

(4) 集气、输气工程中任何生产规模的集气站、计量站、输气站（压气站除外）、清管站、配气站等定为五级站场。

3. 石油天然气站场内同时储存或生产油品、液化石油气和天然气凝液、天然气等两类以上石油天然气产品时，应按其中等级较高者确定。

3 腐蚀性介质种类及腐蚀性等级

3.1 腐蚀性介质种类及类别

腐蚀性介质按其对建筑的腐蚀可分为五种,各种介质应按其性质、含量划分类别,见表3.1。

腐蚀性介质种类和类别 表3.1

腐蚀性介质种类	介质类别	腐蚀性介质种类	介质类别
气态介质	Q1-Q18	固态介质	G1-G9
腐蚀性水	S1-S18	污染土	T1-T9
酸碱盐溶液	Y1-Y14		

3.2 生产部位腐蚀性介质类别举例

生产部位腐蚀性介质类别,应根据生产条件确定。

表3.2举出各行业生产部位腐蚀性介质类别例子,可按其确定。

生产部位腐蚀性介质类别举例 表3.2

行业		生产部位名称	环境相对湿度(%)	气态介质		液态介质		固态介质	
				名称	类别	名称	类别	名称	类别
化工	硫酸	净化工段、吸收工段	—	二氧化硫	Q10	硫酸	Y1	—	—
		街区大气	—	二氧化硫	Q11				
	稀硝酸	压缩工段、稀硝酸泵房	—	氮氧化物	Q6	硝酸	Y1		
	浓硝酸	浓硝酸厂房	—	氮氧化物	Q5	硝酸	Y1		
	氯碱	食盐电解	—	氯	Q2	氢氧化钠、氧化钠	Y6、13		
		氯气干燥、氯气压缩	—	氯、硫酸酸雾	Q2、13	硫酸	Y1		
		液氯厂房、储罐、包装	—	氯	Q2	—	—		
		蒸发厂房	—	碱雾	Q18	氢氧化钠、氧化钠	Y5、13		
		氯化氢合成	<60	氯、氯化氢	Q2、4	盐酸	Y1		
		盐酸吸收、盐酸脱析	>75	氯化氢	Q3	盐酸	Y1		
		街区大气	—	氯、氯化氢	Q2、4				

续表

行业	生产部位名称	环境相对湿度(%)	气态介质 名称	气态介质 类别	液态介质 名称	液态介质 类别	固态介质 名称	固态介质 类别
化工	联碱氯化铵部分 重碱	—	二氧化碳、氨	Q16、17	碳酸氢钠	Y8	—	—
	氯化铵滤铵机、离心机、母液泵部位	—	氨	Q17	氯化铵母液	Y12	—	—
	湿氯化铵运输	—	氨	Q17	氯化铵溶液	Y13	氯化铵	G3
	联碱碳酸钠部分 碳化工段	—	二氧化碳、氨	Q16、17	碳酸钠、氧化钠	Y8、13	碳酸钠	G5
	过滤工段	—	二氧化碳、氨	Q16、17	碳化氨盐水	—	碳酸氢钠	G5
	煅烧工段	<60	二氧化碳	Q16	—	—	碳酸钠	G5
	硫酸铵 饱和部位	>75	硫酸酸雾、氨	Q12、17	硫酸、硫铵母液	Y1、9	—	—
	离心机部位				硫铵母液	Y9	硫酸铵	G3
	硝酸铵 中和工段		氮氧化物、氨	Q6、17	硝酸、硝酸铵	Y1、10		
	造粒		氨	Q17	硝酸铵	Y10	硝酸铵	G3
	尿素 尿素合成		氨	Q17	氨基甲酸铵	—	—	—
	造粒		氨	Q17	尿素	Y14	尿素	G8
	散装仓库	60～75	氨	Q17			尿素	G8
	醋酸 氧化工段、精馏工段、回收工段、催化剂配制工段、储罐区	—	醋酸酸雾	Q14	醋酸	Y3	—	—
	氢氟酸 反应工段	—	氟化氢	Q9	硫酸	Y1		
	吸收、精馏工段、氢氟酸泵房	—	氟化氢	Q9	氢氟酸	Y2		
	已内酰胺 已内酰胺车间(环己酮肟法)、亚硝酸钠水溶液配制工段	—	—	—	亚硝酸钠	Y11	亚硝酸钠	G8
	氨水工段		氨	Q17	氨水	Y7		
	转位工段				发烟硫酸	Y1		
	中和工段				稀氨水	Y7		
	萃取工段、硫铵工段				硫酸铵	Y9	硫酸铵	G3
	聚乙氯烯 氯乙烯工段	—	氯化氢	Q4	盐酸	Y1		
	精对苯二甲酸生产PTA工段	—	醋酸酸雾	Q15	醋酸	Y3		
有色冶金	铜电解 铜电解液废液处理	>75	硫酸酸雾	Q12	硫酸、硫酸铜	Y1、9		
	铜浸出、电解硫酸盐	>75	硫酸酸雾	Q12	硫酸	Y1	硫酸铜	G7
	硫酸盐散装库	60～75					硫酸铜	G7
	锌电解 锌电解冷冻厂房	60～75	硫酸酸雾	Q12	硫酸	Y1	硫酸锌	G7
	过滤压滤	>75	硫酸酸雾	Q12	硫酸、硫酸锌	Y1、9		
	镍电解 镍电解净液	>75	硫酸酸雾、氯化氢	Q12、4	硫酸	Y1		
	钴电解 钴电解净液	>75	硫酸酸雾	Q12	硫酸	Y1		
	铅电解 电解	60～75	氟化氢	Q9	氟硅酸	Y2		

续表

行业	生产部位名称		环境相对湿度（%）	气态介质		液态介质		固态介质	
				名称	类别	名称	类别	名称	类别
有色冶金	氟化盐	制酸车间定量给料机部位、制盐车间合成部位	—	氟化氢	Q9	硫酸	Y1	—	—
		制酸车间吸收塔部位	—	—	—	氢氟酸	Y2	—	—
	氧化铝	球磨机厂房、叶滤厂房、分解过滤厂房、赤泥过滤厂房、蒸发及排盐过滤厂房	—	碱雾	Q18	氢氧化钠、碳酸钠	Y5、8	—	—
	镁生产	氯化	—	氯	Q1	—	—	—	—
		电解	—	氯、氯化氢	Q1、3	—	—	氯化镁	G6
		酸洗包装	—	—	—	硝酸、铬酸锌、碳酸钠、氯化铵	Y1、8、12	—	—
机械		各种金属件的酸洗	>75	酸雾、碱雾	Q12、18	电镀液、氢氧化钠	Y1、5	—	—
		电镀	>75	酸雾、碱雾	Q12、18	电镀液、氢氧化钠	Y1、5	—	—
		铝及铝合金阳极氧化厂房、铝件化学铣切	—	氯化氢、二氧化硫	Q3、10	无机酸、氢氧化钠、硫酸盐、硝酸盐	Y1、5、9、10	—	—
		钛合金化学铣切、电解加工（阳极抛光）	—	氟化氢	Q9	无机酸、氢氟酸、氢氧化钠、碳酸盐	Y1、2、5、8	—	—
		镁合金铸造厂房的熔化部位	—	氯、氯化氢、氟化氢、二氧化硫	Q1、3、9、10	—	—	氯化镁	G6
		镁合金铸造厂房的造型浇注部位	—	硫化氢、二氧化硫	Q7、10	—	—	氯化镁	G6
医药		氯霉素生产的反应釜部位	—	氯、氯化氢	Q1、3	盐酸	Y1	—	—
		三氯乙醛	—	氯、氯化氢	Q1、3	盐酸	Y1	—	—
		阿司匹林生产的离心机、反应釜部位	—	醋酸酸雾	Q14	醋酸	Y3	—	—
	维生素C（二步发酵碱转化工艺）	发酵	—	醋酸酸雾	Q14	醋酸	Y3	—	—
		提取	—	氯化氢	Q4	盐酸、氢氧化钠	Y1、5	—	—
		转化	—	二氧化硫	Q11	硫酸	Y1	—	—
	头孢菌素	酸化、过滤	—	二氧化硫	Q11	硫酸	Y1	—	—
		提取	—	醋酸酸雾	Q14	硫酸、醋酸	Y1、3	—	—
农药	甲基异氰酸酯	光气发生	—	氯	Q2	—	—	—	—
		合成、精制	—	氯化氢	Q4	—	—	—	—
		光气破坏	—	氯化氢	Q4	盐酸、氢氧化钠	Y1、6	—	—
	杀螟松	氯化物	—	氯化氢	Q3	氯化盐	Y12	—	—
		硝化物	—	—	—	稀硝酸	Y1	—	—
		缩合	—	—	—	氯化盐	Y12	—	—
化纤	粘胶纤维	原液车间浸压粉工段	—	—	—	氢氧化钠	Y6	—	—
		纺丝间淋洗部位	>75	硫化氢	Q8	硫酸、氢氧化钠、硫酸锌、硫酸钠	Y1、6、9	—	—
		街区大气	—	硫化氢	Q8	—	—	—	—

3 腐蚀性介质种类及腐蚀性等级　19

续表

行业	生产部位名称		环境相对湿度(%)	气态介质		液态介质		固态介质	
				名称	类别	名称	类别	名称	类别
化纤	腈纶纤维	聚合、湿法纺丝间溶剂回收	>75	二氧化硫	Q11	硫氢酸钠	Y1	—	—
		干法纺丝间主任清洗(喷丝头)	>75	氮氧化物	Q6	硝酸	Y1	—	—
	维纶纤维	湿法纺丝间、凝固浴循环间	>75	二氧化硫	Q11	硫酸钠、硫酸锌	Y9	—	—
		整理浴循环间	>75	二氧化硫	Q11	硫酸、硫酸钠	Y1,9	—	—
印染	漂炼		>75	氯化氢、二氧化硫、碱雾	Q4,11,18	氢氧化钠、次氯酸钠、亚硫酸钠	Y6,9	—	—
	退浆		>75	二氧化硫、碱雾	Q11,18	硫酸、氢氧化钠	Y1,6	—	—
	丝光		>75	碱雾	Q18	氢氧化钠	Y6	—	—
	染色调配、印花调浆		>75	醋酸酸雾、碱雾	Q15,18	醋酸、氢氧化钠、硫酸碱	Y3,6	—	—
	印花车间前后处理		>75	氯化氢、二氧化硫、醋酸酸雾、碱雾	Q4,11,15,18			—	—
钢铁	酸洗		>75	氯化氢	Q3	盐酸	Y1	—	—
	半连轧酸洗槽		>75	硫酸酸雾	Q12	硫酸	Y1	—	—
制盐	硫酸钠生产	硫酸钠溶解槽、离心机、溶液泵、硫酸钠蒸发部位	—	—	—	硫酸钠	Y9	硫酸钠	G3
		街区大气	—	—	—	—	—	硫酸钠	G3
	氯化钠蒸发、干燥		—	—	—	氯化钠	Y13	氯化钠	G2
日用化工	洗衣粉生产的磺化部位		—	二氧化硫	Q11	硫酸、苯磺酸	Y1	—	—
	肥皂生产的化油槽、煮皂锅部位		>75	—	—	脂肪酸、氢氧化钠	Y4,5	—	—
	皂化废液法生产甘油的废液处理工序		—	氯化氢	Q4	三氯化铁	S9	—	—
制糖工业	燃硫间		—	二氧化硫	Q11	—	—	—	—
	糖汁硫熏器及燃硫炉排空管屋面附近		—	二氧化硫	Q11	—	—	—	—
造纸	碱法纸浆厂蒸煮、洗浆		—	硫化氢、二氧化硫	Q8,11	氢氧化钠、硫化钠	Y6	—	—
	纸浆厂漂白		—	氯	Q1	次氯酸钠、次氯酸钙	—	—	—
	纸浆厂碱回收		—	—	—	氢氧化钠、硫化钠	Y5	—	—
食品	乳制品收乳与预处理工段、杀菌浓缩干燥工段、酸牛乳车间、冰淇淋车间		—	—	—	硝酸、乳酸、氢氧化钠	Y1,4 S18	—	—
	包装工段		—	—	—	乳酸	Y4	—	—
	自动化就地清洗间		—	—	—	硝酸、氢氧化钠	Y1,5	—	—
	味精提取车间		—	氯化氢	Q4	盐酸、氢氧化钠	Y1,S17	—	—
制革	鞣制车间		>75	硫化氢、铬酸气	Q7,12	铬酸	Y1	—	—
	整饰车间		—	—	—	硫酸、氢氧化钠	Y1,5	—	—
其他	脱盐水站的酸储槽及投配排放部位		—	—	—	盐酸、硫酸	Y1	—	—
	循环水加药间的加酸部位		—	—	—	硫酸	Y1	—	—
	净水厂加药间		—	—	—	硫酸铝或三氯化铁	S1或Y12	—	—
	蓄电池室(酸法)		—	硫酸酸雾	Q13	硫酸	Y1	—	—

注：1. 环境相对湿度表中未注明者，可按地区年平均相对湿度确定；
2. 本表为一般生产状况下的腐蚀性介质类别；当工艺流程变更或采用先进工艺或设备而改变腐蚀条件时，生产部位的腐蚀性介质和类别应根据实际情况确定。

3.3 腐蚀性介质对建筑材料的腐蚀性等级

各种腐蚀性介质对建筑材料长期作用下的腐蚀性，可分为强腐蚀、中等腐蚀、弱腐蚀、无腐蚀四个等级。

多种介质同时作用时，腐蚀性等级应取最高者。

3.3.1 气态介质对建筑材料的腐蚀性等级

常温下，气态介质对建筑材料的腐蚀性等级，应根据介质类别以及环境相对湿度，按表 3.3.1 确定。

气态介质对建筑材料的腐蚀性等级　　　　　表 3.3.1

介质类别	介质名称	介质含量 (mg/m³)	环境相对湿度(%)	钢筋混凝土	素混凝土	砖砌体	木	钢	铝
Q1	氯	1~5	>75	强	弱	弱	弱	强	强
			60~75	中	弱	弱	无	中	中
			<60	弱	无	无	无	中	中
Q2		0.1~1	>75	中	无	无	无	中	中
			60~75	弱	无	无	无	中	中
			<60	无	无	无	无	弱	弱
Q3	氯化氢	1~5	>75	强	中	中	弱	强	强
			60~75	强	弱	弱	无	中	中
			<60	中	无	无	无	中	中
Q4		0.05~1	>75	强	弱	弱	无	强	强
			60~75	中	无	无	无	中	中
			<60	弱	无	无	无	弱	弱
Q5	氮氧化物（折合二氧化氮）	5~25	>75	强	中	中	中	强	强
			60~75	中	弱	弱	无	中	中
			<60	弱	无	无	无	无	无
Q6		0.1~5	>75	中	弱	弱	无	中	中
			60~75	弱	无	无	无	中	中
			<60	无	无	无	无	弱	无
Q7	硫化氢	5~100	>75	强	弱	弱	弱	强	弱
			60~75	中	无	无	无	中	弱
			<60	弱	无	无	无	无	无
Q8		0.01~5	>75	中	弱	弱	无	中	无
			60~75	弱	无	无	无	中	无
			<60	无	无	无	无	弱	无
Q9	氟化氢	5~50	>75	中	弱	无	弱	强	中
			60~75	弱	无	无	无	中	中
			<60	弱	无	无	无	中	弱

续表

介质类别	介质名称	介质含量(mg/m³)	环境相对湿度(%)	钢筋混凝土	素混凝土	砖砌体	木	钢	铝
Q10	二氧化硫	10~200	>75	强	弱	弱	弱	强	强
			60~75	中	弱	弱	无	中	中
			<60	弱	无	无	无	中	弱
Q11		0.5~10	>75	中	无	无	无	中	中
			60~75	弱	无	无	无	中	弱
			<60	无	无	无	无	弱	弱
Q12	硫酸酸雾	大量作用	>75	强	强	中	中	强	强
Q13		少量作用	>75	中	中	弱	弱	强	强
			≤75	弱	弱	弱	弱	中	中
Q14	醋酸酸雾	大量作用	>75	强	强	弱	弱	强	强
Q15		少量作用	>75	中	弱	弱	无	强	无
			≤75	弱	弱	无	无	中	中
Q16	二氧化碳	>2000	>75	中	无	无	无	中	弱
			60~75	弱	无	无	无	弱	无
			<60	无	无	无	无	无	无
Q17	氨	>20	>75	无	无	无	弱	中	无
			60~75	无	无	无	无	弱	无
			<60	无	无	无	无	无	无
Q18	碱雾	少量作用	—	弱	弱	中	中	弱	中

注：1. 介质对预应力混凝土的腐蚀性等级，可按钢筋混凝土确定；
2. 介质对采用水泥砂浆砌筑的石砌体的腐蚀性等级，可按素混凝土确定；
3. 当气态介质含量低于表 3.3.1 的下限值时，腐蚀性等级可相应降低一级。

3.3.2 腐蚀性水对建筑材料的腐蚀性等级

常温下，腐蚀性水对建筑材料的腐蚀性等级，应根据腐蚀性介质的类别按表 3.3.2 确定。

腐蚀性水对建筑材料的腐蚀性等级 表 3.3.2

介质类别	介质组分	指标	钢筋混凝土	素混凝土	砖砌体
S1	氢离子指数 pH 值	1~3	强	强	强
S2		3~4.5	中	中	中
S3		4.5~6	弱	弱	弱
S4	侵蚀性二氧化碳(mg/L)	>40	弱	弱	弱
S5	硫酸根离子 SO_4^{2-} 含量(mg/L)	>4000	强	强	强
S6		1000~4000	中	中	中
S7		250~1000	弱	弱	弱
S8	氯离子 Cl^- 含量(mg/L)	5000~10000	中	弱	弱
S9		500~5000	弱	无	无
S10		<500	无	无	无

续表

介质类别	介质组分	指标	钢筋混凝土	素混凝土	砖砌体
S11	镁离子 Mg^{2+} 含量(mg/L)	>4000	强	强	强
S12		3000～4000	中	中	中
S13		1500～3000	弱	弱	弱
S14	铵离子 NH$_4^+$ 含量(mg/L)	>1000	强	中	中
S15		800～1000	中	弱	弱
S16		500～800	弱	无	无
S17	苛性碱的钠离子 Na$^+$、钾离子 K$^+$ 含量(mg/L)	50000～100000	弱	弱	中
S18		<50000	无	无	弱

注：1. 当构件位于渗透系数小于 0.1m/d 的土中时，表中类别一栏 S4～S18 的指标值宜乘以系数 1.3；
2. 介质对预应力混凝土的腐蚀性等级，可按钢筋混凝土确定；
3. 介质对采用水泥砂浆砌筑的石砌体的腐蚀性等级，可按素混凝土确定。

3.3.3 酸碱盐溶液对建筑材料的腐蚀性等级

常温下，酸碱盐溶液对建筑材料的腐蚀性等级，应根据介质的类别按表 3.3.3 确定。

酸碱盐溶液对建筑材料的腐蚀性等级　　　　表 3.3.3

介质类别		介质名称	指标	钢筋混凝土	素混凝土	砖砌体
Y1	无机酸	硫酸、盐酸、硝酸、铬酸、磷酸、各种酸洗液、电镀液、电解液(pH 值)	<1	强	强	强
Y2		含氟酸(%)	>2	强	强	强
Y3	有机酸	醋酸、柠檬酸(%)	>2	强	强	强
Y4		乳酸、脂肪酸(C5～C20)(%)	>2	中	中	中
Y5	碱	氢氧化钠(%)	>15	中	中	强
Y6			8～15	弱	弱	弱
Y7		氨水(%)	>10	弱	无	弱
Y8	盐	钠、钾、铵的碳酸盐和碳酸氢盐	任意	弱	弱	中
Y9		钠、钾、铵、镁、铜、镉、铁、锌的硫酸盐和钠、钾、铵的亚硫酸盐(%)	>1	强	强	强
Y10		铵、镁的硝酸盐(%)	>1	强	强	强
Y11		钠、钾的硝酸盐、亚硝酸盐	任意	弱	弱	弱
Y12		铵、铝、镁、铁的氯化物(%)	>1	强	强	强
Y13		钙、钾、钠的氯化物(%)	>3	强	弱	强
Y14		尿素(%)	>10	中	中	中

注：1. 介质对预应力混凝土的腐蚀性等级，可按钢筋混凝土确定；
2. 介质对采用水泥砂浆砌筑的石砌体的腐蚀性等级，可按素混凝土确定。

3.3.4 固态介质对建筑材料的腐蚀性等级

常温下，固态介质（含气溶胶）对建筑材料的腐蚀性等级，应根据介质的类别和环境相对湿度，按表 3.3.4 确定。当偶尔有少量介质作用时，腐蚀性等级可降低一级。

当固态介质有可能被溶解或易溶盐作用于室外构配件时，腐蚀性等级应按表 3.3.3 确定。

固态介质对建筑材料的腐蚀性等级　　　　　表 3.3.4

介质类别	介质在水中的溶解性	介质的吸湿性	介质名称	环境相对湿度（％）	钢筋混凝土	素混凝土	砖砌体	木	钢
G1	难溶	—	硅酸盐、磷酸钙、铝酸盐，钙、钡、铅的碳酸盐和硫酸盐，镁、铁、铬、铝、硅的氧化物和氢氧化物	>75	弱	无	无	弱	弱
				60～75	无	无	无	无	弱
				<60	无	无	无	无	弱
G2	易溶	难吸湿	钠、钾、锂的氯化物	>75	中	弱	弱	弱	强
				60～75	中	无	无	无	强
				<60	弱	无	无	无	中
G3			钠、钾、铵、锂的硫酸盐和亚硫酸盐，铵、镁的硝酸盐，氯化铵	>75	中	中	中	中	强
				60～75	中	中	中	中	中
				<60	弱	弱	弱	无	中
G4		难吸湿	钠、钾、钡、铅的硝酸盐	>75	弱	弱	弱	弱	弱
				60～75	弱	弱	弱	弱	弱
				<60	无	无	无	无	弱
G5			钠、钾、铵的碳酸盐和碳酸氢盐	>75	弱	弱	弱	中	中
				60～75	弱	弱	弱	中	弱
				<60	无	无	无	弱	无
G6	易溶		钙、镁、锌、铁、铟的氯化物	>75	强	中	中	中	强
				60～75	中	弱	弱	弱	中
				<60	中	无	无	无	中
G7		易吸湿	镉、镁、镍、锰、锌、铜、铁的硫酸盐	>75	中	中	中	中	强
				60～75	中	中	中	中	中
				<60	弱	弱	弱	弱	中
G8			钠、锌的亚硝酸盐，尿素	>75	弱	弱	弱	弱	弱
				60～75	弱	无	无	无	弱
				<60	无	无	无	无	弱
G9			钠、钾的氢氧化物	>75	中	中	强	强	中
				60～75	中	中	中	中	中
				<60	弱	弱	弱	弱	弱

注：1. 介质对预应力混凝土的腐蚀性等级，可按钢筋混凝土确定；
　　2. 介质对采用水泥砂浆砌筑的石砌体的腐蚀性等级，可按素混凝土确定。

3.3.5 污染土对建筑材料的腐蚀性等级

污染土对建筑材料的腐蚀性等级，应根据介质的类别按表 3.3.5 确定。

污染土对建筑材料的腐蚀性等级　　　　　表 3.3.5

介质类别	介质组分	指标	钢筋混凝土	素混凝土
T1	硫酸根离子 SO_4^{2-}（mg/kg 土）	>6000	强	强
T2		1500～6000	中	中
T3		400～1500	弱	弱
T4	氯离子 Cl^- 含量（mg/kg 土）	>7500	中	弱
T5		750～7500	弱	无
T6		400～750	无	无
T7	氢离子指数（pH 值）	<3	强	强
T8		3～4.5	中	中
T9		4.5～6.0	弱	弱

4 火灾危险性类别

4.1 生产的火灾危险性分类

1. 生产的火灾危险性，可按表 4.1-1 分为五类。

生产的火灾危险性分类　　　　　　　表 4.1-1

生产类别	火灾危险性特征
甲	使用或产生下列物质的生产： 1. 闪点＜28℃的液体； 2. 爆炸下限＜10%的气体； 3. 常温下能自行分解或在空气中氧化即能导致迅速自燃或爆炸的物质； 4. 常温下受到水或空气中水蒸气的作用，能产生可燃气体并引起燃烧或爆炸的物质； 5. 遇酸、受热、撞击、摩擦、催化以及遇有机物或硫磺等易燃的无机物，极易引起燃烧或爆炸的强氧化剂； 6. 受撞击、摩擦或与氧化剂、有机物接触时能引起燃烧或爆炸的物质； 7. 在密闭设备内操作温度等于或超过物质本身自燃点的生产
乙	使用或产生下列物质的生产： 1. 闪点≥28℃至＜60℃的液体； 2. 爆炸下限≥10%的气体； 3. 不属于甲类的氧化剂； 4. 不属于甲类的化学易燃危险固体； 5. 助燃气体； 6. 能与空气形成爆炸性混合物的浮游状态的粉尘、纤维、闪点≥60℃的液体雾滴
丙	使用或产生下列物质的生产： 1. 闪点≥60℃的液体； 2. 可燃固体
丁	具有下列情况的生产： 1. 对非燃烧物质进行加工，并在高热或熔化状态下经常产生强辐射热、火花或火焰的生产； 2. 利用气体、液体、固体作为燃料或将气体、液体进行燃烧作其他用的各种生产； 3. 常温下使用或加工难燃烧物质的生产
戊	常温下使用或加工非燃烧物质的生产

注：1. 在生产过程中，如使用或产生易燃、可燃物质的量较少，不足以构成爆炸或火灾危险时，可以按实际情况确定其火灾危险性的类别。
2. 一座厂房内或防火分区内有不同性质的生产时，其分类应按火灾危险性较大的部分确定；但火灾危险性大的部分占本层或本防火分区面积的比例小于5%（丁、戊类生产厂房的油漆工段小于10%），且发生事故时不足以蔓延到其他部位，或采取防火措施能防止火灾蔓延时，可按火灾危险性较小的部分确定。
3. 丁、戊类生产厂房的油漆工段，当采用封闭喷漆工艺时，封闭喷漆空间内保持负压、且油漆工段设置可燃气体浓度报警系统或自动抑爆系统时，油漆工段占其所在防火分区面积的比例不应超过20%。

2. 生产的火灾危险性分类举例见表 4.1-2。

生产的火灾危险性分类举例　　　　　表 4.1-2

生产类别	举例
甲	1. 闪点<28℃的油品和有机溶剂的提炼、回收或洗涤部位及其泵房，橡胶制品的涂胶和胶浆部位，二硫化碳的粗馏、精馏工段及其应用部位，青霉素提炼部位，原料药厂的非纳西汀车间的烃化、回收及电感精馏部位，皂素车间的抽提、结晶及过滤部位，冰片精制部位，农药厂乐果厂房，敌敌畏的合成厂房、硫化法糖精厂房，氯乙醇厂房，环氧乙烷、环氧丙烷工段，苯酚厂房的磺化、蒸馏部位，焦化厂吡啶工段，胶片厂片基厂房，汽油加铅室，甲醇、乙醇、丙酮、丁酮异丙醇、醋酸乙酯、苯等的合成或精制厂房，集成电路工厂的化学清洗间（使用闪点<28℃的液体），植物油加工厂的浸出厂房。 2. 乙炔站，氢气站，石油气体分馏（或分离）厂房，氯乙烯厂房，乙烯聚合厂房，天然气、石油伴生气、矿井气、水蒸气或焦炉煤气的净化（如脱硫）厂房压缩机室及鼓风机室，液化石油气灌瓶间，丁二烯及其聚合厂房，醋酸乙烯厂房，电解水或电解食盐厂房，环己酮厂房，乙基苯和苯乙烯厂房，化肥厂的氢氮气压缩厂房，半导体材料厂使用氢气的拉晶间，硅烷热分解室。 3. 硝化棉厂房及其应用部位，赛璐珞厂房，黄磷制备厂房及其应用部位，三乙基铝厂房，染化厂某些能自行分解的重氮化合物生产，甲胺厂房，丙烯腈厂房。 4. 金属钠、钾加工厂房及其应用部位，聚乙烯厂房的一氧二乙基铝部位、三氯化磷厂房，多晶硅车间三氯氢硅部位，五氧化磷厂房。 5. 氯酸钠、氯酸钾厂房及其应用部位，过氧化氢厂房，过氧化钠、过氧化钾厂房，次氯酸钙厂房。 6. 赤磷制备厂房及其应用部位，五硫化二磷厂房及其应用部位。 7. 洗涤剂厂房石蜡裂解部位，冰醋酸裂解厂房
乙	1. 闪点≥28℃至<60℃的油品和有机溶剂的提炼、回收、洗涤部位及其泵房，松节油或松香蒸馏厂房及其应用部位，醋酸酐精馏厂房，已内酰胺厂房，甲酚厂房，氯丙醇厂房，樟脑油提取部位，环氧氯丙烷厂房，松针油精制部位，煤油灌桶间。 2. 一氧化碳压缩机室及净化部位，发生炉煤气或鼓风炉煤气净化部位，氨压缩机房。 3. 发烟硫酸或发烟硝酸浓缩部位，高锰酸钾厂房，重铬酸钠（红矾钠）厂房。 4. 樟脑或松香提炼厂房，硫磺回收厂房，焦化厂精萘厂房。 5. 氧气站，空分厂房。 6. 铝粉或镁粉厂房，金属制品抛光部位，煤粉厂房、面粉厂的碾磨部位，活性炭制造及再生厂房，谷物简仓工作塔，亚麻厂的除尘器和过滤器室
丙	1. 闪点≥60℃的油品和有机液体的提炼、回收工段及其抽送泵房，香料厂的松油醇部位和乙酸松油脂部位，苯甲酸厂房，苯乙酮厂房，焦化厂焦油厂房、甘油、桐油的制备厂房，油浸变压器室，机器油或变压油灌桶间，柴油灌桶间，润滑油再生部位，配电室（每台装油量>60kg的设备），沥青加工厂房，植物油加工厂的精炼部位。 2. 煤、焦炭、油母页岩的筛分、转运工段和栈桥或储仓，木工厂房，竹、藤加工厂房，橡胶制品的压延、成型和硫化厂房，针织品厂房，纺织、印染、化纤生产的干燥部位，服装加工厂房，棉花加工和打包厂房，造纸厂备料、干燥厂房，印染厂成品厂房，麻纺厂粗加工厂房，谷物加工厂房，卷烟厂的切丝、卷制、包装厂房，印刷厂的印刷厂房，毛涤厂选毛厂房，电视机、收音机装配厂房，显像管厂装配工段焊枪间，磁带装配厂房，集成电路工厂的氧化扩散间、光刻间，泡沫塑料厂的发泡、成型、印片压花部位，饲料加工厂房
丁	1. 金属冶炼、锻造、铆焊、热轧、铸造、热处理厂房。 2. 锅炉房，玻璃原料熔化厂房，灯丝烧拉部位，保温瓶胆厂房，陶磁制品的烘干、烧成厂房，蒸汽机车库，石灰焙烧厂房，电石炉部位，耐火材料烧成部位，转炉厂房，硫酸车间焙烧部位，电极煅烧工段配电室（每台装油量≤60kg的设备）。 3. 铝塑材料的加工厂房，酚醛泡沫塑料的加工厂房，印染厂的漂炼部位，化纤厂后加工润湿部位
戊	制砖车间，石棉加工车间，卷扬机室，不燃液体的泵房和阀门室，不燃液体的净化处理工段，金属（镁合金除外）冷加工车间，电动车库，钙镁磷肥车间（焙烧炉除外），造纸厂或化学纤维厂的浆粕蒸煮工段，仪表、器械或车辆装配车间，氟里昂厂房，水泥厂的轮窑厂房，加气混凝土厂的材料准备、构件制作厂房

4.2 储存物品的火灾危险性分类

1. 储存物品的火灾危险性分类可按表 4.2-1 分为五类。

储存物品的火灾危险性分类 表 4.2-1

储存物品类别	火灾危险性的特征
甲	1. 闪点<28℃的液体； 2. 爆炸下限<10%的气体，以及受到水或空气中水蒸气的作用，能产生爆炸下限<10%气体的固体物质。 3. 常温下能自行分解或在空气中氧化即能导致迅速自燃或爆炸的物质； 4. 常温下受到水或空气中水蒸气的作用，能产生可燃气体并引起燃烧或爆炸的物质； 5. 遇酸、受热、撞击、摩擦以及遇有机物或硫磺等易燃的无机物，极易引起燃烧或爆炸的强氧化剂； 6. 受撞击、摩擦或与氧化剂、有机物接触时能引起燃烧或爆炸的物质
乙	1. 闪点≥28℃至<60℃的液体； 2. 爆炸下限≥10%的气体； 3. 不属于甲类的氧化剂； 4. 不属于甲类的化学易燃危险固体； 5. 助燃气体； 6. 常温下与空气接触能缓慢氧化，积热不散引起自燃的物品
丙	1. 闪点≥60℃的液体； 2. 可燃固体
丁	难燃烧物品
戊	非燃烧物品

2. 储存物品的火灾危险性分类举例见表 4.2-2。

储存物品的火灾危险性分类举例 表 4.2-2

储存物品类别	举例
甲	1. 乙烷、戊烷、石脑油、环戊烷、二硫化碳、苯、甲苯、甲醇、乙醇、乙醚、蚁酸甲脂、醋酸甲脂、硝酸乙脂、汽油、丙酮、丙烯、乙醚、60度以上的白酒。 2. 乙炔、氢、甲烷、乙烯、丙烯、丁二烯、环氧乙烷、水煤气、硫化氢、氯乙烯、液化石油气、电石、碳化铝。 3. 硝化棉、硝化纤维胶片、喷漆棉、火胶棉、赛璐珞棉、黄磷。 4. 金属钾、钠、锂、钙、锶、氢化锂、四氢化锂铝、氢化钠。 5. 氯酸钾、氯酸钠、过氧化钾、过氧化钠、硝酸铵。 6. 赤磷、五硫化磷、三硫化磷
乙	1. 煤油、松节油、丁烯醇、异戊醇、丁醚、醋酸丁脂、硝酸戊脂、乙酰丙酮、环己胺、熔剂油、冰醋酸、樟脑油、蚁酸。 2. 氨气、液氯。 3. 硝酸铜、铬酸、亚硝酸钾、重铬酸钠、铬酸钾、硝酸、硝酸汞、硝酸钴、发烟硫酸、漂白粉。 4. 硫磺、镁粉、铝粉、赛璐珞板（片）、樟脑、萘、生松香、硝化纤维漆布、硝化纤维色片。 5. 氧气、氟气。 6. 漆布及其制品，油布及其制品，油纸及其制品，油绸及其制品
丙	1. 动物油、植物油、沥青、蜡、润滑油、机油、重油、闪点≥60℃的柴油、糖醛、>50度至<60度的白酒。 2. 化学、人造纤维及其织物，纸张，棉、毛、丝、麻及其织物，谷物，面粉，天然橡胶及其制品，竹、木及其制品，中药材，电视机、收录机等电子产品，计算机房已录数据的磁盘储存间，冷库中的鱼、肉间
丁	自熄性塑料及其制品，酚醛泡沫塑料及其制品，水泥刨花板
戊	钢材，铝材，玻璃及其制品，搪瓷制品，陶瓷制品，不燃气体，玻璃棉，岩棉，陶瓷棉，硅酸铝纤维，矿棉，石膏及其无纸制品，水泥，石，膨胀珍珠岩

4.3 村镇厂房的火灾危险性分类和举例

分类和举例见表4.3。

村镇厂房的火灾危险性分类和举例　　　　　表4.3

类别	火灾危险性分类	举例
甲	闪点<28℃的液体	闪点<28℃的油品和有机溶剂的提炼，回收或泵房，甲醇，乙醇，丙酮，丁酮等的合成或精制厂房，植物油加工厂的浸出厂房
	爆炸下限<10%的气体	乙炔站、氢气站、天然气、石油伴生气、矿井气等厂房压缩机室及鼓风机室，液化石油气罐瓶间，电解水或电解盐厂房，化肥厂的氢、氨压缩厂房
	常温下能自行分解或在空气中氧化即能导致迅速自燃或爆炸的物质	硝化棉厂房及其应用部位，赛璐珞厂房，黄磷制备厂房及其应用部位，甲胺厂房，丙烯腈厂房
	常温下受到水或空气中水蒸气的作用，能产生可燃气体并引起燃烧或爆炸的物质	金属钠、钾加工厂房及其应用部位，三氯化磷厂房，多晶硅车间三氯氢硅部位，五氧化磷厂房
	遇酸、受热、撞击、摩擦、催化以及遇有机物或硫磺等易燃的无机物，极易引起燃烧或爆炸的强氧化剂	氯酸钠、氯酸钾厂房及其应用部位，过氧化钠、过氧化钾厂房，次氯酸钙厂房
	受撞击、摩擦或与氧化剂、有机物接触时能引起燃烧或爆炸的物质	赤磷制备厂房及其应用部位，五硫化二磷厂房及其应用部位
	在密闭设备内操作温度等于或超过物质本身自燃点的生产	洗涤剂厂房，石蜡裂解部位，冰醋酸裂解厂房
乙	闪点≥28℃至<60℃的液体	闪点≥28℃至<60℃的液体的油品和有机溶剂的提炼、回收和其泵房，樟脑油提取部位，环氧氯丙烷厂房，松节油精制部位，煤油罐桶间
	爆炸下限≥10%的气体	一氧化碳压缩机室及其净化部位，发生炉煤气或鼓风炉煤气净化部位，氨压缩机房
	不属于甲类的氧化剂	发烟硫酸或发烟硝酸浓缩部位，高锰酸钾厂房
	不属于甲类的化学易燃危险固体	樟脑或松香提炼厂房，硫磺回收厂房
	助燃气体	氧气站空分厂房
	能与空气形成爆炸性混合物的浮游状态的粉尘、纤维或丙类液体的雾滴	铝粉或镁粉厂房，金属制品抛光部位，煤粉厂房，面粉厂的碾磨部位，活性炭制造及再生厂房
丙	闪点≥60℃的液体	闪点≥60℃的油品和有机液体的提炼、回收部位及其抽送泵房，甘油，桐油的制备厂房，油浸变压器室，机器油或变压器油罐桶间，柴油罐桶间，配电室(每台装油量>60kg的设备)
	可燃固体	木工厂房，竹、藤加工厂房，针织品厂房，织布厂房，染整厂房，服装加工厂房，棉花加工及打包厂房，造纸厂备料、干燥厂房，麻纺厂粗加工厂房，谷场加工厂房，毛涤厂选毛厂房，蜜饯厂房
丁	对非燃烧物质进行加工，并在高温或熔化状态下经常产生强辐射热、火花或火焰的生产	金属冶炼、锻造、铆焊、热轧、铸造、热处理厂房
	利用气体、液体、固体作为原料或将气体、液体进行燃烧作其他用的各种生产	锅炉房，玻璃原料溶化厂房，保温瓶胆厂房，陶瓷制品的烘干厂房，柴油机房，汽车库，石灰熔烧厂房，配电室(每台装油量≤60kg的设备)
	常温下使用或加工难燃烧物质的生产	铝塑材料的加工厂房，酚醛泡沫塑料的加工厂房，化纤厂后加工润湿部位
戊	常温下使用或加工非燃烧物质的生产	制砖厂房，石棉加工车间，金属(镁合金除外)冷加工车间，仪表、器械或车辆装配厂房

4.4 村镇库房、堆场、贮罐的火灾危险性分类和举例

分类和举例见表 4.4。

村镇库房、堆场、贮罐的火灾危险性分类和举例　　　　表 4.4

类别	火灾危险性分类	举 例
甲	闪点<28℃的液体	苯、甲苯、甲醇、乙醇、乙醚、醋酸钾、汽油、丙酮、丙烯、60度以上的白酒
	爆炸下限<10%的气体以及受到水或空气中水蒸气的作用,能产生爆炸下限<10%气体的固体物质	乙炔、氢、甲烷、乙烯、丙烯、硫化氢、液化石油气、电石、碳化铝
	常温下能自行分解或在空气中氧化即能导致迅速自燃或爆炸的物质	硝化棉、硝化纤维胶片、喷漆棉、火胶棉、赛璐珞棉、黄磷
	常温下受到水或空气中水蒸气的作用能产生可燃气体并引起燃烧或爆炸的物质	金属钾、钠、氢化锂、四氢化锂铝、氢化钠
	当遇酸、受热、撞击、摩擦、催化以及遇有机物或硫磺等极易分解引起燃烧、爆炸的强氧化剂	氯酸钾、氯酸钠、过氧化钠、硝酸铵
	受撞击、摩擦或与氧化剂、有机物接触时能引起燃烧或爆炸的物质	赤磷、五硫化磷、三硫化磷
乙	闪点≥28℃至<60℃的液体	煤油、松节油、溶剂油、冰醋酸、樟脑油、蚁酸
	爆炸下限≥10%的气体	氨气
	不属于甲类的氧化剂	重铬酸钠、铬酸钾、硝酸、硝酸苯、发烟硫酸、漂白粉
	不属于甲类的化学易燃危险固体	硫磺、铝粉、赛璐珞板(片)、樟脑、松香、萘
	助燃气体	氧气、氟气
	常温下与空气接触能缓慢氧化,积热不散引起自燃的物品	桐油漆布及其制品,油布及其制品,油纸及其制品
丙	闪点≥60℃的液体	动物油、植物油、沥青、石蜡、润滑油、机油、重油、闪点≥60℃的油、糠醛
	可燃固体	化学、人造纤维及其织物,纸张、棉、毛、丝、麻及其织物,谷物、面粉、竹、木及其制品,中药材,电视机、收录机等电子产品
丁	难燃烧物品	自熄性塑料及其制品,酚醛泡沫塑料及其制品,水泥刨花板
戊	非燃烧物品	钢材、铝材、玻璃及其制品,搪瓷制品,陶瓷制品,岩棉、陶瓷棉、矿棉、石膏及其无纸制品,水泥

4.5 洁净厂房生产工作间的火灾危险性分类举例

洁净厂房内生产工作间的火灾危险性应按现行国家标准《建筑设计防火规范》(GBJ 16)分类,洁净厂房生产工作间的火灾危险性分类举例见表 4.5。

洁净厂房生产工作间的火灾危险性分类举例　　　　　　　表 4.5

生产类别	举例
甲	微型轴承装配的精研间,装配前的检查间;精密陀螺仪装配的清洗间;磁带涂布烘干工段;化工厂的丁酮、丙酮、环乙酮等易燃熔剂的物理提纯工作间(光致抗蚀剂的配制工作间);集成电路工厂的化学清洗间(使用闪点小于28℃的易燃液体者)外延间;常压化学气相沉积间和化学试剂贮存间
乙	胶片厂的洗印车间
丙	计算机房记录数据的磁盘贮存间;显像管厂装配工段烧枪间;磁带装配工段;集成电路工厂的氧化扩散间、光刻间

4.6 可燃气体的火灾危险性分类

1. 分类应按表 4.6-1 分为两类。

可燃气体的火灾危险性分类　　　　　　　表 4.6-1

类 别	可燃气体与空气混合物的爆炸下限
甲	<10%(体积)
乙	≥10%(体积)

2. 可燃气体的火灾危险性分类举例见表 4.6-2。

可燃气体的火灾危险性分类举例　　　　　　　表 4.6-2

类 别	名 称
甲	乙炔,环氧乙烷,氢气,合成气,硫化氢,乙烯,氰化氢,丙烯,丁烯,丁二烯,顺丁烯,反丁烯,甲烷,乙烷,丙烷,丁烷,丙二烯,环丙烷,甲胺,环丁烷,甲醛,甲醚,氯甲烷,氯乙烯,异丁烷
乙	一氧化碳,氨,溴甲烷

4.7 液化烃、可燃液体的火灾危险性分类

1. 分类应按表 4.7-1 分类。

液化烃、可燃液体的火灾危险性分类　　　　　　　表 4.7-1

类别		名 称	特 征
甲	A	液化烃	15℃时的蒸汽压力>0.1MPa 的烃类液体及其他类似的液体
	B		甲 A 类以外,闪点<28℃
乙	A	可燃液体	28℃≤闪点≤45℃
	B		45℃<闪点<60℃
丙	A		60℃≤闪点≤120℃
	B		闪点>120℃

注:1. 操作温度超过其闪点的乙类液体,应视为甲 B 类液体。
　　2. 操作温度超过其闪点的丙类液体,应视为乙 A 类液体。

2. 液化烃、可燃液体的火灾危险性分类举例见表 4.7-2。

液化烃、可燃液体的火灾危险性分类举例　　表 4.7-2

类别		名　称
甲	A	液化甲烷,液化天然气,液化氯甲烷,液化顺式-2-丁烯,液化乙烯,液化乙烷,液化反式-2-丁烯,液化环丙烷,液化丙烯,液化丙烷,液化环丁烷,液化新戊烷,液化丁烯,液化丁烷,液化氯乙烷,液化环氧乙烷,液化丁二烯,液化异丁烷,液化石油气,二甲胺
甲	B	异戊二烯,异戊烷,汽油,戊烷,二硫化碳,异己烷,乙烷,石油醚,异庚烷,环乙烷,辛烷,异辛烷,苯,庚烷,石脑油,原油,甲苯,乙苯,邻二甲苯,间、对二甲苯,异丁醇,乙醚,乙醛,环氧丙烷,甲酸甲酯,乙胺,二乙胺,丁醛,丁醛,二氧甲烷,三乙胺,醋酸乙烯,甲乙酮,丙烯腈,醋酸乙酯,醋酸异丙酯,二氯乙烯,甲醇,异丙醇,乙醇,醋酸丙酯,丙醇,醋酸异丁酯,甲酸丁酯,吡啶,二乙缩醛,醋酸戊酯,甲酸戊酯,丙烯酸甲酯,醋酸丁酯
乙	A	丙苯,环氧氯丙烷,苯乙烯,喷气燃料,煤油,丁醇,氯苯,乙二胺,戊醇,环己酮,冰醋酸,异戊醇
乙	B	35 号轻柴油,环戊烷,硅酸乙酯,氯乙醇,丁醇,氯丙醇,二甲基甲酰胺
丙	A	轻柴油,重柴油,苯胺,锭子油,酚,甲酚,糠醛,20 号重油,苯甲醛,环己醇,甲基丙烯酸,丙酸,乙二醇丁醚,甲醛,糠醇,辛醇,乙醇胺,丙二醇,乙二醇,二甲基乙酰胺
丙	B	蜡油,100 号重油,渣油,变压器油,润滑油,二乙二醇醚,三乙二醇醚,邻苯二甲酸二丁酯,甘油,联苯—联苯醚混合物

4.8　甲、乙、丙类固体的火灾危险性分类举例

固体的火灾危险性分类,应按现行国家标准《建筑设计防火规范》(GBJ 16) 的有关规定执行,甲、乙、丙类固体的火灾危险性分类举例见表 4.8。

甲、乙、丙类固体的火灾危险性分类举例　　表 4.8

类别	名　称
甲	黄磷,硝化棉,硝化纤维胶片,喷漆棉,火胶棉,赛璐珞棉,锂,钠,钾,钙,锶,铷,铯,氢化锂,氢化钾,氢化钠,磷化钙,碳化钙,四氢化锂铝,钠汞齐,碳化铝,过氧化钾,过氧化钠,过氧化钡,过氧化锶,过氧化钙,高氯酸钾,高氯酸钠,高氯酸钡,高氯酸铵,高氯酸镁,高锰酸钾,高锰酸钠,硝酸钾,硝酸钠,硝酸铵,硝酸钡,氯酸钾,氯酸钠,氯酸铵,次亚氯酸钙,过氧化二乙酰,过氧化二苯甲酰,过氧化二异丙苯,过氧化氢苯甲酰,(邻、间、对)二硝基苯,2-二硝基苯酚,二硝基甲苯,二硝基萘,三硫化四磷,五硫化二磷,赤磷,氨基化钠
乙	硝酸镁,硝酸钙,亚硝酸钾,过硫酸钾,过硫酸钠,过硫酸铵,过硼酸钠,重铬酸钾,重铬酸钠,高锰酸钙,高氯酸银,高碘酸钾,溴酸钠,碘酸钠,亚氯酸钠,五氧化二碘,三氧化铬,五氧化二磷,萘,蒽,菲,樟脑,硫磺,铁粉,铝粉,锰粉,钛粉,咔唑,三聚甲醛,松香,均四甲苯,聚合甲醛偶氮二异丁腈,赛璐珞片,联苯胺,噻吩,苯磺酸钠,环氧树脂,酚醛树脂,聚丙烯腈,季戊四醇,尼龙,己二酸,炭黑,聚氨酯,精对苯二甲酸
丙	石蜡,沥青,苯二甲酸,聚酯,有机玻璃,橡胶及其制品,玻璃钢,聚乙烯醇,ABS 塑料,SAN 塑料,乙烯树脂,聚碳酸酯,聚丙烯酰胺,己内酰胺,尼龙 6,尼龙 66,丙纶纤维,蒽醌,(邻、间、对)苯二酚,聚苯乙烯,聚乙烯,聚丙烯,聚氯乙烯

4.9　石油化工企业工艺装置或装置内单元的火灾危险性分类举例

分类举例见表 4.9。

石油化工企业工艺装置或装置内单元的火灾危险性分类举例　　　表 4.9

一、炼油部分

类别	装置（单元）名称
甲	加氢裂化，加氢精制，制氢，催化重整，催化裂化，气体分馏，烷基化，叠合，丙烷脱沥青，气体脱硫，液化石油气硫醇氧化，液化石油气化学精制，喷雾蜡脱油，延迟焦化，热裂化，常减压蒸馏，汽油再蒸馏，汽油电化学精制，酮苯脱蜡脱油，汽油硫醇氧化，减粘裂化，硫磺回收
乙	酚精制，糠醛精制，煤油电化学精制，煤油硫醇氧化，空气分离，煤油尿素脱蜡，煤油分子筛脱蜡
丙	轻柴油电化学精制，润滑油和蜡的白土精制，轻柴油分子筛脱蜡，蜡成型，石蜡氧化，沥青氧化

二、石油化工部分

类别	装置（单元）名称
	Ⅰ 基本有机化工原料及产品
甲	管式炉（含卧式、立式、毫秒炉等各型炉）蒸汽裂解制乙烯、丙烯装置；裂解汽油加氢装置；芳烃抽提装置；对二甲苯装置；对二甲苯二甲酯装置；环氧乙烷装置；石脑油催化重整装置；制氢装置；环乙烷装置；丙烯腈装置；苯乙烯装置；碳四抽提丁二烯装置；丁烯氧化脱氢制丁二烯装置；甲烷部分氧化制乙炔装置；乙烯直接法制乙醛装置；苯酚丙酮装置；乙烯氧氯化法制氯乙烯装置；乙烯直接法制乙醛装置；苯酚丙酮装置；乙烯氧氯化法制氯乙烯装置；乙烯直接水合法制乙醇装置；对二甲酸装置（精对苯二甲酸装置）；合成甲醇装置；乙醛氧化制乙酸（醋酸）装置的乙醛储罐、乙醛氧化单元；环氧氯丙烷装置的丙烯储罐组和丙炳压缩、氯化、精馏、次氯酸化单元；羰基合成制丁醇装置的一氧化碳、氢气、丙烯储罐组和压缩、合成、蒸馏缩合、丁醛加氢单元；羰基合成制异辛醇装置的一氧化碳、氢气、丙烯储罐组和压缩、合成甲醛、缩合脱水、2-乙基乙烯醛正丁烯加氢单元；烷基苯装置的煤油加氢、分子筛脱蜡（正戊烷、异辛烷、对二甲苯脱附）、正构烷烃（C10～C13）催化脱氢、单烯烃（C10～C13）与苯用 HF 催化烷基化和苯、氢、脱附剂、液化石油气、轻质油等储运单元；合成洗衣粉装置的硫磺储运单元
乙	乙醛氧化制乙酸（醋酸）装置的乙酸精馏单元和乙酸氧气储罐组；乙酸裂解制醋酐装置；环氧氯丙烷装置的中和环化单元、环氧氯丙烷储罐组；羰基合成制丁醇装置的蒸馏精制单元和丁醇储罐组；烷基苯装置的原料煤油、脱蜡煤油、轻蜡、燃料油储运单元；合成洗衣粉装置的烷基苯与 SO_3 磺化单元
丙	乙二醇装置的乙二醇蒸发脱水精制单元和乙二醇储罐组；羰基合成制异辛醇装置的异辛醇蒸馏精制单元和异辛醇储罐组；烷基苯装置的热油（联苯＋联苯醚）系统、含 HF 物质中和处理系统单元；合成洗衣粉装置的烷基苯硫酸与苛性钠中和、烷基苯硫酸钠与添加剂（羧甲基纤维素、三聚磷酸钠等）合成单元
	Ⅱ 合成橡胶
甲	丁苯橡胶和丁腈橡胶装置的单体、化学品储存、聚合、单体回收单元；乙丙橡胶、异戊橡胶和顺丁橡胶装置的单体、催化剂、化学品储存和配制、聚合、胶乳储存混合、凝聚、单体与溶剂回收单元；氯丁橡胶装置的乙炔催化合成乙烯基乙炔、催化加成或丁二烯氯化成氯丁烯、聚合、胶乳储存混合、凝聚单元
乙	丁苯橡胶和丁腈橡胶装置的化学品配制、胶乳混合、后处理（凝聚、干燥、包装）、储运单元；乙丙橡胶、顺丁橡胶、氯丁橡胶和异戊橡胶装置的后处理（脱水、干燥、包装）、储运单元
	Ⅲ 合成树脂及塑料
甲	高压聚乙烯装置的乙烯储罐、乙烯压缩、催化剂配制、聚合、造粒单元；低密度聚乙烯装置的丁二烯、H_2、丁基铝储运、净化、催化剂配制、聚合、溶剂回收单元；低压聚乙烯装置的乙烯、化学品储运、配料、聚合、醇解、过滤、溶剂回收单元；聚氯乙烯装置的氯乙烯储运、聚合单元；聚乙烯醇装置的乙炔、甲醇储运、配料、合成醋酸乙烯、聚合、精馏、回收单元；本体法连续制聚苯乙烯装置的通用型聚苯乙烯的乙苯储运、脱氢、配料、聚合、脱气及高抗冲聚苯乙烯的橡胶溶解配料，其余单元同通用型 ABS 塑料装置的丙烯腈、丁二烯、苯乙烯储运、预处理、配料、聚合、凝聚单元；SAN 塑料装置的苯乙烯、丙烯腈储运、配料、聚合脱气、凝聚单元；聚丙烯装置的本体法连续聚合的丙烯储运、催化剂配制、聚合、闪蒸、干燥、单体精制与回收及溶剂法的丙烯储运、催化剂配制、聚合、醇解、洗浆、过滤、溶剂回收单元

续表

二、石油化工部分

类别	装置（单元）名称
乙	聚乙烯醇装置的醋酸储运单元
丙	高压聚乙烯装置的掺和、包装、储运单元；低密度聚乙烯装置的后处理（挤压造粒、包装）、储运单元；低压聚乙烯装置的后处理（干燥、包装）、储运单元，聚氯乙烯装置的过滤、干燥、包装、储运单元；聚乙烯醇装置的干燥、包装、储运单元；本体法连续制聚苯乙烯装置的造粒、包装、储运单元；聚苯乙烯装置的本体法连续聚合的造粒、料仓、包装、储运及溶剂法的干燥、掺和、包装、储运单元；ABS塑料和SAN塑料装置的干燥、造粒、包装、储运单元。

Ⅳ 合成氨及氨加工产品

类别	装置（单元）名称
甲	合成氨装置的烃类蒸汽转化或部分氧化法制合成气（N_2+H_2+CO）、脱硫、变换、脱CO_2、铜洗、甲烷化、压缩、合成、原料烃类单元和煤气储罐组 硝酸铵装置的结晶或造粒、输送、包装、储运单元
乙	合成氨装置的氨冷冻、吸收单元和液氨储罐 合成尿素装置的氨储罐组和尿素合成、气提、分解、吸收、液氨泵、甲胺泵单元 硝酸装置 硝酸铵装置的中和、浓缩、氨储运单元
丙	合成尿素装置的蒸发、造粒、包装、储运单元

三、石油化纤部分

类别	装置（单元）名称
甲	涤纶装置（DMT法）的催化剂、助剂的储存、配制、对苯二甲酸二甲酯与乙二醇的酯交换、甲醇回收单元；锦纶装置（尼龙6）的环己烷氧化、环己醇与环己酮分馏、环己醇脱氢、己内酰胺用苯萃取精制、环己烷储运单元；尼龙装置（尼龙66）的环己烷储运、环己烷氧化、环己醇与环己酮氧化制己二酸、己二腈加氢制己胺单元；腈纶装置的丙烯腈、丙烯酸甲酯、醋酸乙烯、二甲胺、异丙醚、异丙醇储运和聚合单元；硫氰酸钠（NaSCN）回收的萃取单元，二甲基乙酰胺（DMAC）的制造单元；维尼纶装置的原料中间产品储罐组和乙炔或乙烯与乙酸催化合成乙酸乙烯、甲醇醇解生产聚乙烯醇、甲醇氧化生产甲醛、缩合为聚乙烯醇缩甲醛单元；聚酯装置的催化剂、助剂的储存、配制、己二腈加氢制己二胺单元
乙	锦纶装置（尼龙6）的环己酮肟化、贝克曼重排单元 尼纶装置（尼龙66）的己二酸氨化、脱水制己二腈单元 煤油、次氯酸钠库
丙	涤纶装置（DMT法）的对苯二甲酸乙二酯缩聚、造粒、熔融、纺丝、长丝加工、料仓、中间库、成品库单元；涤纶装置（PTA法）的酯化、聚合单元；锦纶装置（尼龙6）的聚合、切片、料仓、熔融、纺丝、长丝加工、储运单元；尼纶装置（尼龙66）的成盐（己二胺己二酸盐）、结晶、料仓、熔融、纺丝、长丝加工、包装、储运单元；腈纶装置的纺丝（NaSCN为溶剂除外）、后干燥、长丝加工、毛条、打包、储运单元；维尼纶装置的聚乙烯醇熔融抽丝、长丝加工、包装、储运单元；维尼纶装置的丝束干燥及干热拉伸、长丝加工、包装、储运单元；聚酯装置的酯化、缩聚、造粒、纺丝、长丝加工、料仓、中间库、成品库单元

4.10 火灾自动报警系统保护对象分级

火灾自动报警系统的保护对象应根据其使用性质、火灾危险性、疏散和扑救难度等分为特级、一级和二级，其划分宜符合表4.10的规定。

火灾自动报警系统保护对象分级 表 4.10

等级		保护对象
特级		建筑高度超过 100m 的高层民用建筑
一级	建筑高度不超过 100m 的高层民用建筑	一类建筑
一级	建筑高度不超过 24m 的民用建筑及建筑高度超过 24m 的单层公共建筑	1. 200床及以上的病房楼,每层建筑面积1000m² 及以上的门诊楼; 2. 每层建筑面积超过 3000m² 的百货楼、商场、展览楼、高级旅馆、财贸金融楼、电信楼、高级办公楼; 3. 藏书超过 100 万册的图书馆、书库; 4. 超过 3000 座位的体育馆; 5. 重要的科研楼、资料档案楼; 6. 省级(含计划单列市)的邮政楼、广播电视楼、电力调度楼、防灾指挥调度楼; 7. 重点文物保护场所; 8. 大型以上的影剧院、会堂、礼堂
一级	工业建筑	1. 甲、乙类生产厂房; 2. 甲、乙类物品库房; 3. 占地面积或总建筑面积超过1000m² 的丙类物品库房; 4. 总建筑面积超过1000m² 的地下丙、丁类生产车间及物品库房
一级	地下民用建筑	1. 地下铁道、车站; 2. 地下电影院、礼堂; 3. 使用面积超过 1000m² 的地下商场、医院、旅馆、展览厅及其他商业或公共活动场所; 4. 重要的实验室,图书,资料,档案库
二级	建筑高度不超过 100m 的高层民用建筑	二类建筑
二级	建筑高度不超过 24m 的民用建筑	1. 设有空气调节系统的或每层建筑面积超过 2000m²、但不超过 3000m² 的商业楼、财贸金融楼、电信楼、展览楼、旅馆、办公楼、车站、海河客运站、航空港等公共建筑及其他商业或公共活动场所; 2. 市、县级的邮政楼、广播电视楼、电力调度楼、防灾指挥调度楼; 3. 中型以下的影剧院; 4. 高级住宅; 5. 图书馆、书库、档案楼
二级	工业建筑	1. 丙类生产厂房; 2. 建筑面积大于 50m²,但不超过 1000m² 的丙类物品库房; 3. 总建筑面积大于 50m²,但不超过 1000m² 的地下丙、丁类生产车间及地下物品库房
二级	地下民用建筑	1. 长度超过 500m 的城市隧道; 2. 使用面积不超过 1000m² 的地下商场、医院、旅馆、展览馆及其他商业或公共活动场所

注: 1. 一类建筑、二类建筑的划分,应符合现行国家标准《高层民用建筑设计防火规范》GB 50045 的规定;工业厂房、仓库的火灾危险性分类,应符合现行国家标准《建筑设计防火规范》GBJ 16 的规定。
2. 本表未列出的建筑的等级可按同类建筑的类比原则确定。

4.11 火灾探测器的具体设置部位(建议性)

火灾探测器的设置部位应与保护对象等级相适应,具体部位建议按附件 4.11 采用。

火灾探测器的具体设置部位（建议性） 附件 4.11

1. 特级保护对象

1.1 特级保护对象火灾探测器的设置部位应符合现行国家标准《高层民用建筑设计防火规范》GB 50045 的有关规定。

2. 一级保护对象

2.1 财贸金融楼的办公室、营业厅、票证库。

2.2 电信楼、邮政楼的重要机房和重要房间。

2.3 商业楼、商住楼的营业厅、展览楼的展览厅。

2.4 高级旅馆的客房和公共活动用房。

2.5 电力调度楼、防灾指挥调度楼等的微波机房、计算机房、控制机房、动力机房。

2.6 广播、电视楼的演播室、播音室、录音室、节目播出技术用房、道具布景房。

2.7 图书馆的书库、阅览室、办公室。

2.8 档案楼的档案库、阅览室、办公室。

2.9 办公楼的办公室、会议室、档案室。

2.10 医院病房楼的病房、贵重医疗设备室、病历档案室、药品库。

2.11 科研楼的资料室、贵重设备室、可燃物较多的和火灾危险性较大的实验室。

2.12 教学楼的电化教室、理化演示和实验室、贵重设备和仪器室。

2.13 高级住宅（公寓）的卧房、书房、起居室（前厅）、厨房。

2.14 甲、乙类生产厂房及其控制室。

2.15 甲、乙、丙类物品库房。

2.16 设在地下室的丙、丁类生产车间。

2.17 设在地下室的丙、丁类物品库房。

2.18 地下铁道的地铁站厅、行人通道。

2.19 体育馆、影剧院、会堂、礼堂的舞台、化妆室、道具室、放映室、观众厅、休息厅及其附设的一切娱乐场所。

2.20 高级办公室、会议室、陈列室、展览室、商场营业厅。

2.21 消防电梯、防烟楼梯的前室及合用前室，除普通住宅外的走道、门厅。

2.22 可燃物品库房、空调机房、配电室（间）、变压器室、自备发电机房、电梯机房。

2.23 净高超过 2.6m 且可燃物较多的技术夹层。

2.24 敷设具有可延燃绝缘层和外护层电缆的电缆竖井、电缆夹层、电缆隧道、电缆配线桥架。

2.25 贵重设备间和火灾危险性较大的房间。

2.26 电子计算机的主机房、控制室、纸库、光或磁记录材料库。

2.27 经常有人停留或可燃物较多的地下室。

2.28 餐厅、娱乐场所、卡拉 OK 厅（房）、歌舞厅、多功能表演厅、电子游戏机房等。

2.29 高层汽车库、Ⅰ类汽车库、Ⅰ、Ⅱ类地下汽车库，机械立体汽车库、复式汽车库、采用升降梯作汽车疏散出口的汽车库（敞开车库可不设）。

2.30 污衣道前室、垃圾道前室、净高超过 0.8m 的具有可燃物的闷顶、商业用或公共厨房。

2.31 以可燃气为燃料的商业和企、事业单位的公共厨房及燃气表房。

2.32 需要设置火灾探测器的其他场所。

3. 二级保护对象

3.1 财贸金融楼的办公室、营业厅、票证库。

3.2 广播、电视、电信楼的演播室、播音室、录音室、节目播出技术用房、微波机房、通讯机房。

3.3 指挥、调度楼的微波机房、通讯机房。

3.4 图书馆、档案楼的书库、档案室。

3.5 影剧院的舞台、布景道具房。

3.6 高级住宅（公寓）的卧房、书房、起居室（前厅）、厨房。

3.7 丙类生产厂房、丙类物品库房。

3.8 设在地下室的丙、丁类生产车间，丙、丁类物品库房。

3.9 高层汽车库、Ⅰ类汽车库、Ⅰ、Ⅱ类地下汽车库，机械立体汽车库、复式汽车库、采用升降梯作汽车疏散出口的汽车库（敞开车库可不设）。

3.10 长度超过 500m 的城市地下车道、隧道。

3.11 商业餐厅，面积大于 $500m^2$ 的营业厅、观众厅、展览厅等公共活动用房，高级办公室，旅馆的客房。

3.12 消防电梯、防烟楼梯的前室及合用前室，除普通住宅外的走道、门厅、商业用厨房。

3.13 净高超过 0.8m 的具有可燃物的闷顶，可燃物较多的技术夹层。

3.14 敷设具有可延燃绝缘层和外护层电缆的电缆竖井、电缆夹层、电缆隧道、电缆配线桥架。

3.15 以可燃气体为燃料的商业和企、事业单位的公共厨房及其燃气表房。

3.16 歌舞厅、卡拉 OK 厅（房）、夜总会。

3.17 经常有人停留或可燃物较多的地下室。

3.18 电子计算机的主机房、控制室、纸库、光或磁记录材料库、重要机房、贵重仪器房和设备房、空调机房、配电房、变压器房、自备发电机房、电梯机房、面积大于 $50m^2$ 的可燃物品库房。

3.19 性质重要或有贵重物品的房间和需要设置火灾探测器的其他场所。

4.12 自动喷水灭火系统设置场所火灾危险等级

设置自动喷水灭火系统的场所，其火灾危险等级，应根据其用途、容纳物品的火灾荷载及室内空间条件等因素，在分析火灾特点和热气流驱动喷头开放及喷水到位的难易程度后确定。按表 4.12 的规定划分设置场所火灾危险等级。

自动喷水灭火系统设置场所火灾危险等级　　　　表 4.12

1	轻危险级	
2	中危险级	Ⅰ级、Ⅱ级
3	严重危险级	Ⅰ级、Ⅱ级
4	仓库危险级	Ⅰ级、Ⅱ级、Ⅲ级

4.12.1 自动喷水灭火系统设置场所火灾危险等级举例

见表 4.12.1。

自动喷水灭火系统设置场所火灾危险等级举例　　　　表 4.12.1

火灾危险等级		设 置 场 所 举 例
轻危险级		建筑高度为 24m 及以下的旅馆、办公楼;仅在走道设置闭式系统的建筑等
中危险级	Ⅰ级	1. 高层民用建筑:旅馆、办公楼、综合楼、邮政楼、金融电信楼、指挥调度楼、广播电视楼(塔)等; 2. 公共建筑(含单、多高层):医院、疗养院;图书馆(书库除外)、档案馆、展览馆(厅);影剧院、音乐厅和礼堂(舞台除外)及其他娱乐场所;火车站和飞机场及码头的建筑;总建筑面积小于 5000m² 的商场、总建筑面积小于 1000m² 的地下商场等; 3. 文化遗产建筑:木结构古建筑、国家文物保护单等; 4. 工业建筑:食品、家用电器、玻璃制品等工厂的备料与生产车间等;冷藏库、钢屋架等建筑构件
	Ⅱ级	1. 民用建筑:书库、舞台(葡萄架除外)、汽车停车场、总建筑面积 5000m² 及以上的商场、总建筑面积 1000m² 及以上的地下商场等; 2. 工业建筑:棉毛麻丝及化纤的纺织、织物及制品、木材木器及胶合板、谷物加工、烟草及制品、饮用酒(啤酒除外)、皮革及制品、造纸及纸制品、制药等工厂的备料与生产车间
严重危险级	Ⅰ级	印刷厂、酒精制品、可燃液体制品等工厂的备料与车间等
	Ⅱ级	易燃液体喷雾操作区域、固体易燃物品、可燃的气溶胶制品、溶剂、油漆、沥青制品等工厂的备料及生产车间、摄影棚、舞台"葡萄架"下部
仓库危险级	Ⅰ级	食品、烟酒;木箱、纸箱包装的不燃难燃物品、仓储式商场的货架区等
	Ⅱ级	木材、纸、皮革、谷物及制品、棉毛麻丝化纤及制品、家用电器、电缆、B组塑料与橡胶及其制品、钢塑混合材料制品、各种塑料瓶盒包装的不燃物品及各类物品混杂储存的仓库等
	Ⅲ级	A组塑料与橡胶及其制品;沥青制品等

注:表中的 A 组、B 组塑料橡胶的举例见表 4.12.2

4.12.2 塑料、橡胶分类举例

见表 4.12.2。

塑料、橡胶分类举例　　　　表 4.12.2

类别	材 料 名 称
A组	丙烯腈—丁二烯—苯乙烯共聚物(ABS)、缩醛(聚甲醛)、聚甲基丙烯酸甲酯、玻璃纤维增强聚酯(FRP)、热塑性聚酯(PET)、聚丁二烯、聚碳酸酯、聚乙烯、聚苯乙烯、聚丙烯、聚氨基甲酸酯、高增塑聚氯乙烯(PVC,如人造革、胶片等)、苯乙烯—丙烯腈(SAN)等。 丁基橡胶、乙丙橡胶(EPDM)、发泡类天然橡胶、腈橡胶(丁腈橡胶)、聚酯合成橡胶、丁苯橡胶(SBR)等
B组	醋酸纤维素、醋酸丁酸纤维素、乙基纤维素、氟塑料、锦纶(锦纶 6、锦纶 66)、三聚氰胺甲醛、酚醛塑料、硬聚氯乙烯(PVC如管道、管件等)、聚偏二氟乙烯(PVDC)、聚偏氟乙烯(PVDF)、聚氟乙烯(PVF)、脲甲醛等。 氯丁橡胶、不发泡类天然橡胶、硅橡胶等

4.13 工业建筑灭火器配置场所的火灾危险等级

1. 工业建筑灭火器配置场所的火灾危险等级，应根据其生产、使用、贮存物品的火灾危险性、可燃物数量、火灾蔓延速度以及扑救难易程度等因素划分为三级，并应符合表4.13-1的规定。

工业建筑灭火器配置场所的火灾危险等级　　　　　　表 4.13-1

火灾危险等级	场 所 特 征
严重危险级	火灾危险性大、可燃物多、起火后蔓延迅速或容易造成重大火灾损失的场所
中危险级	火灾危险性大、可燃物较多，起火后蔓延较迅速的场所
轻危险级	火灾危险性较小，可燃物较少，起火后蔓延较缓慢的场所

2. 工业建筑灭火器配置场所的火灾危险等级举例，见表4.13-2。

工业建筑灭火器配置场所的火灾危险等级举例　　　　　　表 4.13-2

危险等级	举　例	
	厂房和露天、半露天生产装置区	库房和露天、半露天堆场
严重危险级	1. 闪点＜60℃的油品和有机溶剂的提炼、回收、洗涤部位及其泵房、罐桶间。 2. 橡胶制品的涂胶和胶浆部位。 3. 二硫化碳的粗馏、精馏工段及其应用部位。 4. 甲醇、乙醇、丙酮、丁酮、异丙醇、醋酸乙酯、苯等的合成或精制厂房。 5. 植物油加工厂的浸出厂房。 6. 洗涤剂厂房石蜡裂解部位，冰醋酸裂解厂房。 7. 环氧氯丙烷、苯乙烯厂房或装置区。 8. 液化石油气罐瓶间。 9. 天然气、石油伴生气、水煤气或焦炉煤气的净化（如脱硫）厂房压缩机及鼓风机室。 10. 乙炔站、氢气站、煤气站、氧气站。 11. 硝化棉、赛璐珞厂房及其应用部位。 12. 黄磷、赤磷制备厂房及其应用部位。 13. 樟脑或松香提炼厂房，焦化厂精萘厂房。 14. 煤粉厂房和面粉厂房的碾磨部位。 15. 谷物筒仓工作塔、亚麻厂的除尘器和过滤器室。 16. 氯酸钾厂房及其应用部位。 17. 发烟硫酸或发烟硝酸浓缩部位。 18. 高锰酸钾、重铬酸钠厂房。 19. 过氧化钠、过氧化钾、次氯酸钙厂房。 20. 各工厂的总控制室、分控制室。 21. 可燃材料工棚	1. 化学危险物品库房。 2. 装卸原油或化学危险物品的车站、码头。 3. 甲、乙类液体贮藏、桶装堆场。 4. 液化石油气贮罐区、桶装堆场。 5. 散装棉花堆场。 6. 稻草、芦苇、麦秸等堆场。 7. 赛璐珞及其制品、漆布、油布、油纸及其制品，油绸及其制品库房。 8. 60度以上的白酒库房

续表

危险等级	举例	
	厂房和露天、半露天生产装置区	库房和露天、半露天堆场
中危险级	1. 闪点≥60℃的油品和有机溶剂的提炼、回收工段及其抽送泵房。 2. 柴油、机器油或变压器油罐桶间。 3. 润滑油再生部位或沥青加工厂房。 4. 植物油加工精炼部位。 5. 油浸变压器室和高、低压配电室。 6. 工业用燃油、燃气锅炉房。 7. 各种电缆廊道。 8. 油淬火处理车间。 9. 橡胶制品压延、成型和硫化厂房。 10. 木工厂房和竹、藤加工厂房。 11. 针织品厂房和纺织、印染、化纤生产的干燥部位。 12. 服装加工厂房和印染厂成品厂房。 13. 麻纺厂粗加工厂房和毛涤厂选毛厂房。 14. 谷物加工厂房。 15. 卷烟厂的切丝、卷制、包装厂房。 16. 印刷厂的印刷厂房。 17. 电视机、收录机装配厂房。 18. 显像管厂装配工段烧枪间。 19. 磁带装配厂房。 20. 泡沫塑料厂的发泡、成型、印片、压花部位。 21. 饲料加工厂房。 22. 汽车加油站。	1. 闪点≥60℃的油品和其他丙类液体贮藏、桶装库房或堆场。 2. 化学、人造纤维及其织物、棉、毛、丝、麻及其织物的库房。 3. 纸张、竹、木及其制品的库房或堆场。 4. 火柴、香烟、糖、茶叶库房。 5. 中药材库房。 6. 橡胶、塑料及其制品的库房。 7. 粮食、食品库房及粮食堆场。 8. 电视机、收录机等电子产品及其他家用电气产品的库房。 9. 汽车、大型拖拉机停车库。 10. ＜60度的白酒库房。 11. 低温冷库
轻危险级	1. 金属冶炼、铸造、铆焊、热轧、锻造、热处理厂房。 2. 玻璃原料溶化厂房。 3. 陶瓷制品的烘干、烧成厂房。 4. 酚醛泡沫塑料的加工厂房。 5. 印染厂的漂炼部位。 6. 化纤厂后加工润湿部位。 7. 造纸厂或化纤厂的浆粕蒸煮工段。 8. 仪表、器械或车辆装配车间。 9. 不燃液体的泵房和阀门室。 10. 金属（镁合金除外）冷加工车间。 11. 氟里昂厂房	1. 钢材库房及堆场。 2. 水泥库房。 3. 搪瓷、陶瓷制品库房。 4. 难燃烧或非燃烧的建筑装饰材料库房。 5. 原木堆场

4.14 民用建筑灭火器配置场所的火灾危险等级

1. 民用建筑灭火器配置场所的火灾危险等级，应根据其使用性质，火灾危险性、可燃物数量，火灾蔓延速度以及扑救难易程度等因素，划分为三级，并应符合表4.14-1的规定。

2. 民用建筑灭火器配置场所的火灾危险等级举例，见表4.14-2。

民用建筑灭火器配置场所的火灾危险等级　　　　　表 4.14-1

火灾危险等级	场 所 特 征
严重危险级	功能复杂、用电用火多、设备贵重、火灾危险性大，可燃物多，起火后蔓延迅速或容易造成重大火灾损失的场所
中危险级	用电用火较多，火灾危险性较大，可燃物较多，起火后蔓延较迅速的场所
轻危险级	用电用火较少，火灾危险性较小，可燃物较少，起火后蔓延较缓慢的场所

民用建筑灭火器配置场所的火灾危险等级举例　　　　　表 4.14-2

危险等级	举 例
严重危险级	1. 重要的资料室、档案室 2. 设备贵重或可燃物多的实验室 3. 广播电视演播室、道具间 4. 电子计算机及数据库 5. 重要的电信机房 6. 高级旅馆的公共活动用房及大厨房 7. 电影院、剧院、会堂、礼堂的舞台及后台部位 8. 医院的手术室、药房和病历室 9. 博物馆、图书馆的珍藏、复印室 10. 电影、电视摄影棚
中危险级	1. 设有空调设备、电子计算机、复印机等的办公室 2. 学校或科研单位的理化实验室 3. 广播、电视的录音室、播音室 4. 高级旅馆的其他部位 5. 电影院、剧院、会堂、礼堂、体育馆的放映室 6. 百货楼、营业厅、综合商场 7. 图书馆、书库 8. 多功能厅、餐厅及厨房 9. 展览厅 10. 医院的理疗室、透视室、心电图室 11. 重点文物保证场所 12. 邮政信函和包裹分捡房、邮袋库 13. 高级住宅 14. 燃油、燃气锅炉房 15. 民用的油浸变压器室和高、低压配电室
轻危险级	1. 电影院、剧院、会堂、礼堂、体育馆的观众厅 2. 医院门诊部、住院部 3. 学校教学楼、幼儿园与托儿所的活动室 4. 办公楼 5. 车站、码头、机场的候车、候船、候机厅 6. 普通旅馆 7. 商店 8. 十层及十层以上的普通住宅

4.15 水泥工厂建（构）筑物生产的火灾危险性类别、耐火等级及防火间距

火灾危险性类别、耐火等级及防火间距应符合表 4.15 的规定。

5 建筑物的耐火等级

5.1 建筑物的耐火等级，其构件的燃烧性能和耐火极限的限值规定

1. 建筑物的耐火等级分为四级，其构件的燃烧性能和耐火极限不应低于表5.1的规定（《建筑防火规范》GBJ 16 另有规定的除外）。

建筑物构件的燃烧性能和耐火极限　　　　　表 5.1

构件名称		一级	二级	三级	四级
墙	防火墙	非燃烧体 4.00	非燃烧体 4.00	非燃烧体 4.00	非燃烧体 4.00
	承重墙、楼梯间、电梯井的墙	非燃烧体 3.00	非燃烧体 2.50	非燃烧体 2.50	难燃烧体 0.50
	非承重外墙、疏散走道两侧的隔墙	非燃烧体 1.00	非燃烧体 1.00	非燃烧体 0.50	难燃烧体 0.25
	房间隔墙	非燃烧体 0.75	非燃烧体 0.50	难燃烧体 0.50	难燃烧体 0.25
柱	支承多层的柱	非燃烧体 3.00	非燃烧体 2.50	非燃烧体 2.50	难燃烧体 0.50
	支承单层的柱	非燃烧体 2.50	非燃烧体 2.00	非燃烧体 2.00	燃烧体
梁		非燃烧体 2.00	非燃烧体 1.50	非燃烧体 1.00	难燃烧体 0.50
楼板		非燃烧体 1.50	非燃烧体 1.00	非燃烧体 0.50	难燃烧体 0.25
屋顶承重构件		非燃烧体 1.50	非燃烧体 0.50	燃烧体	燃烧体
疏散楼梯		非燃烧体 1.50	非燃烧体 1.00	非燃烧体 1.00	燃烧体
吊顶（包括吊顶搁栅）		非燃烧体 0.25	难燃烧体 0.25	难燃烧体 0.15	燃烧体

注：1. 以木柱承重且以非燃烧材料作为墙体的建筑物，其耐火等级应按四级确定；
　　2. 高层工业建筑的预制钢筋混凝土装配式结构，其节缝接点或金属承重构件节点的外露部位，应做防火保护层，其耐火极限不应低于本表相应构件的规定；
　　3. 二级耐火等级的建筑物吊顶，如采用非燃烧体时，其耐火极限不限；
　　4. 在二级耐火等级的建筑中，面积不超过100m²的房间隔墙，如执行本表的规定有困难时，可采用耐火极限不低于0.3h的非燃烧体。
　　5. 一、二级耐火等级民用建筑疏散走道两侧的隔墙，按本表规定执行有困难时，可采用0.75h非燃烧体。
　　6. 建筑构件的燃烧性能和耐火极限，可按第6节确定。

2. 几条规定：

（1）二级耐火等级的多层和高层工业建筑内存放可燃物的平均重量超过 $200kg/m^2$ 的房间，其梁、楼板的耐火极限应符合一级耐火等级的要求，但设有自动灭火设备时，其梁、楼板的耐火极限仍可按二级耐火等级的要求。

（2）承重构件为非燃烧体的工业建筑（甲、乙类库房和高层库房除外），其非承重外墙为非燃烧体时，其耐火极限可降低到 0.25h，为难燃烧体时，可降低到 0.5h。

（3）二级耐火等级建筑的楼板（高层工业建筑的楼板除外）如耐火极限达到 1h 有困难时，可降低到 0.5h。

上人的二级耐火等级建筑的平屋顶，其屋面板的耐火极限不应低于 1h。

（4）二级耐火等级建筑的屋顶如采用耐火极限不低于 0.5h 的承重构件有困难时，可采用无保护层的金属构件。但甲、乙、丙类液体火焰能烧到的部位，应采取防火保护措施。

（5）建筑物的屋面面层，应采用不燃烧体，但一、二级耐火等级的建筑物，其不燃烧体屋面基层上可采用可燃卷材防水层。

（6）下列建筑或部位的室内装修，宜采用非燃烧材料或难燃烧材料：

1）高级旅馆的客房及公共活动用房；
2）演播室、录音室及电化教室；
3）大型、中型电子计算机机房。

5.2 民用建筑的耐火等级、层数、长度和面积

1. 等级、层数、长度和面积应符合表 5.2 的要求。

民用建筑的耐火等级、层数、长度和面积　　　　表 5.2

耐火等级	最多允许层数	防火分区间		备　注
		最大允许长度(m)	每层最大允许建筑面积(m^2)	
一、二级	九层住宅 24m 高的民建，24m 高的单层公建	150	2500	1. 体育馆、剧院、展览建筑等的观众厅、展览厅的长度和面积可以根据需要确定 2. 托儿所、幼儿园的儿童用房及儿童游乐厅等儿童活动场所不应设置在四层及四层以上或地下、半地下建筑内
三级	5层	100	1200	1. 托儿所、幼儿园的儿童用房及儿童游乐厅等儿童活动场所和医院、疗养院的住院部分不应设置在三层及三层以上或地下、半地下建筑内 2. 商店、学校、电影院、剧院、礼堂、菜市场不应超过二层
四级	2层	60	600	学校、食堂、菜市场，托儿所、幼儿园，医院等不应超过一层

注：1. 重要的公共建筑应采用一、二级耐火等级的建筑。商店、学校、食堂、菜市场如采用一、二级耐火等级的建筑有困难，可采用三级耐火等级的建筑。
2. 建筑物的长度，系指建筑物各分段中线长度的总和。如遇不规则的平面而有各种不同量法时，应采用较大值。
3. 建筑内设置自动灭火系统时，每层最大允许建筑面积可按本表增加一倍。局部设置时，增加面积可按该局部面积一倍计算。
4. 防火分区间应采用防火墙分隔，如有困难时，可采用防火卷帘和水幕分隔。
5. 托儿所、幼儿园及儿童游乐厅等儿童活动场所应独立建造。当必须设置在其他建筑内时，宜设置独立的出入口。

2. 几条规定：

(1) 歌舞厅、录像厅、夜总会、放映厅、卡拉 OK 厅（含具有卡拉 OK 功能的餐厅）、游艺厅（含电子游艺厅）、桑拿浴室（除洗浴部分外）、网吧等歌舞娱乐放映游艺场所（以下简称歌舞娱乐放映游艺场所），宜设置在一、二级耐火等级建筑内的首层、二层或三层的靠外墙部位，不应设置在袋形走道的两侧或尽端。当必须设置在建筑的其他楼层时，尚应符合下列规定：

1) 不应设置在地下二层及二层以下。当设置在地下一层时，地下一层地面与室外出入口地坪的高差不应大于 10m。

2) 一个厅、室的建筑面积不应大于 $200m^2$。

3) 应设置防烟、排烟设施。对于地下房间、无窗房间或有固定窗扇的地上房间，以及超过 20m 且无自然排烟的疏散走道或有直接自然通风、但长度超过 40m 的疏散内走道，应设机械排烟设施。

(2) 建筑物内如设有上下层相连通的走马廊、自动扶梯等开口部位时，应按上、下连通层作为一个防火分区，其建筑面积之和不宜超过表 5.2 的规定。

注：多层建筑的中庭，当房间、走道与中庭相通的开口部位，设有可自行关闭的乙级防火门或防火卷帘；与中庭相通的过厅、通道等处，设有乙级防火门或防火卷帘；中庭每层回廊设有火灾自动报警系统和自动喷水灭火系统；以及封闭屋盖设有自动排烟设施时，可不受本条规定限制。

(3) 地下、半地下建筑内的防火分区间应采用防火墙分隔，每个防火分区的建筑面积不应大于 $500m^2$。

当设置自动灭火系统时，每个防火分区的最大允许建筑面积可增加到 $1000m^2$。局部设置时，增加面积应按局部面积的一倍计算。

(4) 地下商店应符合下列要求：

1) 营业厅不宜设置在地下三层及三层以下，且不应经营和储存火灾危险性为甲、乙类储存物品属性的商品；

2) 当设置火灾自动报警系统和自动喷水灭火系统，且建筑内部装修符合现行国家标准《建筑内部装修设计防火规范》GB 50222 的规定时，其营业厅每个防火分区的最大允许建筑面积可增加到 $2000m^2$。当地下商店总建筑面积大于 $2000m^2$ 时，应采用防火墙分隔，且防火墙上不应开设门窗洞口；

3) 应设置防烟、排烟设施。防烟、排烟设施的设计应按现行国家标准《人民防空工程设计防火规范》GB 50098 的规定执行。

5.3　各类厂房的耐火等级、层数和占地面积

1. 各类厂房的耐火等级、层数和占地面积应符合表 5.3 的要求（规范另有规定者除外）。

2. 几条规定：

(1) 特殊贵重的机器、仪表、仪器等应设在一级耐火等级的建筑内。

(2) 在小型企业中，面积不超过 $300m^2$ 独立的甲、乙类厂房，可采用三级耐火等级的单层建筑。

厂房的耐火等级、层数和占地面积   表 5.3

生产类别	耐火等级	最多允许层数	防火分区最大允许占地面积(m²)			厂房的地下室和半地下室
			单层厂房	多层厂房	高层厂房	
甲	一级	除生产必须采用多层者外，宜采用单层	4000	3000	—	—
	二级		3000	2000	—	—
乙	一级	不限	5000	4000	2000	—
	二级	6	4000	3000	1500	—
丙	一级	不限	不限	6000	3000	500
	二级	不限	8000	4000	2000	500
	三级	2	3000	2000	—	—
丁	二级	不限	不限	不限	4000	1000
	三级	3	4000	2000	—	—
	四级	1	1000	—	—	—
戊	一、二级	不限	不限	不限	6000	1000
	三级	3	5000	3000	—	—
	四级	1	1500	—	—	—

注：1. 防火分区间应用防火墙分隔。一、二级耐火等级的单层厂房（甲类厂房除外），如面积超过本表规定，设置防火有困难时，可用防火水幕带或防火卷帘加水幕分隔。
2. 一级耐火等级的多层及二级耐火等级的单层、多层纺织厂房（麻纺厂除外）可按本表的规定增加 50%，但上述厂房的原棉开包、清花车间均应设防火墙分隔。
3. 一、二级耐火等级的单层、多层造纸生产联合厂房，其防火分区最大允许占地面积可按本表的规定增加 1.5 倍。
4. 甲、乙、丙类厂房装有自动灭火设备时，防火分区最大允许占地面积可按本表的规定增加一倍；丁戊类厂房装设自动灭火设备时，其占地面积不限，局部设置时，增加面积可按该局部面积的一倍计算。
5. 一、二级耐火等级的谷物筒仓工作塔，且每层人数不超过 2 人时，最多允许层数可不受本表限制。
6. 邮政楼的邮件处理中心可按丙类厂房确定。

（3）使用或产生丙类液体的厂房和有火花、赤热表面、明火的丁类厂房均应采用一、二级耐火等级的建筑，但上述丙类厂房面积不超过 500m²，丁类厂房面积不超过 1000m²，也可采用三级耐火等级的单层建筑。

（4）锅炉房应为一、二级耐火等级的建筑，但每小时锅炉的总蒸发量不超过 4t 的燃煤锅炉房可采用三级耐火等级的建筑。

（5）可燃油油浸电力变压器室、高压配电装置室的耐火等级不应低于二级。

注：其他防火要求应按国家现行的有关电力设计防火规范执行。

5.4 库房的耐火等级、层数和建筑面积

等级、层数和建筑面积应符合表 5.4 的要求。

库房的耐火等级、层数和建筑面积   表 5.4

储存物品类别	耐火等级	最多允许层数	最大允许建筑面积(m²)						
			单层库房		多层库房		高层库房		库房地下室半地下室
			每座库房	防火墙间	每座库房	防火墙间	每座库房	防火墙间	防火墙间
甲 3,4 项	一级	1	180	60	—	—	—	—	—
甲 1,2,5,6 项	一、二级	1	750	250	—	—	—	—	—

续表

储存物品类别		耐火等级	最多允许层数	最大允许建筑面积(m²)						库房地下室半地下室
				单层库房		多层库房		高层库房		
				每座库房	防火墙间	每座库房	防火墙间	每座库房	防火墙间	防火墙间
乙	1,3,4项	一、二级 三级	3 1	2000 500	500 250	900 —	300 —	— —	— —	— —
	2,5,6项	一、二级 三级	5 1	2800 900	700 300	1500 —	500 —	— —	— —	— —
丙	1项	一、二级 三级	5 1	4000 1200	1000 400	2800 —	700 —	— —	— —	150 —
	2项	一、二级 三级	不限 3	6000 2100	1500 700	4800 1200	1200 400	4000 —	1000 —	300 —
丁		一、二级 三级 四级	不限 3 1	不限 3000 2100	3000 1000 700	不限 1500 —	1500 500 —	4800 — —	1200 — —	500 — —
戊		一、二级 三级 四级	不限 3 1	不限 3000 2100	不限 1000 700	不限 2100 —	2000 700 —	6000 — —	1500 — —	1000 — —

注：1. 高层库房、高架仓库和筒仓的耐火等级不应低于二级；二级耐火等级的筒仓可采用钢板仓。储存特殊贵重物品的库房，其耐火等级宜为一级。
2. 独立建造的硝酸铵库房、电石库房、聚乙烯库房、尿素库房、配煤库房以及车站、码头、机场内的中转仓库，其建筑面积可按本表的规定增加 1.00 倍，但耐火等级不应低于二级。
3. 装有自动灭火设备的库房，其建筑面积可按本表及注 2 的规定增加 1.00 倍。
4. 石油库内桶装油品库房面积可按现行的国家标准《石油库设计规范》GB 50074—2002 执行。
5. 煤均化库防火分区最大允许建筑面积可为 12000m²，但耐火等级不应低于二级。

5.5 高层建筑物的耐火等级

1. 高层建筑的耐火等级分为一、二两级，高层建筑耐火等级的分级应符合表 5.5-1 的规定。

高层建筑耐火等级　　　　　　　　　　　　表 5.5-1

	建筑物类别	耐火等级
1	一类高层建筑	应为一级
2	高层建筑地下室	应为一级
3	二类高层建筑	不应低于二级
4	裙房	不应低于二级

2. 高层建筑分类：
高层建筑应根据其使用性质、火灾危险性、疏散和扑救难度等进行分类，并宜符合表 5.5-2 的规定。

高层建筑分类　　　　　　　　　　　　　　表 5.5-2

名称	一 类	二 类
居住建筑	十九层及十九层以上的住宅	十层至十八层的住宅
公共建筑	1. 医院 2. 高级旅馆 3. 建筑高度超过 50m 或 24m 以上部分的任一楼层的建筑面积超过 1000m² 的商业楼、展览楼、综合楼、电信楼、财贸金融楼 4. 建筑高度超过 50m 或 24m 以上部分的任一楼层的建筑面积超过 1500m² 的商住楼 5. 中央级和省级（含计划单列市）广播电视楼 6. 网局级和省级（含计划单列市）电力调度楼 7. 省级（含计划单列市）邮政楼、防灾指挥调度楼 8. 藏书超过 100 万册的图书馆、书库 9. 重要的办公楼、科研楼、档案楼 10. 建筑高度超过 50m 的教学楼和普通的旅馆、办公楼、科研楼、档案楼等	1. 除一类建筑以外的商业楼、展览楼、综合楼、电信楼、财贸金融楼、商住楼、图书馆、书库 2. 省级以下的邮政楼、防灾指挥调度楼、广播电视楼、电力调度楼 3. 建筑高度不超过 50m 的教学楼和普通的旅馆、办公楼、科研楼、档案楼等

5.6 村镇建筑物的耐火等级及构件材料

村镇建筑物的耐火等级分为四级，其主要构件材料应符合表 5.6 的规定。

建筑物耐火等级及构件的材料　　　　　　　　表 5.6

构件名称		耐火等级 一级	二级	三级	四级
墙	外墙	砖、石、混凝土、钢筋混凝土	砖、石、混凝土、钢筋混凝土	砖、石、土	砖、石、土、木、竹
	内墙	砖、石、混凝土、钢筋混凝土	砖、石、轻质混凝土、钢筋混凝土	砖、石、土、轻质混凝土、木、竹	木、竹
	防火墙	砖、石、混凝土、钢筋混凝土（厚度不小于 22cm）	砖、石、混凝土、钢筋混凝土（厚度不小于 22cm）	砖、石、混凝土、土（厚度不小于 22cm）	砖、石、混凝土、土（厚度不小于 22cm）
楼层承重构件	柱	砖、石、混凝土、钢筋混凝土	砖、石、混凝土、钢筋混凝土、钢（设防护层）	砖、石、混凝土、钢、木（设防护层）	木、竹
	梁	钢筋混凝土	钢筋混凝土	型钢、钢筋混凝土、石	钢、钢木、木
	楼板	钢筋混凝土、砖（石）拱	钢筋混凝土、砖（石）拱	钢筋混凝土、砖（石）拱、石	木
	楼梯	钢筋混凝土、砖、石	钢筋混凝土、砖、石、钢	钢筋混凝土、砖、石、钢	木、竹
屋顶承重构件	梁、屋架、屋面板	钢筋混凝土	钢、钢筋混凝土	钢、钢木、木	钢、钢木、木、竹
	檩条次梁	钢筋混凝土	钢筋混凝土	钢筋混凝土、石、钢、钢木、木	钢、木、竹
	椽条	—	—	木、竹	木、竹
吊顶		轻钢龙骨吊石膏板、钢丝网抹灰	经防火处理木龙骨石膏板、钢丝网抹灰	可燃龙骨吊苇箔、板条、纤维板、席、塑料制品	可燃龙骨吊席纸、塑料制品
屋面层		石板、瓦、瓦楞铁、油毡撒豆砂	石板、瓦、瓦楞铁、油毡撒豆砂	石板、瓦、瓦楞铁、炉渣、三合土、草泥灰	玻璃钢、油毡、草、席、树皮

注：观众厅内的吊顶耐火等级不宜低于二级；三级耐火等级的住宅和单层办公用房可采用纸吊顶。

5.6.1 村镇民用建筑的耐火等级、允许层数、长度和面积

1. 村镇民用建筑的耐火等级、允许层数、长度和面积应符合表5.6.1的规定。

村镇民用建筑的耐火等级、允许层数、长度和面积　　表5.6.1

耐火等级	允许层数	防火分区占地面积(m^2)	防火分区允许长度(m)
一、二级	五层	2000	100
三级	三层	1200	80
四级	一层	500	40
	二层	300	20

注：体育馆、剧院、商场的长度可适当放宽。

2. 几条规定：

（1）托儿所、幼儿园的儿童用房和养老院的宿舍应设在一、二层。

（2）公共建筑的耐火等级不宜低于三级，三级耐火等级的电影院、剧院、礼堂、食堂建筑的层数不应超过2层。

5.6.2 村镇厂（库）房建筑的耐火等级、允许层数和允许占地面积

1. 村镇厂（库）房建筑的耐火等级、允许层数和允许占地面积应符合表5.6.2的规定。

村镇厂（库）房建筑的耐火等级、允许层数和允许占地面积　　表5.6.2

生产的火灾危险性类别	耐火等级	允许层数	一栋建筑的允许占地面积(m^2)
甲、乙	一、二级	2	300
丙	一、二级	3	1000
	三级	2	500
丁、戊	一、二级	5	不限
	三级	3	1000
	四级	1	500

注：1. 甲、乙类厂房和乙类库房宜采用单层建筑，甲类库房应采用单层建筑；
　　2. 单层乙类库房，占地面积不超过150m^2时，可采用三级耐火等级的建筑。
　　3. 火灾危险性分类应符合表4.3和表4.4的规定。

2. 几条规定：

（1）贵重的机器、仪器、仪表间和变电所、发电机房应采用一、二级耐火等级的建筑。

（2）汽车、大型拖拉机车库的耐火等级不应低于三级，但超过20辆的车库，其耐火等级不应低于二级。

5.7 档案馆耐火等级

档案馆分特级、甲级、乙级三个等级，不同等级档案馆设计的耐火等级要求及适用范围应符合表5.7的规定。

档案馆耐火等级要求及适用范围　　表5.7

等级	特级	甲级	乙级
耐火等级	一级	一级	二级
适用范围	中央国家级档案馆	省、自治区、直辖市、单列市档案馆	地(市)级及县(市)档案馆

5.8 汽车库、修车库的耐火等级

1. 汽车库、修车库的耐火等级分为三级，应符合表 5.8-1 的规定。

汽车库、修车库的耐火等级　　　　　　　　表 5.8-1

车 库 类 型	耐火等级
地下汽车库	应为一级
甲、乙类物品运输的汽车库、修车库	不应低于二级
Ⅰ、Ⅱ、Ⅲ类汽车库、修车库	不应低于二级
Ⅳ类汽车库、修车库	不应低于三级

2. 车库、车场类别：
车库、车场应按表 5.8-2 的规定分类。

车库、车场的类别　　　　　　　　表 5.8-2

数量　类别　名称	Ⅰ	Ⅱ	Ⅲ	Ⅳ
汽车库	>300 辆	151～300 辆	51～150 辆	≤50 辆
修车库	>15 车位	6～15 车位	3～5 车位	≤2 车位
停车场	>400 辆	251～400 辆	101～250 辆	≤100 辆

注：汽车库的屋面亦停放汽车时，其停车数量应计算在汽车库的总车辆数内。

5.9 飞机库的耐火等级

1. 飞机库的耐火等级分为两级，并应符合表 5.9-1 的规定。

飞机库的耐火等级　　　　　　　　表 5.9-1

飞机库类别	耐火等级	飞机库类别	耐火等级
Ⅰ类飞机库,飞机库的地下室	应为一级	Ⅱ、Ⅲ类飞机库	不应低于二级

2. 飞机库分为三类，其飞机停放和维修区的防火分区允许最大建筑面积应符合表 5.9-2 的规定。

飞机库类别及允许最大建筑面积　　　　　　　　表 5.9-2

类 别	防火分区允许最大建筑面积(m^2)	类 别	防火分区允许最大建筑面积(m^2)
Ⅰ	30000	Ⅲ	3000
Ⅱ	5000		

5.10 剧场的耐久年限和耐火等级

剧场建筑的等级可分为特、甲、乙、丙四个类别，特类剧场的技术要求根据具体情况确定，甲、乙、丙类剧场的耐久年限和耐火等级应符合表 5.10 的规定。

甲、乙、丙类剧场的耐久年限和耐火等级　　　　　　　表5.10

类别 项目	甲	乙	丙
主体结构耐久年限(年)	100以上	51～100	25～50
耐火等级	均不应低于二级		

5.11 电影院的耐久年限和耐火等级

电影院的质量标准分为特、甲、乙、丙四个等级，特等电影院的技术要求根据具体情况确定，甲、乙、丙等的耐久年限和耐火等级应符合表5.11的规定。

甲、乙、丙等电影院的耐久年限和耐火等级　　　　　　　表5.11

等级 项目	甲	乙	丙
主体结构耐久年限(年)	>100	50～100	25～50
耐火等级	不应低于二级		不应低于三级
视听设施	宜设立体声		

5.12 不同等级体育建筑耐火等级

耐火等级应符合表5.12的规定。

体育建筑的耐火等级　　　　　　　表5.12

建筑等级	耐火等级	建筑等级	耐火等级
特级	不低于一级	甲级、乙级、丙级	不低于二级

5.13 石油库内生产性建筑物和构筑物的耐火等级

耐火等级不得低于表5.13的规定。

石油库内生产性建筑物和构筑物的最低耐火等级　　　　　　　表5.13

序号	建筑物和构筑物	油品类别	耐火等级
1	油泵房、阀门室、灌油间(亭)、铁路油品装卸暖库	甲、乙	二级
		丙	三级
2	桶装油品库房及敞棚	甲、乙	二级
		丙	三级
3	化验室、计量室、仪表室、锅炉房、变配电间、修洗桶间、汽车油罐车库、润滑油再生间、柴油发电机间、空气压缩机间、高架罐支座(架)	—	二级
4	机修间、器材库、水泵房、铁路油品装卸栈桥、汽车油品装卸站台、油品码头栈桥、油泵棚、阀门棚	—	三级

注：1. 建筑物和构筑物构件的燃烧性能和耐火极限应符合现行国家标准《建筑设计防火规范》GBJ 16—87（2001年版）的规定。
　　2. 三级耐火等级的建筑物和构筑物的构件不得采用可燃材料建造。
　　3. 桶装甲、乙类油品敞棚承重柱的耐火极限不应低于2.5h；敞棚顶承重构件及顶面的耐火极限可不限，但不得采用可燃材料建造。

6 建筑构件的燃烧性能和耐火极限

6.1 建筑构件的燃烧性能和耐火极限

1.《建筑设计防火规范》GBJ 16—87（2001年版）附录二"建筑构件的燃烧性能和耐火极限表"，现详见表6.1-1。

建筑构件的燃烧性能和耐火极限　　　　　表 6.1-1

序号	构件名称	结构厚度或截面最小尺寸(cm)	耐火极限(h)	燃烧性能
一	承重墙			
1	普通黏土砖、硅酸盐砖、混凝土、钢筋混凝土实心墙	12.0	2.50	非燃烧体
		18.0	3.50	非燃烧体
		24.0	5.50	非燃烧体
		37.0	10.50	非燃烧体
2	加气混凝土砌块墙	10.0	2.00	非燃烧体
3	轻质混凝土砌块、天然石料的墙	12.0	1.50	非燃烧体
		24.0	3.50	非燃烧体
		37.0	5.50	非燃烧体
二	非承重墙			
1	普通黏土砖墙 (1) 不包括双面抹灰 (2) 不包括双面抹灰 (3) 包括双面抹灰 (4) 包括双面抹灰	6.0 12.0 18.0 24.0	1.50 3.00 5.00 8.00	非燃烧体 非燃烧体 非燃烧体 非燃烧体
2	黏土空心砖墙 (1) 七孔砖墙(不包括墙中空 12cm) (2) 双面抹灰七孔黏土砖墙(不包括墙中空 12cm)	12.0 14.0	8.00 9.00	非燃烧体 非燃烧体
3	粉煤灰硅酸盐砌块墙	20.0	4.00	非燃烧体
4	轻质混凝土墙 (1) 加气混凝土砌块墙 (2) 钢筋加气混凝土垂直墙板墙 (3) 粉煤灰加气混凝土砌块墙 (4) 加气混凝土砌块墙 　 (5) 充气混凝土砌块墙	7.50 15.0 10.0 10.0 20.0 15.0	2.50 3.00 3.40 6.00 8.00 7.50	非燃烧体 非燃烧体 非燃烧体 非燃烧体 非燃烧体 非燃烧体
5	木龙骨两面钉下列材料的隔墙 (1) 钢丝网(板)抹灰，其构造，厚度(cm)为:1.5+5(空)+1.5 (2) 石膏板，其构造厚度为:1.2+5(空)+1.2 (3) 板条抹灰，其构造厚度为:1.5+5(空)+1.5 (4) 水泥刨花板，其构造厚度为:1.5+5(空)+1.5 (5) 板条隔热泥浆，其构造厚度为:2+5(空)+2 (6) 苇箔抹灰，其构造厚度为:1.5+7+1.5	— — — — — —	0.85 0.30 0.85 0.30 1.25 0.85	难燃烧体 难燃烧体 难燃烧体 难燃烧体 难燃烧体 难燃烧体

续表

序号	构 件 名 称	结构厚度或截面最小尺寸(cm)	耐火极限(h)	燃烧性能
6	轻质复合隔墙 (1)菱苦土板夹纸蜂窝隔墙,其构造厚度(cm)为: 0.25+5(纸蜂窝)+2.5	—	0.33	难燃烧体
	(2)水泥刨花复合板隔墙,总厚度8cm(内空层6cm)	—	0.75	难燃烧体
	(3)水泥刨花板龙骨水泥板隔墙,其构造厚度为: 1.2+8.6(空)+1.2	—	0.50	难燃烧体
	(4)钢龙骨水泥刨花板隔墙,其构造厚度为: 1.2+7.6(空)+1.2	—	0.45	难燃烧体
	(5)钢龙骨石棉水泥板隔墙,其构造厚度为: 1.2+7.5(空)+0.6	—	0.30	难燃烧体
	(6)石棉水泥龙骨石棉水泥板隔墙,其构造厚度为: 0.5+8(空)+6	—	0.45	非燃烧体
7	石膏板隔墙 (1)钢龙骨纸面石膏板,其构造厚度(cm)为: 1.2+4.6(空)+1.2 2×1.2+7(空)+3×1.2 2×1.2(填矿棉)+2×1.2	—	0.33 1.25 1.20	非燃烧体 非燃烧体 非燃烧体
	(2)钢龙骨双层普通石膏板隔墙,其构造厚度为: 2×1.2+7.5(空)+2×1.2	—	1.10	非燃烧体
	(3)钢龙骨双层防火石膏板隔墙,其构造厚度为: 2×1.2+7.5(空)+2×1.2	—	1.50	非燃烧体
	(4)钢龙骨双层防火石膏隔板隔墙,其构造厚度为: 2×1.2+7.5(岩棉4cm)+2×1.2	—	1.50	非燃烧体
	(5)钢龙骨复合纸面石膏板隔墙,其构造厚度为: 1.5+7.5(空)+0.15+0.95	—	1.10	非燃烧体
	(6)钢龙骨石膏板隔墙,其构造厚度为: 1.2+9(空)+1.2	—	1.20	非燃烧体
	(7)钢龙骨双层石膏板隔墙,其构造厚度为: 2×1.2+7.5(填岩棉)+1.2×2	—	2.10	非燃烧体
	(8)钢龙骨单层石膏板隔墙,其构造厚度为: 1.2×7.5(填5cm岩棉)+1.2	—	1.20	非燃烧体
	(9)钢龙骨单层石膏板隔墙,其构造厚度为: 1.2+7.5(空)+1.2	—	0.50	非燃烧体
	(10)钢龙骨双层石膏板隔墙,其构造厚度为: 2×1.2+7.5(空)+2×1.2	—	1.35	非燃烧体
	(11)钢龙骨双层石膏板隔墙,其构造厚度为: 1.8+7(空)+1.8	—	1.35	非燃烧体
	(12)石膏龙骨纤维石膏板隔墙,其构造厚度为: 0.85+10.3(填矿棉)+0.85 1+6.4(空)+1	—	11 1.35	非燃烧体 非燃烧体
	(13)石膏龙骨纸面石膏板隔墙,其构造厚度为: 1.1+2.8(空)+1.1+6.5(空)+1.1+2.8+1.1 0.9+1.2+12.8(空)+1.2+0.9 2.5+13.4(空)+1.2	—	1.50 1.20 1.50	非燃烧体 非燃烧体 非燃烧体
	(14)石膏龙骨纸面石膏板隔墙,其构造厚度为: 1.2+8(空)+1.2+8(空)+1.2 1.2+8(空)+1.2	—	1.00 0.33	非燃烧体 非燃烧体
	(15)钢龙骨复合纸面石膏板隔墙,其构造厚度为: 1.0+5.5(空)+1.0	—	0.60	非燃烧体
	(16)石膏珍珠岩空心条板隔墙(密度50~80kg/m³)	6.0	1.50	非燃烧体
	(17)石膏珍珠岩空心条板隔墙(密度60~120kg/m³)	6.0	1.20	非燃烧体
	(18)石膏珍珠岩塑料网空心条板隔墙(珍珠岩密度60~120kg/m³)	6.0	1.30	非燃烧体
	(19)石膏珍珠岩空心条板隔墙	9.0	2.20	非燃烧体
	(20)石膏粉煤灰空心条板隔墙	9.0	2.25	非燃烧体
	(21)石膏珍珠岩双层空心条板隔墙,其构造厚度为: 6+5(空)+6	—	3.25	非燃烧体

续表

序号	构件名称	结构厚度或截面最小尺寸(cm)	耐火极限(h)	燃烧性能
8	碳化石灰圆孔空心条板隔墙	9.0	1.75	非燃烧体
9	菱苦土珍珠岩圆孔空心条板隔墙	8.0	1.30	非燃烧体
10	钢筋混凝土大板墙(C20混凝土)	6.0	1.00	非燃烧体
		12.0	2.60	非燃烧体
三	柱			
1	钢筋混凝土柱	18×24	1.20	非燃烧体
		20×20	1.40	非燃烧体
		24×24	2.00	非燃烧体
		30×30	3.00	非燃烧体
		20×40	2.70	非燃烧体
		20×50	3.00	非燃烧体
		30×50	3.50	非燃烧体
		37×37	5.00	非燃烧体
2	普通黏土柱	37×37	5.00	非燃烧体
3	钢筋混凝土圆柱	直径30	3.00	非燃烧体
		直径45	4.00	非燃烧体
4	无保护层的钢柱	—	0.25	非燃烧体
5	有保护层的钢柱 (1)金属网抹M5砂浆保护	2.5	0.80	非燃烧体
	(2)用加气混凝土作保护层	5.0	1.35	非燃烧体
		4.0	1.00	非燃烧体
		5.0	1.40	非燃烧体
		7.0	2.00	非燃烧体
		8.0	2.33	非燃烧体
	(3)用C20混凝土作保护层	2.5	0.80	非燃烧体
		5.0	2.00	非燃烧体
		10.0	2.85	非燃烧体
	(4)用普通黏土砖作保护层	12.0	2.85	非燃烧体
	(5)用陶粒混凝土作保护层	8.0	3.00	非燃烧体
四	梁			
	简支的钢筋混凝土梁 (1)非预应力钢筋,保护层厚度(cm)为:			
	1.0	—	1.20	非燃烧体
	2.0	—	1.75	非燃烧体
	2.5	—	2.00	非燃烧体
	3.0	—	2.30	非燃烧体
	4.0	—	2.90	非燃烧体
	5.0	—	3.50	非燃烧体
	(2)预应力钢筋或高强度钢丝,保护层厚度(cm)为:			
	2.5	—	1.00	非燃烧体
	3.0	—	1.20	非燃烧体
	4.0	—	1.50	非燃烧体
	5.0	—	2.00	非燃烧体
	(3)有保护层的钢梁,保护层厚度为: 用LG防火隔热涂料,保护层厚度1.5cm	—	1.50	非燃烧体
	用LY防火隔热涂料,保护层厚度2cm	—	2.30	非燃烧体

续表

序号	构 件 名 称	结构厚度或截面最小尺寸(cm)	耐火极限(h)	燃烧性能
五	板和屋顶承重构件			
1	简支的钢筋混凝土圆孔空心楼板： (1)非预应力钢筋,保护层厚度(cm)为： 　1.0 　2.0 　3.0 (2)预应力混凝土圆孔楼板,保护层厚度(cm)为： 　1.0 　2.0 　3.0	— — — — — —	0.90 1.25 1.50 0.40 0.70 0.85	非燃烧体 非燃烧体 非燃烧体 非燃烧体 非燃烧体 非燃烧体
2	四边简支的钢筋混凝土楼板,保护层厚度(cm)为： 　1.0 　1.5 　2.0 　3.0	7.0 8.0 8.0 9.0	1.40 1.45 1.50 1.85	非燃烧体 非燃烧体 非燃烧体 非燃烧体
3	现浇的整体式梁板,保护层厚度(cm)为： 　1.0 　1.5 　2.0 　1.0 　2.0 　1.0 　1.5 　2.0 　3.0 　1.0 　1.5 　2.0 　3.0 　1.0 　2.0	8.0 8.0 8.0 9.0 9.0 10.0 10.0 10.0 10.0 11.0 11.0 11.0 11.0 12.0 12.0	1.40 1.45 1.50 1.75 1.85 2.00 2.00 2.10 2.15 2.25 2.30 2.30 2.40 2.50 2.65	非燃烧体 非燃烧体 非燃烧体 非燃烧体 非燃烧体 非燃烧体 非燃烧体 非燃烧体 非燃烧体 非燃烧体 非燃烧体 非燃烧体 非燃烧体 非燃烧体 非燃烧体
4	钢梁、钢屋架 (1)无保护层的钢梁,屋架 (2)钢丝网抹灰的粉刷的钢梁,保护层厚度(cm)为： 　1.0 　2.0 　3.0	 — — —	0.25 0.50 1.00 1.25	非燃烧体 非燃烧体 非燃烧体 非燃烧体
5	屋面板 (1)钢筋加气混凝土屋面板,保护层厚度1cm (2)钢筋充气混凝土屋面板,保护层厚度1cm (3)钢筋混凝土方孔屋面板,保护层厚度1cm (4)预应力混凝土槽形屋面板,保护层厚度1cm (5)预应力混凝土槽瓦,保护层厚度1cm (6)轻型纤维石膏板屋面板	— — — — — 	1.25 1.60 1.20 0.50 0.50 0.60	非燃烧体 非燃烧体 非燃烧体 非燃烧体 非燃烧体 非燃烧体

续表

序号	构件名称	结构厚度或截面最小尺寸(cm)	耐火极限(h)	燃烧性能
六	吊顶			
1	木吊顶搁栅			
	(1)钢丝网抹灰(厚1.5cm)	—	0.25	难燃烧体
	(2)板条抹灰(厚1.5cm)	—	0.25	难燃烧体
	(3)钢丝网抹灰(1:4水泥石棉浆,厚2cm)	—	0.50	难燃烧体
	(4)板条抹灰(1:4水泥石棉灰浆,厚2cm)	—	0.50	难燃烧体
	(5)钉氧化镁锯末复合板(厚1.3cm)	—	0.25	难燃烧体
	(6)钉石膏装饰板(厚1cm)	—	0.25	难燃烧体
	(7)钉平面石膏板(厚1.2cm)	—	0.30	难燃烧体
	(8)钉纸面石膏板(厚0.95cm)	—	0.25	难燃烧体
	(9)钉双层石膏板(各厚0.8cm)	—	0.45	难燃烧体
	(10)钉珍珠岩复合石膏板(穿孔板和吸声板各厚1.5cm)	—	0.30	难燃烧体
	(11)钉矿棉吸声板(厚2cm)	—	0.15	难燃烧体
	(12)钉硬质木屑板(厚1cm)	—	0.20	难燃烧体
2	钢吊顶搁栅			
	(1)钢丝网(板)抹灰(厚1.5cm)	—	0.25	非燃烧体
	(2)钉石棉板(厚1cm)	—	0.85	非燃烧体
	(3)钉双层石膏板(厚1cm)	—	0.30	非燃烧体
	(4)挂石棉型硅酸钙板(厚1cm)	—	0.30	非燃烧体
	(5)挂薄钢板(内填陶瓷棉复合板),其构造厚度为:0.05+3.9(陶瓷棉)+0.05	—	0.40	非燃烧体
七	防火门			
1	木板内填充非燃烧材料的门			
	(1)门扇内填充岩棉	4.1	0.60	难燃烧体
	(2)门扇内填充硅酸铝纤维	4.1	0.60	难燃烧体
	(3)门扇内填充硅酸铝纤维	4.7	0.90	难燃烧体
	(4)门扇内填充矿棉板	4.7	0.90	难燃烧体
	(5)门扇内填充无机轻体板	4.7	0.90	难燃烧体
2	木板铁皮门			
	(1)木板铁皮门,外包镀锌铁皮	4.1	1.20	难燃烧体
	(2)双层木板,单面包石棉板,外包镀锌铁皮	4.6	1.60	难燃烧体
	(3)双层木板,中间夹石棉板外包镀锌铁皮	4.5	1.50	难燃烧体
	(4)双层木板,双层石棉板,外包镀锌铁皮	5.1	2.10	难燃烧体
3	骨架填充门			
	(1)木骨架,内填矿棉,外包镀锌铁皮	5.0	0.90	难燃烧体
	(2)薄壁型钢骨架,内填矿棉外包薄钢板	6.0	1.50	非燃烧体
4	型钢金属门			
	(1)型钢门框,外包1mm厚的薄钢板,内填充硅酸铝纤维或岩棉	4.7	0.60	非燃烧体
	(2)型钢门框,外包1mm厚的薄钢板,内填充硅酸钙和硅酸铝	4.6	1.20	非燃烧体
	(3)型钢门框,外包1mm厚的薄钢板,内填充硅酸铝纤维	4.6	0.90	非燃烧体
	(4)型钢门框,外包1mm厚的薄钢板,内填充硅酸铝纤维和岩棉	4.6	0.90	非燃烧体
	(5)薄壁型钢骨架,外包薄钢板	6.0	0.60	非燃烧体

续表

序号	构件名称	结构厚度或截面最小尺寸(cm)	耐火极限(h)	燃烧性能
八	防火窗			
1	单层的钢窗或钢筋混凝土窗均装有用铁销销牢的铅丝玻璃	—	0.79	非燃烧体
2	同上,但用角铁加固窗扇上的铅丝玻璃	—	0.90	非燃烧体
3	双层钢窗装有用铁销销牢的铅丝玻璃	—	1.20	非燃烧体

注：1. 确定墙的耐火极限不考虑墙上有无洞孔。
2. 墙的总厚度包括抹灰粉刷层。
3. 中间尺寸的构件，其耐火极限可按插入法计算。
4. 计算保护层时，应包括抹灰粉刷层在内。
5. 现浇的无梁楼板按简支板的数据采用。
6. 人孔盖板的耐火极限可参照防火门确定。

2.《高层民用建筑设计防火规范》GB 50045—95（2005年版）附录A"各类建筑构件的燃烧性能和耐火极限表"现详见为表6.1-2，其内容与表6.1-1的内容基本相同，有些增项可对照采用。

各类建筑构件的燃烧性能和耐火极限　　　表6.1-2

构件名称	结构厚度或截面最小尺寸(cm)	耐火极限(h)	燃烧性能
承重墙			
普通黏土砖、混凝土、钢筋混凝土实体墙	12	2.50	不燃烧体
	18	3.50	不燃烧体
	24	5.50	不燃烧体
	37	10.50	不燃烧体
加气混凝土砌块墙	10	2.00	不燃烧体
轻质混凝土砌块墙	12	1.50	不燃烧体
	24	3.50	不燃烧体
	37	5.50	不燃烧体
非承重墙			
普通黏土砖墙（不包括双面抹灰厚）	6	1.50	不燃烧体
	12	3.00	不燃烧体
普通黏土砖墙（包括双面抹灰1.5cm厚）	15	4.50	不燃烧体
	18	5.00	不燃烧体
	24	8.00	不燃烧体
七孔黏土砖墙（不包括墙中空12cm厚）	12	8.00	不燃烧体
双面抹灰七孔黏土砖墙（不包括墙中空12cm厚）	14	9.00	不燃烧体
粉煤灰硅酸盐砌块砖	20	4.00	不燃烧体
加气混凝土构件（未抹灰粉刷）			
（1）砌块墙	7.5	2.50	不燃烧体
	10	3.75	不燃烧体
	15	5.75	不燃烧体
	20	8.00	不燃烧体
（2）隔板墙	7.5	2.00	不燃烧体
（3）垂直墙板	15	3.00	不燃烧体
（4）水平墙板	15	5.00	不燃烧体

续表

构 件 名 称	结构厚度或截面最小尺寸(cm)	耐火极限(h)	燃烧性能
粉煤灰加气混凝土砌块墙(粉煤灰、水泥、石灰)	10	3.40	不燃烧体
充气混凝土砌块墙	15	7.00	不燃烧体
碳化石灰圆孔板隔墙	9	1.75	不燃烧体
木龙骨两面钉下列材料: (1)钢丝网抹灰,其构造、厚度(cm)为:1.5+5(空)+1.5	—	0.85	难燃烧体
(2)石膏板,其构造、厚度(cm):1.2+5(空)+1.2	—	0.30	难燃烧体
(3)板条抹灰,其构造、厚度(cm)为:1.5+5(空)+1.5	—	0.85	难燃烧体
(4)水泥刨花板,其构造、厚度(cm)为:1.5+5(空)+1.5	—	0.30	难燃烧体
(5)板条抹1:4石棉水泥,隔热灰浆,其构造厚度(cm)为:2+5(空)+2	—	1.25	难燃烧体
(1)木龙骨纸面玻璃纤维石膏板隔墙,其构造厚度(cm)为: 1.0+5.5(空)+1.0	—	0.60	难燃烧体
(2)木龙骨纸面纤维石膏板隔墙,其构造厚度(cm)为: 1.0+5.5(空)+1.0	—	0.60	难燃烧体
石膏空心条板隔墙: (1)石膏珍珠岩空心条板(膨胀珍珠岩密度50~80kg/m³)	6.0	1.50	不燃烧体
(2)石膏珍珠岩空心条板(膨胀珍珠岩密度60~120kg/m³)	6.0	1.20	不燃烧体
(3)石膏硅酸盐空心条板	6.0	1.50	不燃烧体
(4)石膏珍珠岩塑料网空心条板(膨胀珍珠岩60~120kg/m³)	6.0	1.30	不燃烧体
(5)石膏粉煤灰空心条板	9.0	2.25	不燃烧体
(6)石膏珍珠岩双层空心条板,其构造厚度(cm)为: 6.0+5(空)+6.0(膨胀珍珠岩50~80kg/m³)	—	3.75	不燃烧体
6.0+5(空)+6.0(膨胀珍珠岩60~120kg/m³)	—	3.25	不燃烧体
石膏龙骨两面钉下列材料: (1)纤维石膏板,其构造厚度(cm)为 0.85+10.3(填矿棉)+0.85	—	1.00	不燃烧体
1.0+6.4(空)+1.0	—	1.35	不燃烧体
1.0+9(填矿棉)+1.0	—	1.00	不燃烧体
(2)纸面石膏板,其构造厚度(cm)为: 1.1+6.8(填矿棉)+1.1	—	0.75	不燃烧体
1.1+2.8(空)+1.1+6.5(空)+1.1+2.8(空)+1.1	—	1.50	不燃烧体
0.9+1.2+12.8(空)+1.2+0.9	—	1.20	不燃烧体
2.5+13.4(空)+1.2+0.9	—	1.50	不燃烧体
1.2+8(空)+1.2+1.2+8(空)+1.2	—	1.00	不燃烧体
1.2+8(空)+1.2	—	0.33	不燃烧体

续表

构件名称	结构厚度或截面最小尺寸(cm)	耐火极限(h)	燃烧性能
钢龙骨两面钉下列材料：			
(1)水泥刨花板,其构造厚度(cm)为：			
1.2+7.6(空)+1.2	—	0.45	难燃烧体
(2)纸面石膏板,其构造厚度(cm)为：			
1.2+4.6(空)+1.2	—	0.33	不燃烧体
2×1.2+7(空)+3×1.2	—	1.25	不燃烧体
2×1.2+7(填矿棉)+2×1.2	—	1.20	不燃烧体
(3)双层普通石膏板,板内掺纸纤维,其构造厚度(cm)为：			
2×1.2+7.5(空)+2×1.2	—	1.10	不燃烧体
(4)双层防火石膏板,板内掺玻璃纤维,其构造厚度(cm)为：			
2×1.2+7.5(空)+2×1.2	—	1.35	不燃烧体
2×1.2+7.5(岩棉厚4cm)+2×1.2	—	1.60	不燃烧体
(5)复合纸面石膏板,其构造厚度(cm)为：			
1.5+7.5(空)+0.15+0.95(双层板受火)	—	1.10	不燃烧体
(6)双层石膏板,其构造厚度(cm)为：			
2×1.2+7.5(填岩棉)+2×1.2	—	2.10	不燃烧体
2×1.2+7.5(空)+2×1.2	—	1.35	不燃烧体
(7)单层石膏板,其构造厚度(cm)为：			
1.2+7.5(填5cm厚岩棉)+1.2	—	1.20	不燃烧体
1.2+7.5(空)+1.2	—	0.50	不燃烧体
碳化石灰圆孔空心条板隔墙	9	1.75	不燃烧体
菱苦土珍珠岩圆孔空心条板隔墙	8	1.30	不燃烧体
钢筋混凝土大板墙(C20混凝土)	6.00	1.00	不燃烧体
	12.00	2.60	不燃烧体
钢框架间用墙、混凝土砌筑的墙,当钢框架为：			
(1)金属网抹灰的厚度为2.5cm	—	0.75	不燃烧体
(2)用砖砌面或混凝土保护,其厚度为：			
6cm	—	2.00	不燃烧体
12cm	—	4.00	不燃烧体
柱			
钢筋混凝土柱	20×20	1.40	不燃烧体
	20×30	2.50	不燃烧体
	20×40	2.70	不燃烧体
	20×50	3.00	不燃烧体
	24×24	2.00	不燃烧体
	30×30	3.00	不燃烧体
	30×50	3.50	不燃烧体
	37×37	5.00	不燃烧体
钢筋混凝土圆柱	直径30	3.00	不燃烧体
	直径45	4.00	不燃烧体

续表

构件名称	结构厚度或截面最小尺寸(cm)	耐火极限(h)	燃烧性能
无保护层的钢柱	—	0.25	不燃烧体
有保护层的钢柱			
(1)用普通黏土砖作保护层,其厚度为:12cm	—	2.85	不燃烧体
(2)用陶粒混凝土作保护层,其厚度为:10cm	—	3.00	不燃烧体
(3)用C20混凝土作保护层,其厚度为:			不燃烧体
10cm	—	2.85	不燃烧体
5cm	—	2.00	不燃烧体
2.5cm	—	0.80	不燃烧体
(4)用加气混凝土作保护层,其厚度为:			
4cm	—	1.00	不燃烧体
5cm	—	1.40	不燃烧体
7cm	—	2.00	不燃烧体
8cm	—	2.30	不燃烧体
(5)用金属网抹M5砂浆作保护层,其厚度为:			
2.5cm	—	0.80	不燃烧体
5cm	—	1.30	不燃烧体
(6)用薄涂型钢结构防火涂料作保护层,其厚度为:			
0.55cm	—	1.00	不燃烧体
0.70cm	—	1.50	不燃烧体
(7)用厚涂型钢结构防火涂料作保护层,其厚度为:			
1.5cm	—	1.00	不燃烧体
2cm	—	1.50	不燃烧体
3cm	—	2.00	不燃烧体
4cm	—	2.50	不燃烧体
5cm	—	3.00	不燃烧体
梁			
简支的钢筋混凝土梁			
(1)非预应力钢筋,保护层厚度为:			
1.0cm	—	1.20	不燃烧体
2.0cm	—	1.75	不燃烧体
2.5cm	—	2.00	不燃烧体
3.0cm	—	2.30	不燃烧体
4.0cm	—	2.90	不燃烧体
5.0cm	—	3.50	不燃烧体
(2)预应力钢筋或高强度钢丝,保护层厚度为:			
2.5cm	—	1.00	不燃烧体
3.0cm	—	1.20	不燃烧体
4.0cm	—	1.50	不燃烧体
5.0cm	—	2.00	不燃烧体
无保护层的钢梁、楼梯	—	0.25	不燃烧体
(1)用厚涂型钢结构防火涂料保护的钢梁,其保护层厚度为:			
1.5cm	—	1.00	不燃烧体
2cm	—	1.50	不燃烧体
3cm	—	2.00	不燃烧体
4cm	—	2.50	不燃烧体
5cm	—	3.00	不燃烧体
(2)用薄涂型钢结构防火涂料保护的钢梁,其保护层厚度为:			
0.55cm	—	1.00	不燃烧体
0.70cm	—	1.50	不燃烧体

续表

构　件　名　称	结构厚度或截面最小尺寸(cm)	耐火极限(h)	燃烧性能
楼板和屋顶承重构件			
简支的钢筋混凝土楼板：			
(1)非预应力钢筋,保护层厚度为：			
1cm	—	1.00	不燃烧体
2cm	—	1.25	不燃烧体
3cm	—	1.50	不燃烧体
(2)预应力钢筋或高强度钢丝,保护层厚度为：			
1cm	—	0.50	不燃烧体
2cm	—	0.75	不燃烧体
3cm	—	1.00	不燃烧体
四边简支的钢筋混凝土楼板,保护层厚度为：			
1cm	7	1.40	不燃烧体
1.5cm	8	1.45	不燃烧体
2cm	8	1.50	不燃烧体
3cm	9	1.80	不燃烧体
现浇的整体式梁板,保护层厚度为：			
1cm	8	1.40	不燃烧体
1.5cm	8	1.45	不燃烧体
2cm	8	1.50	不燃烧体
1cm	9	1.75	不燃烧体
2cm	9	1.85	不燃烧体
1cm	10	2.00	不燃烧体
1.5cm	10	2.00	不燃烧体
2cm	10	2.10	不燃烧体
3cm	10	2.15	不燃烧体
1cm	11	2.25	不燃烧体
1.5cm	11	2.30	不燃烧体
2cm	11	2.30	不燃烧体
3cm	11	2.40	不燃烧体
1cm	12	2.50	不燃烧体
2cm	12	2.65	不燃烧体
简支钢筋混凝土圆孔空心楼板			
(1)非预应力钢筋,保护层厚度为：			
1cm	—	0.90	不燃烧体
2cm	—	1.25	不燃烧体
3cm	—	1.50	不燃烧体
(2)预应力混凝土圆孔楼板加保护层,其厚度为：			
1cm	—	0.40	不燃烧体
2cm	—	0.70	不燃烧体
3cm	—	0.85	不燃烧体

续表

构 件 名 称	结构厚度或截面最小尺寸(cm)	耐火极限(h)	燃烧性能
钢梁上铺不燃烧体楼板与屋面板时,梁、桁架无保护层	—	0.25	不燃烧体
钢梁上铺不燃烧体楼板与屋面板时,梁、桁架用混凝土保护层,其厚度为:			
2cm	—	2.00	不燃烧体
3cm	—	3.00	不燃烧体
梁、桁架用钢丝抹灰粉刷作保证层,其厚度为:			
1cm	—	0.50	不燃烧体
2cm	—	1.00	不燃烧体
3cm	—	1.25	不燃烧体
屋面板			
(1)加气钢筋混凝土屋面板,保护层厚度1.5cm	—	1.25	不燃烧体
(2)充气钢筋混凝土屋面板,保护层厚度1cm	—	1.60	不燃烧体
(3)钢筋混凝土方孔屋面板,保护层厚度1cm	—	1.20	不燃烧体
(4)预应力混凝土槽形屋面板,保护层厚度1cm	—	0.50	不燃烧体
(5)预应力混凝土槽瓦,保护层厚度1cm	—	0.50	不燃烧体
(6)轻型纤维石膏板屋面板	—	0.60	不燃烧体
木吊顶搁栅			
(1)钢丝网抹灰(厚1.5cm)	—	0.25	难燃烧体
(2)板条抹灰(厚1.5cm)	—	0.25	难燃烧体
(3)钢丝网抹灰(1:4水泥石棉灰浆,厚2cm)	—	0.50	难燃烧体
(4)板条抹灰(1:4水泥石棉灰浆,厚2cm)	—	0.50	难燃烧体
(5)钉氧化镁锯末复合板(厚1.3cm)	—	0.25	难燃烧体
(6)钉石膏装饰板(厚1cm)	—	0.25	难燃烧体
(7)钉平面石膏板(厚1.2cm)	—	0.30	难燃烧体
(8)钉纸面石膏板(厚0.95cm)	—	0.25	难燃烧体
(9)钉双面石膏板(各厚0.8cm)	—	0.45	难燃烧体
(10)钉珍珠岩复合石膏板(穿孔板和吸声板各厚1.5 cm)	—	0.30	难燃烧体
(11)钉矿棉吸声板(厚2cm)	—	0.15	难燃烧体
(12)钉硬质木屑板(厚1cm)	—	0.20	难燃烧体
钢吊顶搁栅			
(1)钢丝网(板)抹灰(厚1.5cm)	—	0.25	不燃烧体
(2)钉石棉板(厚1cm)	—	0.85	不燃烧体
(3)钉双面石膏板(厚1cm)	—	0.30	不燃烧体
(4)挂石棉型硅酸钙板(厚1cm)	—	0.30	不燃烧体
(5)挂薄钢板(内填陶瓷棉复合板),其构造、厚度为:0.05+3.9(陶瓷棉)+0.05	—	0.40	不燃烧体

注：1. 本表耐火极限数据必须符合相应建筑构、配件通用技术条件。
    2. 确定墙的耐火极限不考虑墙上有无洞孔。
    3. 墙的总厚度包括抹灰粉刷层。
    4. 中间尺寸的构件,其耐火极限可按插入法计算。
    5. 计算保护层时,应包括抹灰粉刷层在内。
    6. 现浇的无梁楼板按简支板的数据采用。
    7. 人孔盖板的耐火极限可按防火门确定。

6.2 高层建筑构件的燃烧性能和耐火极限

1. 高层建筑的耐火等级分为一、二两级，其建筑构件的燃烧性能和耐火极限不应低于表6.2的规定。

高层建筑构件的燃烧性能和耐火极限　　　　　表6.2

构件名称		耐火等级	
	燃烧性能和耐火极限(h)	一级	二级
墙	防火墙	不燃烧体3.00	不燃烧体3.00
	承重墙、楼梯间的墙、电梯井的墙、住宅单元之间的墙、住宅分户墙	不燃烧体2.00	不燃烧体2.00
	非承重外墙、疏散走道两侧的隔墙	不燃烧体1.00	不燃烧体1.00
	房间隔墙	不燃烧体0.75	不燃烧体0.50
柱		不燃烧体3.00	不燃烧体2.50
梁		不燃烧体2.00	不燃烧体1.50
楼板、疏散楼梯、屋顶承重构件		不燃烧体1.50	不燃烧体1.00
吊顶		不燃烧体0.25	难燃烧体0.25

2. 几条规定：

（1）预制钢筋混凝土构件的节点缝隙或金属承重构件节点的外露部位，必须加设防火保护层，其耐火极限不应低于表6.2相应建筑构件的耐火极限。

（2）二级耐火等级的高层建筑中，面积不超过$100m^2$的房间隔墙，可采用耐火极限不低于0.50h的难燃烧体或耐火极限不低于0.30h的不燃烧体。

（3）二级耐火等级高层建筑的裙房，当屋顶不上人时，屋顶的承重构件可采用耐火极限不低于0.50h的不燃烧体。

（4）高层建筑内存放可燃物的平均重量超过$200kg/m^2$的房间，当不设自动灭火系统时，其柱、梁、楼板和墙的耐火极限应按表6.2的规定提高0.50h。

（5）玻璃幕墙的设置应符合下列规定：

1）窗间墙、窗槛墙的填充材料应采用不燃烧材料。当其外墙面采用耐火极限不低于1.00h的不燃烧体时，其墙内填充材料可采用难燃烧材料。

2）无窗间墙和窗槛墙的玻璃幕墙，应在每层楼板外沿设置耐火极限不低于1.00h、高度不低于0.80m的不燃烧实体裙墙。

3）玻璃幕墙与每层楼板、隔墙处的缝隙，应采用不燃烧材料严密填实。

6.3 高层建筑钢结构构件的燃烧性能和耐火极限

不应低于表6.3的规定。

高层建筑钢结构构件的燃烧性能和耐火极限　　　　　表6.3

构件名称		燃烧性能和耐火极限(h)	
		一级	二级
墙	防火墙	不燃烧体3.00	不燃烧体3.00
	承重墙、楼梯间墙、电梯井及单元之间的墙	不燃烧体2.00	不燃烧体2.00
	非承重墙、疏散走道两侧的隔墙	不燃烧体1.00	不燃烧体1.00
	房间隔墙	不燃烧体0.75	不燃烧体0.50

续表

构件名称		燃烧性能和耐火极限(h)	
		一级	二级
柱	自楼顶算起(不包括楼顶的塔形小屋15m高度范围内的柱)	不燃烧体2.00	不燃烧体2.00
	自楼顶以下15m算起至楼顶以下55m高度范围内的柱	不燃烧体2.50	不燃烧体2.00
	自楼顶以下55m算起在其以下高度范围内的柱	不燃烧体3.00	不燃烧体2.50
其他	梁	不燃烧体2.00	不燃烧体1.50
	楼板、疏散楼梯及吊顶承重构件	不燃烧体1.50	不燃烧体1.00
	抗剪支撑、钢板剪力墙	不燃烧体2.00	不燃烧体1.50
	吊顶(包括吊顶搁栅)	不燃烧体0.25	不燃烧体0.25

注：1. 设在钢梁上的防火墙，不应低于一级耐火等级钢梁的耐火极限；
2. 中庭桁架的耐火极限可适当降低，但不应低于0.5h；
3. 楼梯间平台上部设有自动灭火设备时，其楼梯的耐火极限可不限制；
4. 存放可燃物超过200kg/m^2的房间，当不设自动灭火设备时，其主要承重构件的耐火极限应按6.3的规定再提高0.5h。

6.4 防火门、防火窗的耐火极限

防火门、防火窗应划分为甲、乙、丙三级，其耐火极限应符合表6.4的规定。

防火门、防火窗的耐火极限　　　　　　　　　　　表6.4

级别	耐火极限	级别	耐火极限
甲级	1.20h	丙级	0.60h
乙级	0.90h		

6.5 飞机库建筑构件的燃烧性能和耐火极限

飞机库建筑构件的燃烧性能均应为不燃烧体，其耐火极限不应低于表6.5的规定。

飞机库建筑构件的耐火极限　　　　　　　　　　　表6.5

构件名称		耐火等级	
	耐火极限(h)	一级	二级
防火墙		3.00	3.00
墙	承重墙、楼梯间、电梯井的墙	2.00	2.00
	非承重墙、疏散走道两侧的隔墙	1.00	1.00
	房间隔墙	0.75	0.50
柱	支承多层的柱	3.00	2.50
	支承单层的柱	2.50	2.00
梁		2.00	1.50
楼板、疏散楼梯、屋顶承重构件、柱间支撑		1.50	1.00
吊顶		0.25	0.25

6.6 车库建筑构件的燃烧性能和耐火极限

应符合表 6.6 的规定。

车库建筑构件的燃烧性能和耐火极限　　　　　表 6.6

燃烧性能和耐火极限(h) 构件名称		耐 火 等 级		
		一级	二级	三级
墙	防火墙	不燃烧体 3.00	不燃烧体 3.00	不燃烧体 3.00
	承重墙,楼梯间隔墙,防火隔墙	不燃烧体 2.00	不燃烧体 2.00	不燃烧体 2.00
	隔墙,框架填充墙	不燃烧体 0.75	不燃烧体 0.50	不燃烧体 0.50
柱	支承多层的柱	不燃烧体 3.00	不燃烧体 2.50	不燃烧体 2.50
	支承单层的柱	不燃烧体 2.50	不燃烧体 2.00	不燃烧体 2.00
梁		不燃烧体 2.00	不燃烧体 1.50	不燃烧体 1.00
楼板		不燃烧体 1.50	不燃烧体 1.00	不燃烧体 0.50
疏散楼梯、坡道		不燃烧体 1.50	不燃烧体 1.00	不燃烧体 1.00
屋顶承重构件		不燃烧体 1.50	不燃烧体 0.50	燃烧体
吊顶(包括吊顶搁栅)		不燃烧体 0.25	不燃烧体 0.25	难燃烧体 0.15

注：预制钢筋混凝土构件的节点缝隙或金属承重构件的外露部位应加设防火保护层，其耐火极限不应低于本表相应构件的规定。

6.7 混凝土小型空心砌块墙体的燃烧性能和耐火极限

对防火要求高的砌块建筑或其局部，宜采用提高墙体耐火极限的混凝土或松散材料落实孔洞的方法，或采取其他附加防火措施。（表 6.7）

混凝土小砌块墙体的燃烧性能和耐火极限　　　　　表 6.7

小砌块墙体类型	耐火极限(h)	燃烧性能	小砌块墙体类型	耐火极限(h)	燃烧性能
90mm 厚小砌块墙体	1	非燃烧体	190mm 厚小砌块墙体	2	非燃烧体

注：墙体两面无粉刷。

6.8 建筑内部装修材料的燃烧性能等级

6.8.1 装修材料分类

装修材料按其使用功能和部位，划分为以下七类：

1. 顶棚装修材料；
2. 墙面装修材料；
3. 地面装修材料；
4. 隔断装修材料；
5. 固定家具；
6. 装饰织物；
7. 其他装饰材料。

说明：
1. 柱面的装修应与墙面的规定相同；
2. 隔断系指不到顶的隔断，封顶的固定隔断应与墙面的规定相同。
3. 兼有空间分隔功能的到顶橱柜应认定为固定家具；
4. 装饰织物系指窗帘、帷幕、床罩、家具包布等；
5. 其他装饰材料系指楼梯扶手、挂镜线、踢脚线、窗帘盒、暖气罩等。

6.8.2 装修材料燃烧性能等级划分

1. 装修材料按其燃烧性能划分为四级，应符合表6.8.2-1的规定。

装修材料燃烧性能等级划分　　　　　表 6.8.2-1

等级	装饰材料燃烧性能	等级	装饰材料燃烧性能
A	不燃性	B_2	可燃性
B_1	难燃性	B_3	易燃性

2. 常用建筑内部装修材料燃烧性能等级划分举例，见表6.8.2-2。

常用建筑内部装修材料燃烧性能等级划分举例　　　表 6.8.2-2

材料类别	级别	材料举例
各部位材料	A	花岗石、大理石、水磨石、水泥制品、混凝土制品、石膏板、石灰制品、黏土制品、玻璃、瓷砖、陶瓷锦砖、钢铁、铝、铜合金等
顶棚材料	B_1	纸面石膏板、纤维石膏板、水泥刨花板、矿棉装饰吸声板、玻璃棉装饰吸声板、珍珠岩装饰吸声板、难燃胶合板、难燃中密度纤维板、岩棉装饰板、难燃木材、铝箔复合材料、难燃酚醛胶合板、铝箔玻璃钢复合材料等
墙面材料	B_1	纸面石膏板、纤维石膏板、水泥刨花板、矿棉板、玻璃棉板、珍珠岩板、难燃胶合板、难燃中密度纤维板、防火塑料装饰板、难燃双面刨花板、多彩涂料、难燃墙纸、难燃墙布、难燃仿花岗石装饰板、氯氧镁水泥装配式墙板、难燃玻璃钢平板、PVC塑料护墙板、轻质高强复合墙板、阻燃模压木质复合板材、彩色阻燃人造板、难燃玻璃钢等
	B_2	各类天然木材、木制人造板、竹材、纸制装饰板、装饰微薄木贴面板、印刷木纹人造板、塑料贴面装饰板、聚酯装饰板、复塑装饰板、塑纤板、胶合板、塑料壁纸、无纺贴墙布、墙布、复合壁纸、天然材料壁纸、人造革等
地面材料	B_1	硬PVC塑料地板、水泥刨花板、水泥木丝板、氯丁橡胶地板等
	B_2	半硬质PVC塑料地板、PVC卷材地板、木地板氯纶地毯等
装饰织物	B_1	经阻燃处理的各类难燃织物等
	B_2	纯毛装饰布、纯麻装饰布、经阻燃处理的其他织物等
其他装饰材料	B_1	聚氯乙烯塑料、酚醛塑料、聚碳酸酯塑料、聚四氟乙烯塑料、三聚氰胺、脲醛塑料、硅树脂塑料装饰型材、经阻燃处理的各类织物等。另见顶棚材料和墙面材料内中的有关材料
	B_2	经阻燃处理的聚乙烯、聚丙烯、聚氨酯、聚苯乙烯、玻璃钢、化纤织物、木制品等

说明：
1. 安装在钢龙骨上的燃烧性能达到B_1级的纸面石膏板、矿棉吸声板，可作为A级装修材料使用。
2. 当胶合板表面涂复一级饰面型防火涂料时，可作为B_1级装饰材料使用。当胶合板用于顶棚和墙面装修，并且不内含电器、电线等物体时，宜仅在胶合板外表面涂覆防火涂料；当胶合板用于顶棚和墙面装修，并且内含电器、电线等物体时，胶合板的内外表面及相应的木龙骨应涂覆防火涂料或采用阻燃浸渍处理达到 B_1 级。

3. 单位重量小于 $300g/m^2$ 的纸质、布质壁纸，当直接黏贴在 A 级基材上时，可作为 B_1 级装饰材料使用。

4. 施涂于 A 级基材上的无机装饰涂料，可作为 A 级装饰材料使用；施涂于 A 级基材上，湿涂复比小于 $1.5kg/m^2$ 的有机装饰涂料，可做为 B_1 级装饰材料使用。涂料施涂于 B_1、B_2 级基材上时，应将涂料连同基材一起按规范规定确定其燃烧性能等级。

6.8.3 民用建筑内部装修材料燃烧性能等级规定

6.8.3.1 一般规定

1. 除地下建筑外，无窗房间的内部装修材料的燃烧性能等级，除 A 级外，应在本章规定的基础上提高一级。

2. 图书馆、资料室、档案室和存放文物的房间，其顶棚、地面应采用 A 级装修材料，地面应采用不低于 B_2 级的装修材料。

3. 大中型电子计算机房、中央控制室、电话总机房等放置特殊贵重设备的房间，其顶棚和墙面应采用 A 级装修材料，地面及其他装修应采用不低于 B_1 级的装修材料。

4. 消防水泵房、排烟机房、固定灭火系统钢瓶房、配电室、变压器室、通风和空调机房等，其内部所有装修均应采用 A 级装修材料。

5. 无自然采光楼梯间、封闭楼梯间、防烟楼梯间及其前室的顶棚、墙面和地面均应采用 A 级装修材料。

6. 建筑物内设有上下层相连通的中庭、走马廊、开敞楼梯、自动扶梯时，其连通部位的顶棚、墙面应采用 A 级装修材料，其他部位应采用不低于 B_1 级的装修材料。

7. 防烟分区的挡烟垂壁，其装修材料应采用 A 级。

8. 建筑内部的变形缝（包括沉降缝、伸缩缝、抗震缝等）两侧的基层应采用 A 级材料，表面装修应采用不低于 B_1 级的装修材料。

9. 灯饰所用材料的燃烧性能等级不应低于 B_1 级。

10. 地上建筑的水平疏散走道和安全出口的门厅，其顶棚应采用 A 级装修材料，其他部位应采用不低于 B_1 级的装修材料。

11. 建筑物内的厨房，其顶棚、墙面、地面均应采用 A 级装修材料。

12. 经常使用明火器具的餐厅、科研试验室，装修材料的燃烧性能等级，除 A 级外，均应在本节规定的基础上提高一级。

13. 当歌舞厅、卡拉 OK 厅（含具有卡拉 OK 功能的餐厅）、夜总会、录像厅、放映厅、桑拿浴室（除洗浴部分外）、游艺厅（含电子游艺厅）、网吧等歌舞娱乐放映游艺场所（以下简称歌舞娱乐放映游艺场所）设置在一、二级耐火等级建筑的四层及四层以上时，室内装修的顶棚材料应采用 A 级装修材料，其他部位应采用不低于 B_1 级的装修材料；当设置在地下一层时，室内装修的顶棚、墙面材料应采用 A 级装修材料，其他部位应采用不低于 B_1 级的装修材料。

6.8.3.2 单层、多层民用建筑内部各部位装修材料的燃烧性能等级

其燃烧性能等级不应低于表 6.8.3.2 的规定。

单层多层民用建筑内部各部位装修材料的燃烧性能等级 表6.8.3.2

建筑物及场所	建筑规模、性质	装修材料燃烧性能等级							
		顶棚	墙面	地面	隔断	固定家具	装饰织物		其他装饰材料
							窗帘	帷幕	
候机楼的候机大厅、商店、餐厅、贵宾候机室、售票厅等	建筑面积>10000m²的候机楼	A	A	B_1	B_1	B_1	B_1		B_1
	建筑面积≤10000m²的候机楼	A	B_1	B_1	B_1	B_2	B_2		B_2
汽车站、火车站、轮船客运站的候车(船)室、餐厅、商场等	建筑面积>10000m²的车站、码头	A	A	B_1	B_1	B_2	B_2		B_2
	建筑面积≤10000m²的车站、码头	B_1	B_1	B_1	B_2	B_2	B_2		B_2
影院、会堂、礼堂、剧院、音乐厅	>800座位	A	A	B_1	B_1	B_1	B_1	B_1	B_1
	≤800座位	A	B_1	B_1	B_1	B_1	B_1	B_1	B_1
体育馆	>3000座位	A	A	B_1	B_1	B_1	B_1	B_1	B_2
	≤3000座位	A	B_1	B_1	B_2	B_2	B_2	B_2	B_2
商场营业厅	每层建筑面积>3000m²或总建筑面积>9000m²的营业厅	A	B_1	A	A	B_1	B_1		B_2
	每层建筑面积1000~3000m²或总建筑面积为3000~9000m²的营业厅	A	B_1	B_1	B_1	B_1	B_1		B_2
	每层建筑面积<1000m²或总建筑面积<3000m²的营业厅	B_1	B_1	B_1	B_2	B_2	B_2		B_2
饭店、旅馆的客房及公共活动用房等	设有中央空调系统的饭店、旅馆	A	B_1	B_1	B_1	B_2	B_2		B_2
	其他饭店、旅馆	B_1	B_2	B_2	B_2	B_2	B_2		
歌舞厅、餐馆等娱乐、餐饮建筑	营业面积>100m²	A	B_1	B_1	B_1	B_2	B_2		B_2
	营业面积≤100m²	B_1	B_1	B_2	B_2	B_2	B_2		B_2
幼儿园、托儿所、中、小学、医院病房楼、疗养院、养老院		A	B_1	B_2	B_2	B_2	B_2		B_2
纪念馆、展览馆、博物馆、图书馆、档案馆、资料馆等	国家级、省级	A	B_1	B_1	B_2	B_2	B_2		B_2
	省级以下	B_1	B_1	B_2	B_2	B_2	B_2		B_2
办公楼、综合楼	设有中央空调系统的办公楼、综合楼	A	B_1	B_1	B_2	B_2	B_2		B_2
	其他办公楼、综合楼	B_1	B_2	B_2	B_2	B_2	B_2		B_2
住宅	高级住宅	B_1	B_1	B_1	B_2	B_2	B_2		B_2
	普通住宅	B_1	B_2	B_2	B_2	B_2	B_2		

说明：
1. 单层、多层民用建筑内面积小于100m²的房间，当采用防火墙和甲级防火门窗与其他部位分隔时，其装修材料的燃烧性能等级可在表6.8.3.2的基础上降低一级。
2. 当单层、多层民用建筑内装有自动灭火系统时，除顶棚外，其内部装修材料的燃烧性能等级可在表6.8.3.2的基础上降低一级；当同时装有火灾自动报警装置和自动灭火系统时，其顶棚装修材料的燃烧性能等级可在表6.8.3.2规定的基础上降低一级，其他装修材料的燃烧性能等级可不限制（一般规定中第13条除外）。

6.8.3.3 高层民用建筑内部各部位装修材料的燃烧性能等级

燃烧性能等级不应低于表6.8.3.3的规定。

高层民用建筑内部各部位装修材料的燃烧性能等级　　　表6.8.3.3

建筑物	建筑规模、性质	装修材料燃烧性能等级									
		顶棚	墙面	地面	隔断	固定家具	装饰织物				其他装饰材料
							窗帘	帷幕	床罩	家具包布	
高级旅馆	>800座位的观众厅、会议厅、顶层餐厅	A	B_1	B_1	B_1	B_1	B_1	B_1		B_1	B_1
	≤座位的观众厅、会议厅	A	B_1	B_1	B_1	B_2	B_1	B_1		B_2	B_1
	其他部位	A	B_1	B_1	B_2	B_2	B_2	B_1	B_2	B_1	B_1
商业楼、展览楼、综合楼、商住楼、医院病房楼	一类建筑	A	B_1	B_1	B_1	B_2	B_1	B_2		B_2	B_1
	二类建筑	B_1	B_1	B_1	B_2	B_2	B_2	B_2		B_2	B_2
电信楼、财贸金融楼、邮政楼、广播电视楼、电力调度楼、防灾指挥调度楼	一类建筑	A	A	B_1	B_1	B_2	B_1	B_2		B_2	B_1
	二类建筑	A	B_1	B_1	B_2	B_2	B_2	B_2		B_2	B_2
教学楼、办公楼、科研楼、档案楼、图书馆	一类建筑	A	B_1	B_1	B_1	B_2	B_1	B_2		B_2	B_1
	二类建筑	B_1	B_1	B_1	B_2	B_2	B_2	B_2		B_2	B_2
住宅、普通旅馆	一类普通旅馆高级住宅	A	B_1	B_1	B_1	B_2		B_1			B_1
	二类普通旅馆，普通住宅	B_1	B_1	B_1	B_2	B_2		B_2			B_2

注：1."顶层餐厅"包括设在高空的餐厅、观光厅等；
　　2.建筑物的类别、规模、性质应符合国家现行标准（高层民用建筑设计防火规范）的有关规定。

说明：

1. 除本节一般规定第13条规定的场所和100m以上的高层民用建筑及大于800座位的观众厅、会议厅、顶层餐厅外，当设有火灾自动报警装置和自动灭火系统时，除顶棚外，其内部装修材料的燃烧性能等级可在表6.8.3.3规定的基础上降低一级。
2. 高层民用建筑的裙房内面积小于500m^2的房间，当设有自动灭火系统，并且采用耐火等级不低于2h的隔墙，甲级防火门、窗与其他部位分隔时，顶棚、墙面、地面的装修材料的燃烧性能等级可在表6.8.3.3规定的基础上降低一级。
3. 电视塔等特殊高层建筑的内部装修装饰织物应不低于B_1级，其他均应采用A级装修材料。

6.8.3.4 地下民用建筑内部各部位装修材料的燃烧性能等级

不应低于表6.8.3.4的规定。

注：地下民用建筑系指单层、多层、高层民用建筑的地下部分，单独建造在地下的民用建筑以及平战结合的地下人防工程。

地下民用建筑内部各部位装修材料的燃烧性能等级　　　表6.8.3.4

建筑物及场所	装修材料燃烧性能等级					
	顶棚	墙面	地面	隔断	固定家具	装饰织物	其他装饰材料
休息室和办公室等旅馆和客房及公共活动用房等	A	B_1	B_1	B_1	B_1	B_2	B_2
娱乐场所、旱冰场等舞厅、展览厅等医院的病房、医疗用房等	A	A	B_1	B_1	B_1	B_2	B_2

续表

建筑物及场所	装修材料燃烧性能等级						
	顶棚	墙面	地面	隔断	固定家具	装饰织物	其他装饰材料
电影院的观众厅 商场的营业厅	A	A	A	B_1	B_1	B_1	B_2
停车库、人行通道 图书资料库、档案库	A	A	A	A	A		

说明：

1. 地下民用建筑的疏散走道和安全出口的门厅，其顶棚、墙面和地面的装修材料应采用A级装修材料。
2. 单独建造的地下民用建筑的地上部分，其门厅、休息室、办公室等内部装修材料的燃烧性能等级可在表6.8.3.4的基础上降低一级要求。
3. 地下商场、地下展览厅的售货柜台、固定货架、展览台等应采用A级装修材料。

6.8.4 工业厂房内部各部位装修材料的燃烧性能等级

等级不应低于表6.8.4的规定。

工业厂房内部各部位装修材料的燃烧性能等级　　　表6.8.4

工业厂房分类	建筑规模	装修材料燃烧性能等级			
		顶棚	墙面	地面	隔断
甲、乙类厂房 有明火的丁类厂房		A	A	A	A
丙类厂房	地下厂房	A	A	A	B_1
	高层厂房	A	B_1	B_1	B_2
	高度>24m的单层厂房 高度≤24m的单层、多层厂房	B_1	B_1	B_2	B_2
无明火的丁类厂房 戊类厂房	地下厂房	A	A	B_1	B_1
	高层厂房	B_1	B_1	B_2	B_2
	高度>24m的单层厂房 高度≤24m的单层、多层厂房	B_1	B_2	B_2	B_2

说明：

1. 当厂房中房间的地面为架空地板时，其地面装修材料的燃烧性能等级不应低于B_1级。
2. 装有贵重机器、仪器的厂房或房间，其顶棚和墙面应采用A级装修材料；地面和其他部位应用不低于B_1级的装修材料。
3. 厂房附设的办公室、休息室等的内部装修材料的燃烧性能等级，应符合表6.8.4的规定。

6.9 木结构建筑构件的燃烧性能和耐火极限

1. 木结构建筑构件的燃烧性能和耐火极限不应低于表6.9-1的规定。

木结构建筑中构件的燃烧性能和耐火极限　　　表6.9-1

构件名称	耐火极限(h)	
防火墙	不燃烧体	3.00
承重墙、分户墙、楼梯和电梯井墙体	难燃烧体	1.00
非承重外墙、疏散走道两侧的隔墙	难燃烧体	1.00
分室隔墙	难燃烧体	0.50

续表

构件名称	耐火极限(h)	
多层承重柱	难燃烧体	1.00
单层承重柱	难燃烧体	1.00
梁	难燃烧体	1.00
楼盖	难燃烧体	1.00
屋顶承重构件	难燃烧体	1.00
疏散楼梯	难燃烧体	0.50
室内吊顶	难燃烧体	0.25

注：1. 屋顶表层应采用不可燃材料。
　　2. 当同一座木结构建筑由不同高度组成，较低部分的屋顶承重构件必须是难燃烧体，耐火极限不应低于1.00h。

2. 各类木结构建筑构件的燃烧性能和耐火极限可按表6.9-2确定。

各类木建筑构件的燃烧性能和耐火极限　　　　表6.9-2

构件名称	构件组合描述(mm)	耐火极限(h)	燃烧性能
墙体	1　墙骨柱间距：400－600；截面为40×90； 2　墙体构造： (1)普通石膏板＋空心隔层＋普通石膏板＝15＋90＋15 (2)防火石膏板＋空心隔层＋防火石膏板＝12＋90＋12 (3)防火石膏板＋绝热材料＋防火石膏板＝12＋90＋12 (4)防火石膏板＋空心隔层＋防火石膏板＝15＋90＋15 (5)防火石膏板＋绝热材料＋防火石膏板＝15＋90＋15 (6)普通石膏板＋空心隔层＋普通石膏板＝25＋90＋25 (7)普通石膏板＋绝热材料＋普通石膏板＝25＋90＋25	 0.50 0.75 0.75 1.00 1.00 1.00 1.00	 难燃 难燃 难燃 难燃 难燃 难燃 难燃
楼盖顶棚	楼盖顶棚采用规格材搁栅或工字形搁栅，搁栅中心间距为400～600，楼面板厚度为15的结构胶合板或定向木片板(OSB)： 1　搁栅底部有12厚的防火石膏板，搁栅间空腔内填充绝热材料 2　搁栅底部有两层12厚的防火石膏板，搁栅间空腔内无绝热材料	 0.75 1.00	 难燃 难燃
柱	1　仅支撑屋顶的柱： (1)由截面不小于140×190实心锯木制成 (2)由截面不小于130×190胶合木制成 2　支撑屋顶及地板的柱： (1)由截面不小于190×190实心锯木制成 (2)由截面不小于180×190胶合木制成	 0.75 0.75 0.75 0.75	 可燃 可燃 可燃 可燃
梁	1　仅支撑屋顶的横梁： (1)由截面不小于90×140实心锯木制成 (2)由截面不小于80×160胶合木制成 2　支撑屋顶及地板的横梁： (1)由截面不小于140×240实心锯木制成 (2)由截面不小于190×190实心锯木制成 (3)由截面不小于130×230胶合木制成 (4)由截面不小于180×190胶合木制成	 0.75 0.75 0.75 0.75 0.75 0.75	 可燃 可燃 可燃 可燃 可燃 可燃

7 建筑物生产危险等级

7.1 民用爆破器材工厂

7.1.1 民用爆破器材工厂危险品生产工序的危险等级
危险等级应符合表 7.1.1 的规定。

危险品生产工序的危险等级　　　　　　　表 7.1.1

危险品分类	危险等级	生产工序名称	技 术 要 求
粉状铵梯炸药、粉状铵梯油炸药	A_2	梯恩梯粉碎,梯恩梯称量	—
	A_3	混药、筛药、凉药、装药、包装	
	D	硝酸铵粉碎、干燥	
铵油炸药,铵松蜡炸药,铵沥蜡炸药	A_3	混药、筛药、凉药、装药、包装	
	B	混药、筛药、凉药、装药、包装	产品无雷管感度,且厂房内存药量不应大于5t
	D	硝酸铵粉碎、干燥	
多乳粒状铵油炸药	B	混药、包装	产品无雷管感度,且厂房内存药量不应大于5t
粒状黏性炸药	B	混药、包装	产品无雷管感度,且厂房内存药量不应大于5t
	D	硝酸铵粉碎、干燥	—
水胶炸药	A_3	硝酸甲胺的制造和浓缩、混药、凉药、装药、包装	—
	D	硝酸铵粉碎、筛选	
浆状炸药	A_3	熔药、混药、凉药、包装	
	A_2	梯恩梯粉碎	
	D	硝酸铵粉碎	
乳化炸药	A_3	乳化、乳胶基质冷却、乳胶基质贮存 敏化、敏化后的保温(或凉药)、贮存、装药、包装	—
	B	乳化、乳胶基质冷却、乳胶基质贮存	乳胶基质无雷管感度,且厂房内存药量不应大于2t
		乳化、乳胶基质冷却、乳胶基质贮存、敏化、敏化后保温(或凉药)、贮存、装药、包装	乳胶基质和乳化炸药产品无雷管感度,且厂房内存药量不应大于5t
	D	硝酸铵粉碎、硝酸钠粉碎	—

续表

危险品分类		危险等级	生产工序名称	技术要求
传爆药柱	黑梯药柱	A_1	熔药、装药、凉药、检验、包装	—
	梯恩梯药柱	B	压制	应在抗爆间室内进行
			检验、包装	—
铵梯黑炸药		A_1	铵梯黑三成分混药、筛选、凉药、装药、包装	—
		A_2	铵梯二成分轮碾机混合	—
太乳炸药		A_2	制片、干燥、检验、包装	—
导火索		A_3	黑火药三成份混药、干燥、凉药、筛选、包装，导火索生产中黑火药准备	—
		D	导火索制索、导火索的盘索、烘干、普检、包装	—
			硝酸钾干燥、粉碎	—
导爆索		A_1	黑索金或太安的筛选、混合、干燥	—
		A_2	导爆索的包塑、涂索、烘索、盘索、普检、组批、包装	—
		B	导爆索制索	应在抗爆间室内进行
			黑索金或太安的筛选、混合、干燥	应在抗爆间室内进行
雷管(包括火雷管、电雷管、导爆管雷管)		A_1	黑索金或太安的造粒、干燥、筛选、包装	—
		A_2	雷管干燥、雷管烘干	—
		B	二硝基重氮酚制造(包括中和、还原、重氮、过滤)	二硝基重氮酚应为湿药
			二硝基重氮酚的干燥、凉药、筛选、黑索金或太安的造粒、干燥、筛选	应在抗爆间室内进行
			火雷管装药、压药	应在抗爆间室内进行
雷管(包括火雷管、电雷管、导爆管雷管)		B	电雷管和导爆管雷管装配	应在钢板防护下进行
			雷管检验、包装、装箱	雷管检验应在钢板防护下进行
			雷管试验站	—
			引火药剂制造(包括火药头用的引火药剂和延期药用的引火药)	—
			引火药头制造	—
		D	延期药的混合、造粒、干燥、筛选、装药、延期体制造	—
			二硝基重氮酚废水处理	—
塑料导爆管		B	奥克托金或黑索金的粉碎、干燥、筛选、混合	应在抗爆间室内或钢板防护下进行
			塑料导爆管制造	—

续表

危险品分类		危险等级	生产工序名称	技术要求
继爆管		A_2	装配、包装	—
射孔器材(包括射孔弹、穿孔弹等)		B	炸药暂存、烘干、称量	应在抗爆间室内或钢板防护下进行
			压药、装配	应在抗爆间室内进行
			包装	应在钢板防护下进行
			射孔弹试验或试验塔	—
震源药柱	高密度	A_2	炸药准备、熔混药、装药、压药、凉药、装配、检验、装箱	—
	中低密度	A_3	炸药准备、震源药柱检验和装箱	—
		B	装药、压药	应在抗爆间室内进行
	中低密度	B	钻孔	应在单独小室内进行
			装传爆药柱	—
	低密度	A_3	炸药准备、装药、装传爆药柱、检验、装箱	—
爆裂管		A_2	切索、包装	—
		B	装药	应在抗爆间室内进行
理化试验室		D	黑火药、炸药、起爆药的理化试验室	—
		—	黑火药、炸药、起爆药的理化试验室	药量不大于300g时,可为防火甲级

注：1. 表中乳化炸药的乳胶基质为乳化炸药制造过程中,氧化剂水溶液和油相材料在乳化剂作用下形成的均匀物质。
    2. 在雷管制造中所用药剂（单组分药剂或多组分药剂），其作用和起爆药类似者,此类药剂制造工序的危险等级应按照表内二硝基重氮酚确定

7.1.2 民用爆破器材工厂危险品仓库的危险等级

危险等级应符合表7.1.2的规定。

危险品仓库的危险等级　　　　　　表7.1.2

危险品仓库名称	危险品生产区内的危险品中转库	危险品总仓库区内的危险品仓库
黑索金、太安、奥克托金、黑梯药柱、铵梯黑炸药	A_1	A_1
干或湿的二硝基重氮酚	A_1	—
梯恩梯、苦味酸、雷管(包括火雷管、电雷管、导爆管雷管)、导爆索、梯恩梯药柱、继爆管、爆裂管、太乳炸药、震源药柱(高密度)	A_2	A_2
粉状铵梯炸药、粉状铵梯油炸药、铵油炸药、铵松蜡炸药、铵沥蜡炸药、多乳粒状铵油炸药、粒状黏性炸药、水胶炸药、浆状炸药、乳化炸药、震源药柱(中、低密度)、黑火药	A_3	A_3
射孔弹	A_3	A_3
延期药	D	—
导火索	D	D
硝酸铵、硝酸钠	D	D
硝酸钾、高氯酸钾	D	—

注：在雷管制造中所用药剂（单组分药剂或多组分药剂），其作用和起爆药类似者,此类药剂制造工序和危险等级应按照表内二硝基重氮酚确定

7.1.3 建筑物的危险等级划分

民用爆破器材工厂建筑物的危险等级应按以下规定划分：

1. 建筑物的危险等级，应根据建筑物内危险品生产工序的危险等级或危险品仓库危险等级确定。

当建筑物内各生产工序为同一危险等级时，其生产工序的危险等级即为该建筑物的危险等级。

当建筑物内有不同危险等级的生产工序或仓库内贮存有不同危险等级的危险品时，应根据其所含的不同危险等级，按最高者确定该建筑物的危险等级。

2. 建筑物的危险等级应划分为 A、B、D 级。

3. 当建筑物内制造、加工、贮存的危险品具有整体爆炸危险时，该建筑物危险等级应为 A 级。A 级建筑物又可分为 A_1、A_2、A_3 级。

（1）A_1 级建筑物应符合下列规定之一：

① 当建筑物内制造、加工、贮存的危险品发生事故时，其破坏能力大于梯恩梯者。

② 当建筑物内制造、加工、贮存的危险品发生事故时，其破坏能力虽小于梯恩梯，但因其感度较高，易发生事故者。

（2）A_2 级建筑物应符合下列规定之一：

① 当建筑物内制造、加工、贮存的危险品发生事故时，其破坏能力与梯恩梯相当者。

② 建筑物内制造、加工、贮存内装起爆药、炸药，外有有效防护件（雷管外壳、导爆索包缠物）的产品者。

（3）A3 级建筑物应为建筑物内制造、加工、贮存的危险品发生事故时，其破坏能力小于梯恩梯者。

4. B 级建筑物应符合下列规定之一：

（1）当建筑物内制造、加工的危险品具有整体爆炸危险时，但危险作业是在抗爆间室或钢板防护下进行，且建筑物内总存药量不超过 200kg 者。

（2）建筑物内制造、加工的危险品很不敏感，不能用单发 8 号雷管直接引爆者。

（3）建筑物内制造、加工的起爆药为湿态，使生产危险性显著降低者。

5. D 级建筑物应符合下列规定之一：

（1）建筑物内制造、加工、贮存的危险品具有燃烧或爆炸危险，但必须在外界强大的引爆条件下才能爆炸者。

（2）建筑物内制造、加工、贮存危险品具有燃烧危险，但存药量小者。

7.1.4 电气危险场所的区域划分

民用爆破器材工厂电气危险场所的区域按工作间或库房划分为三个区域：

1. F_0 区：经常或长期存在能形成爆炸危险的火药、炸药及其粉尘的工作间或库房。

2. F_1 区：在正常运行时可能形成爆炸危险的火药、炸药及其粉尘的工作间或库房。

3. F_2 区：存在能形成火灾危险而爆炸危险性能小的火药、炸药、氧化剂及其粉尘的工作间或库房。

7.1.5 工作间危险区域划分和防雷类别

民用爆破器材工厂工作间危险区域和防雷类别应符合表 7.1.5 的规定。

工作间危险区域和防雷类别　　　　7.1.5

危险品分类		工作间名称	危险区域	防雷类别
粉状铵梯炸药、粉状铵梯油炸药		梯恩梯粉碎，梯恩梯称量	F1区	Ⅰ
		混药、筛药、凉药、装药、包装	F1区	Ⅰ
		硝酸铵粉碎、干燥	F2区	Ⅱ
		运送炸药的敞开或半敞开式廊道	F2区	Ⅱ
		运送炸药的封闭式廊道	F1区	Ⅰ
铵油炸药、铵松蜡炸药、铵沥蜡炸药		混药、筛药、凉药、装药、包装	F1区	Ⅰ
		硝酸铵粉碎、干燥	F2区	Ⅱ
多孔粒状铵油炸药		混药、包装	F1区	Ⅰ
粒状黏性炸药		混药、包装	F1区	Ⅰ
		硝酸铵粉碎、干燥	F2区	Ⅱ
水胶炸药		硝酸甲胺的制造和浓缩、混药、凉药、装药、包装	F1区	Ⅰ
		硝酸铵粉碎、筛选	F2区	Ⅱ
浆状炸药		熔药、混药、凉药、包装	F1区	Ⅰ
		梯恩梯粉碎	F1区	Ⅰ
		硝酸铵粉碎	F2区	Ⅱ
乳化炸药		乳化、乳胶基质冷却、乳胶基质贮存、敏化、敏化后保温（或凉药）、贮存、装药、包装	F1区	Ⅰ
		硝酸铵粉碎、硝酸钠粉碎	F2区	Ⅱ
传爆药柱	黑梯药柱	熔药、装药、凉药、检验、包装	F1区	Ⅰ
	梯恩梯药柱	压制、检验、包装	F1区	Ⅰ
铵梯黑炸药		铵梯黑三成分混药、筛选、凉药、装药、包装	F1区	Ⅰ
		铵梯二成分轮碾机混合	F1区	Ⅰ
太乳炸药		制片、干燥、检验、包装	F1区	Ⅰ
导火索		黑火药三成分混药、干燥、凉药、筛选、包装，导火索生产中黑火药准备	F0区	Ⅰ
		导火索制索、盘索、烘干、普检、包装	F2区	Ⅱ
		硝酸钾粉碎、干燥	F2区	Ⅱ
导爆索		黑索金或太安的筛选、混合、干燥导爆索的包塑、涂索、烘索、盘索、普检、组批、包装	F1区	Ⅰ
		导爆索制索	F1区	Ⅱ
		黑索金或太安的筛选、混合、干燥	F1区	Ⅰ
雷管（包括火雷管、电雷管、导爆管雷管）		黑索金或太安的造粒、干燥、筛选、包装	F1区	Ⅰ
		雷管干燥、雷管烘干	F1区	Ⅰ
		二硝基重氮酚制造（包括中和、还原、重氮、过滤）	F1区	Ⅰ
		二硝基重氮酚的干燥、凉药、筛选、黑索金或太安的造粒、干燥、筛选	F1区	Ⅰ
		火雷管装药、压药，电雷管和导爆管雷管装配	F1区	Ⅰ
		雷管检验、包装、装箱	F1区	Ⅰ
		引火药剂制造（包括引火药头用的引火药剂和延期药用的引火药）	F1区	Ⅰ
		引火药头制造	F1区	Ⅰ
		延期药的混合、造粒、干燥、筛选、装药、延期体制造	F1区	Ⅰ
		雷管试验站	F2区	Ⅱ
		二硝基重氮酚废水处理	F2区	Ⅱ

续表

危险品分类	工作间名称	危险区域	防雷类别
塑料导爆管	奥克托金或黑索金的粉碎、干燥、筛选、混合	F1区	Ⅰ
	塑料导爆管制造	F1区	Ⅰ
继爆管	装配、包装	F1区	Ⅰ
射孔器材(包括射孔弹、穿孔弹等)	炸药暂存	F1区	Ⅰ
	烘干、称量、压药、装配、包装	F1区	Ⅰ
	射孔弹试验室或试验塔	F2区	Ⅰ
震源药柱 高密度	炸药准备、熔混药、装药、压药、凉药、装配、检验、装箱	F1区	Ⅰ
震源药柱 中低密度	炸药准备、震源药柱检验和装箱	F1区	Ⅰ
	装药、压药、钻孔、装传爆药柱	F1区	Ⅰ
爆裂管	切索、装药、包装	F1区	Ⅰ
理化试验室	黑火药、炸药、起爆药的理化试验室	F2区	Ⅱ

注：在雷管制造中所用药剂（包括单组分药剂或多组分药剂），其作用和起爆药类似者，此类药剂制造的工作间危险区域，应按表内二硝基重氮酚确定

7.1.6 民用爆破器材工厂库房危险区域划分和防雷类别

危险区划分和防雷类别应符合表7.1.6的规定。

库房危险区域和防雷类别　　　　　　　　　　表7.1.6

危险品库房名称	危险区域	防雷类别
黑索金、太安、奥克托金、黑梯药柱、铵梯黑炸药	F0区	Ⅰ
干或湿的二硝基重氮酚	F0区	Ⅰ
梯恩梯、苦味酸、雷管(包括火雷管、电雷管、导爆管雷管)、导爆索、梯恩梯药柱、继爆管、爆裂管、太乳炸药、震源药柱(高密度)	F0区	Ⅰ
粉状铵梯炸药、粉状铵梯油炸药、铵油炸药、铵松蜡炸药、铵沥蜡炸药、多孔粒状铵油炸药、粒状粘性炸药、水胶炸药、浆状炸药、乳化炸药、震源药柱(中、低密度)、黑火药	F0区	Ⅰ
射孔弹	F0区	Ⅰ

7.1.7 与爆炸危险区域毗邻工作间的危险区域划分

对与爆炸危险区域毗邻，并有门相通的工作间，当隔墙是密实门，且经常处于关闭状态时，该工作间的危险区域应按表7.1.7确定。当门经常处于敞开状态时，该工作间与爆炸危险区域划为相同的危险区域。

与爆炸危险区域毗邻工作间的危险区域　　　　表7.1.7

危险区域	用有门的密实墙隔开的区域	用有二道门的密实墙隔开的区域
F0区	F1区	非危险区域
F1区	F2区	非危险区域
F2区	非危险区域	非危险区域

注：本表不适用于与危险区域毗邻的配电室及变电所

7.1.8 排风室危险区域划分

民用爆破器材工厂排风室危险区域的确定应符合下列规定：

1. 为F1区、F2区服务的排风室应与所服务的危险区域相同。
2. 当采用湿式净化装置时，排风室可划为F1区。

7.2 烟花爆竹工厂

7.2.1 烟花爆竹工厂的危险品生产工序的危险等级

危险等级应符合表7.2.1的规定。

危险品生产工序的危险等级　　　　　　表7.2.1

危险品名称	生 产 工 序	危险等级
黑火药	三成分混合,造粒,干燥,凉药,筛选,包装	A_3
	硫炭二成分混合,硝酸钾干燥,粉碎和筛选,硫、炭粉碎和筛选	C
烟火药	含氯酸盐或高氯酸盐的烟火药、摩擦类药剂、爆炸音剂、笛音剂等的混合或配制、造粒、干燥、凉药	A_2
	不含氯酸盐或高氯酸盐的烟火药的混合或配制、造粒、干燥、凉药	A_3
	称原料,氧化剂粉碎和筛选	C
爆竹	含氯酸盐或高氯酸盐的爆竹药的混合或配制、装药	A_2
	已装药的钻孔、切引,不含氯酸盐或高氯酸盐的爆竹药的混合或配制、装药、机械压药	A_3
	称原料,不含氯酸盐或高氯酸盐的爆竹药的筑药、插引、挤引、结鞭、包装	C
烟花	筒子并装药装珠、上引药、干燥	A_2
	筒子单发装药、筑药、机械压药、已装药的钻孔、切引	A_3
	蘸药、按引、组装、包装	C
礼花弹	称量、装药装珠、晒球、干燥	A_2
	上发射药、上引线	A_3
	油球、打皮、皮色、包装	C
引火线	含氯酸盐的引药的混合、干燥、凉药、制引、浆引、晾干、包装	A_2
	黑药的三成分混合、干燥、凉药、制引、浆引、晾干、包装	A_3
	硫碳二成分混合,硝酸钾干燥、粉碎和筛选,硫、碳粉碎和筛选,氯酸钾粉碎和筛选	C

注：1. 表中未列品种、加工工序,其危险等级可对照本表确定。
　　2. 晒场的危险等级,应与各危险品干燥的危险等级相同。

7.2.2 烟花爆竹工厂的危险品仓库的危险等级

危险等级应符合表7.2.2的规定。

危险品仓库的危险等级　　　　　　表7.2.2

贮 存 的 危 险 品 名 称	危险等级
引火线,含氯酸盐或高氯酸盐的烟火药,爆竹药,爆炸音剂,笛音剂	A_2
黑火药,不含氯酸盐或高氯酸盐的烟火药,爆炸药,大爆竹,单个产品装药在40g及以上的烟花或礼花弹,已装药的半成品,黑药引火线	A_3
中、小爆竹,单个产品装药在40g以下的烟花或礼花弹	C

7.2.3 建筑物的危险等级划分

烟花爆竹工厂建筑的危险等级应由其中最危险的生产工序确定。仓库的危险等级应由其中所贮存最危险的物品确定。

建筑物的危险等级,应按下列规定划分为A、C两级：

1. A级建筑物为建筑物内的危险品在制造、贮存、运输中会发生爆炸事故,在发生事故时,其破坏效应将波及到周围。根据其破坏能力应划分为 A_2、A_3 级。

A_2 级建筑物为建筑物内的危险品发生爆炸事故时,其破坏能力相当于梯恩梯的厂房和仓库;

A_3 级建筑物为建筑物内的危险品发生爆炸事故时,其破坏能力相当于黑火药的厂房和仓库。

2. C级建筑物为建筑物内的危险品在制造、贮存、运输中主要发生燃烧事故或偶尔有轻微爆炸,但其破坏效应只局限于本建筑物内的厂房和仓库。

7.2.4 工作间和仓库的危险场所类别划分

烟花爆竹工厂工作间和仓库的危险场所类别,应按下列规定划分为三类,并应符合表的规定。

1. Ⅰ类危险场所为经常存在大量能形成爆炸危险的烟火药、黑火药及其粉尘的工作间;
2. Ⅱ类危险场所为经常存在少量能形成燃爆危险的烟火药、黑火药及其粉尘的工作间;
3. Ⅲ类危险场所为经常存在能形成火灾危险而爆炸危险性小的危险品及粉尘的工作间。

烟花爆竹工厂工作间和仓库的危险场所类别及防雷等级,应符合表 7.2.4 的规定。

工作间和仓库的危险场所类别和防雷等级　　　　表 7.2.4

名称	危险等级	工作间和仓库名称	危险场所类别	防雷等级
黑火药	A_3	三成分混合,造粒,干燥,凉药,筛选,包装	Ⅰ	一
	C	硫炭二成分混合,硝酸钾干燥、粉碎和筛选,硫、炭粉碎和筛选	Ⅲ	三
烟火药	A_2	含氯酸盐或高氯酸盐的烟火药、摩擦类药剂、爆炸音剂、笛音剂等的混合或配制、造粒、干燥、凉药	Ⅰ	一
	A_3	不含氯酸盐或高氯酸盐的烟火药的混合或配制、造粒、干燥、凉药	Ⅰ	一
	C	称原料,氯酸钾和过氯酸钾粉碎、筛选	Ⅱ	三
爆竹	A_2	含氯酸盐或高氯酸盐的爆竹药的混合或配制、装药	Ⅰ	一
	A_3	不含氯酸盐或高氯酸盐的爆竹药的混合、装药	Ⅰ	一
	A_3	已装药的钻孔、切引、机械压药	Ⅱ	二
	C	称原料,不含氯酸盐或高氯酸盐的爆竹的筑药、插引、挤引、结鞭、包装	Ⅲ	三
烟花	A_2	筒子并装药装珠,上引线,干燥	Ⅰ	一
	A_3	筒子单发装药,筑药,机械压药,钻孔,切引	Ⅱ	二
	C	蘸药,按引,组装,包装	Ⅲ	三
礼花弹	A_2	称量,装药,装珠,晒球,干燥	Ⅰ	一
	A_3	上发射药,上引线	Ⅱ	二
	C	油球,打皮,皮色,包装	Ⅲ	三
引火线	A_2	含氯酸盐的引药的混合,干燥,凉药,制引,浆引,晾干,包装	Ⅰ	一
	A_3	黑药的三成分混合,干燥,凉药,制引,浆引,晾干,包装	Ⅰ	一
	C	硫、碳二成分混合,硝酸钾干燥、粉碎和筛选,硫、碳粉碎和筛选	Ⅲ	三
	C	氯酸钾粉碎和筛选	Ⅱ	二
仓库	A_2	引火线,含氯酸盐或高氯酸盐的烟花药、爆竹药、爆炸音剂、笛音剂	Ⅰ	一
	A_3	黑火药,不含氯酸盐或高氯酸盐的烟花药、爆竹药、大爆竹,单个产品装药在 40g 以上的烟花或礼花弹,已装药的半成品,黑药引火线	Ⅰ	一
	C	中、小爆竹,单个产品装药在 40g 以下的烟花或礼花弹	Ⅱ	二

7.2.5 与爆炸危险场所毗邻的场所的危险类别划分

在烟花爆竹工厂，与爆炸危险场所毗邻，并有门相通的工作间，当隔墙为密封墙，门经常处于关闭状态时，该工作间的危险类别可按表 7.2.5 确定。当门经常处于敞开状态时，该工作间应与爆炸危险场所的危险类别相同。

与爆炸危险场所毗邻的场所的危险类别划分　　表 7.2.5

危险场所类别	用有门的密封墙隔开的相邻场所类别	
	一道隔墙	二道隔墙
Ⅰ	Ⅱ	非危险场所
Ⅱ	Ⅲ	非危险场所
Ⅲ	非危险场所	非危险场所

注：本表不适用于与危险场所毗邻的配电室及变电所。

7.2.6 排风室危险场所类别划分

排风室危险场所类别的确定，应符合下列规定：

1. 为Ⅰ类危险场所服务的排风室，可划为Ⅱ类危险场所；
2. 为Ⅱ、Ⅲ类危险场所服务的排风室与所服务的危险场所类别相同；
3. 当采用湿式净化装置时，各类危险场所的排风室可划分为Ⅲ类危险场所。

7.3 石油库内爆炸危险区域的等级范围划分

爆炸危险区域的等级定义应符合现行国家标准《爆炸和火灾危险环境电力装置设计规范》GB 50058 的规定。

易燃油品设施的爆炸危险区域内地坪以下的坑、沟划为 1 区。

1. 储存易燃油品的地上固定顶油罐爆炸危险区域划分，应符合下列规定（图 7-1）：
   (1) 罐内未充惰性气体的油品表面以上空间划为 0 区。
   (2) 以通气口为中心、半径为 1.5m 的球形空间划为 1 区。
   (3) 距储罐外壁和顶部 3m 范围内有储罐外壁至防火堤，其高度为堤顶高的范围内划为 2 区。

2. 储存易燃油品的内浮顶油罐爆炸危险区域划分，应符合下列规定（图 7-2）：

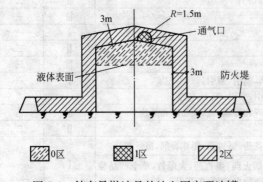

图 7-1　储存易燃油品的地上固定顶油罐爆炸危险区域划分

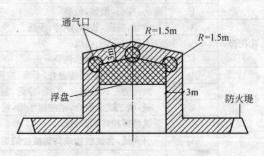

图 7-2　储存易燃油品的内浮顶油罐爆炸危险区域划分

（1）浮盘上部空间及以通气口为中心，半径为1.5m范围内的球形空间划为1区。

（2）距储罐外壁和顶部3m范围内及储罐外壁至防火堤，其高度为堤顶高的范围内划为2区。

3. 储存易燃油品的浮顶油罐爆炸危险区域划分，应符合下列规定（图7-3）：

（1）浮盘上部至罐壁顶部空间为1区。

（2）距储罐外壁和顶部3m范围内及储罐外壁至防火堤，其高度为堤顶高的范围内划为2区。

4. 储存易燃油品的地上卧式油罐爆炸危险区域划分，应符合下列规定（图7-4）：

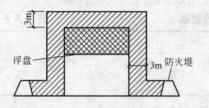 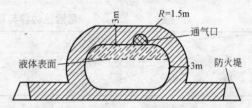

图7-3 储存易燃油品的浮顶油罐爆炸危险区域划分　　　图7-4 储存易燃油品的地上卧式油罐爆炸危险区域划分

（1）罐内未充惰性气体的液体表面以上的空间划为0区。

（2）以通气口为中心，半径为1.5m的球形空间划为1区。

（3）距储罐外壁和顶部3m范围内及储罐外壁至防火堤，其高度为堤顶高的范围内划为2区。

5. 易燃油品泵房、阀室爆炸危险区域划分，应符合下列规定（图7-5）：

（1）易燃油品泵房和阀室内部空间划为1区。

（2）有孔墙或开式墙外与墙等高、L_2范围以内且不小于3m的空间及距地坪0.6m高、L_1范围以内的空间划为2区。

（3）危险区边界与释放源的距离应符合表7.3.1的规定。

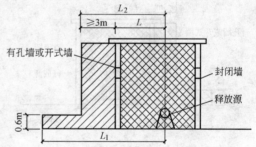

图7-5 易燃油品泵房、阀室爆炸危险区域划分

危险区边界与释放源的距离　　　表7.3.1

名称	距离(m)	L_1		L_2	
	工作压力 PN(MPa)	≤1.6	>1.6	≤1.6	>1.6
油泵房		L+3	15	L+3	7.5
阀室		L+3	L+3	L+3	L+3

6. 易燃油品泵棚、露天泵站的泵和配管的阀门、法兰等为释放源的爆炸危险区域划分，应符合下列规定（图7-6）：

（1）以释放源为中心、半径为R的球形空间和自地面算起高为0.6m、半径为L的圆

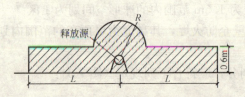

图7-6 易燃油品泵棚、露天泵站的泵及配管的阀门、法兰等为释放源的爆炸危险区域划分

柱体的范围内划为2区。

(2) 危险区边界与释放源的距离应符合表7.3.2的规定。

7. 易燃油品灌桶间爆炸危险区域划分,应符合下列规定(图7-7):

(1) 油桶内液体表面以上的空间划为0区。

(2) 灌桶间内空间划为1区。

(3) 有孔墙或开式墙外3m以内与墙等高,且距释放源4.5m以内的室外空间,和自地面算起0.6m高、距释放源7.5m以内的室外空间划为2区。

危险区边界与释放源的距离　　　　表7.3.2

名　称	距离(m) 工作压力 PN(MPa)	L		R	
		≤1.6	>1.6	≤1.6	>1.6
油泵		3	15	1	7.5
法兰、阀门		3	3	1	1

8. 易燃油品灌桶棚或露天灌桶场所的爆炸危险区域划分,应符合下列规定(图7-8):

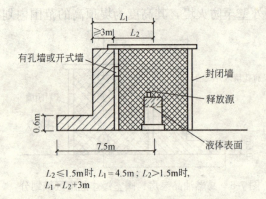

图7-7 易燃油品灌桶间爆炸危险区域划分

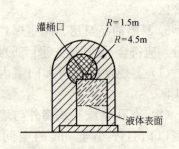

图7-8 易燃油品灌桶棚或露天灌桶场所爆炸危险区域划分

(1) 油桶内液体表面以上的空间划为0区。

(2) 以灌桶口为中心,半径为1.5m的球形空间划为1区。

(3) 以灌桶口为中心,半径为4.5m的球形并延至地面的空间划为2区。

9. 易燃油品汽车油罐车库、易燃油品重桶库房的爆炸危险区域划分,应符合下列规定(图7-9):

建筑物内空间及有孔或开式墙外1m与建筑物等高的范围内划为2区。

10. 易燃油品汽车油灌车棚、易燃油品重桶堆放棚的爆炸危险区域划分,应符合下列规定(图7-10):

棚的内部空间划为2区。

11. 铁路、汽车油罐车卸易燃油品时爆炸危险区域划分,应符合下列规定(图7-11):

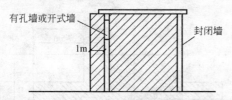
图 7-9 易燃油品汽车油罐车库、易燃油品
重桶库房爆炸危险区域划分

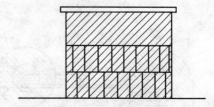
图 7-10 易燃油品汽车油罐车棚、易燃油品
重桶堆放棚爆炸危险区域划分

(1) 油罐车内液体表面以上空间划为 0 区。

(2) 以卸油口为中心、半径为 1.5m 的球形空间和以密闭卸油口为中心,半径为 0.5m 的球形空间划为 1 区。

(3) 以卸油口为中心、半径为 3m 的球形并延至地面的空间和以密闭卸油口为中心、半径为 1.5m 的球形并延至地面的空间划为 2 区。

12. 铁路、汽车油罐车灌装易燃油品时爆炸危险区域划分,应符合下列规定(图7-12):

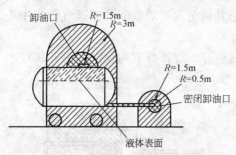
图 7-11 铁路、汽车油罐车卸易燃油品时
爆炸危险区域划分

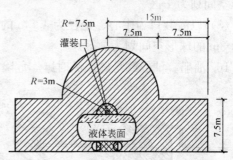
图 7-12 铁路、汽车油罐车灌装易燃油品
时爆炸危险区域

(1) 油罐车内液体表面以上空间划为 0 区。
(2) 以油罐车灌装口为中心、半径为 3m 的球形并延至地面的空间划为 1 区。
(3) 以罐装口为中心、半径为 7.5m 的球形空间和以灌装口轴线为中心线、自地面算起高为 7.5m、半径为 15m 的圆柱形空间划为 2 区。

13. 铁路、汽车油罐车密闭灌装易燃油品时爆炸危险区域划分,应符合下列规定(图 7-13):

(1) 油罐车内液体表面以上的空间为 0 区。
(2) 以油罐车灌装口为中心、半径为 1.5m 的球形空间和以通气口为中心,半径为 1.5m 的球形空间划为 1 区。
(3) 以油罐车灌装口为中心、半径为 4.5m 的球形并延至地面的空间和以通气口为中心、半径为 3m 的球形空间划为 2 区。

14. 油船、油驳灌装易燃油品时爆炸危险区域划分,应符合下列规定(图 7-14):
(1) 油船、油驳内液体表面以上的空间为 0 区。
(2) 以油船、油驳的灌装口为中心、半径为 3m 的球形并延至水面的空间划为 1 区。
(3) 以油船、油驳的灌装口为中心、半径为 7.5m 并高于灌装口 7.5m 的圆柱形空间和自水面算起 7.5m 高、以灌装口轴线为中心线、半径为 15m 的圆柱形空间划为 2 区。

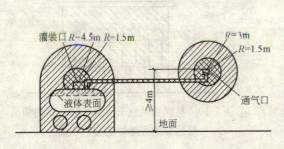

图7-13 铁路、汽车油罐车密闭灌装易燃油品时爆炸危险区域划分

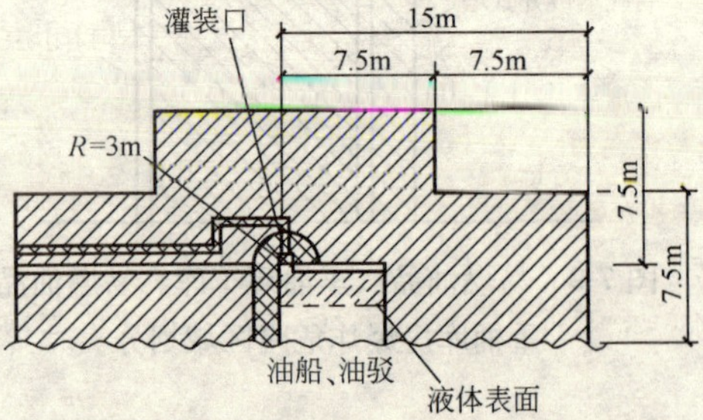

图7-14 油船、油驳灌装易燃油品时爆炸危险区域划分

15. 油船、油驳密闭灌装易燃油品时爆炸危险区域划分，应符合下列规定（图7-15）：

(1) 油船、油驳内液体表面以上的空间为0区。

(2) 以灌装口为中心、半径为1.5m的球形空间及以通气口为中心、半径为1.5m的球形空间划为1区。

(3) 以灌装口为中心、半径为4.5m的球形并延至水面的空间和以通气口为中心、半径为3m的球形空间划为2区。

16. 油船、油驳卸易燃油品时爆炸危险区域划分，应符合下列规定（图7-16）：

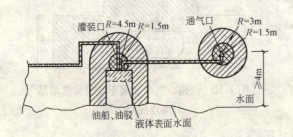
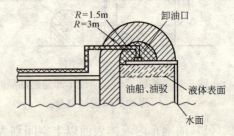

图7-15 油船、油驳密闭灌装易燃油品时爆炸危险区域划分

图7-16 油船、油驳卸易燃油品时爆炸危险区域划分

(1) 油船、油驳内液体表面以上的空间为0区。

(2) 以卸油口为中心、半径为1.5m的球形空间划为1区。

(3) 以卸油口为中心、半径为3m的球形并延至水面的空间划为2区。

17. 易燃油品人工洞石油库爆炸危险区域划分，应符合下列规定（图7-17）：

(1) 油罐内液体表面以上的空间为0区。

(2) 罐室和阀室内部及以通气口为中心、半径为3m的球形空间划为1区。通风不良的人工洞石油库的洞内空间均应划为1区。

(3) 通风良好的人工洞石油库的洞内主巷道、支巷道、油泵房、阀室及以通气口为中心、半径为7.5m的球形空间、人工洞口外3m范围内空间划为2区。

18. 易燃油品的隔油池爆炸危险区域划分，应符合下列规定（图7-18）：

(1) 有盖板的隔油池内液体表面以上的空间划为0区。

(2) 无盖板的隔油池内液体表面以上的空间和距隔油池内壁1.5m、高出池顶1.5m至地坪范围以内的空间划为1区。

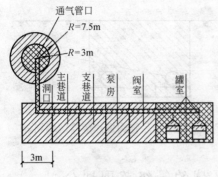

图 7-17 易燃油品人工洞石油库爆炸危险区域划分

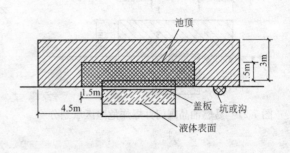

图 7-18 易燃油品的隔油池爆炸危险区域划分

(3) 距隔油池内壁 4.5m、高出池顶 3m 至地坪范围以内的空间划为 2 区。

19. 含易燃油品的污水浮选罐爆炸危险区域划分，应符合下列规定（图 7-19）：

(1) 罐内液体表面以上的空间划为 0 区。

(2) 以通气口为中心、半径为 1.5m 的球形空间划为 1 区。

(3) 距罐外壁和顶部 3m 以内的范围划为 2 区。

20. 易燃油品覆土油罐的爆炸危险区域划分，应符合下列规定（图 7-20）：

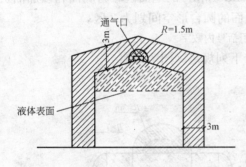

图 7-19 含易燃油品的污水浮选罐爆炸危险区域划分

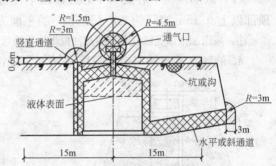

图 7-20 易燃油品覆土油罐的爆炸危险区域划分

(1) 油罐内液体表面以上的空间划为 0 区。

(2) 以通气口为中心、半径为 1.5m 的球形空间、油罐外壁与护体之间的空间、通道口门（盖板）以内的空间划为 1 区。

(3) 以通气口为中心、半径为 4.5m 的球形空间、以通道口的门（盖板）为中心、半径为 3m 的球形并延至地面的空间及以油罐通气口为中心、半径为 15m、高 0.6m 的圆柱形空间划为 2 区。

21. 易燃油品阀门井的爆炸危险区域划分，应符合下列规定（图 7-21）：

(1) 阀门井内部空间划为 0 区。

(2) 距阀门井内壁 1.5m、高 1.5m 的柱形空间划为 2 区。

22. 易燃油品管沟爆炸危险区域划分，应符合下列规定（图 7-22）：

(1) 有盖板的管沟内部空间划为 1 区。

(2) 无盖板的管沟内部空间划为 2 区。

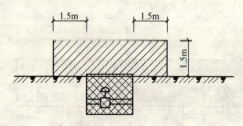
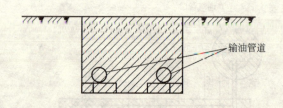

图 7-21　易燃油品阀门井爆炸危险区域划分　　图 7-22　易燃油品管沟爆炸危险区域划分

7.4　加油加气站内爆炸危险区域的等级范围划分

加油加气站内爆炸危险区域的等级范围划分应符合下列规定：

1. 爆炸危险区域的等级定义应符合现行国家标准《爆炸和火灾危险环境电力装置设计规范》GB 50058 的规定。

2. 汽油和液化石油气设施的爆炸危险区域内地坪以下的坑或沟应划为 1 区。

3. 汽油加油机爆炸危险区域划分应符合下列规定（图 7-23）：

（1）加油机壳体内部空间划为 1 区。

（2）以加油机中心线为中心线，以半径为 4.5m（3m）的地面区域为底面和以加油机顶部以上 0.15m 半径为 3m（1.5m）的平面为顶面的圆台形空间划为 2 区。

注：采用加油油气回收系统的加油机爆炸危险区域用括号内数字。

4. 油罐车卸汽油时爆炸危险区域划分应符合下列规定（图 7-24）：

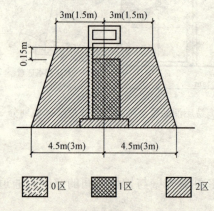
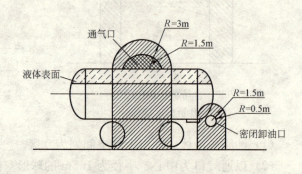

图 7-23　汽油加油机爆炸危险区域划分　　图 7-24　油罐车卸汽油时爆炸危险区域划分

（1）油罐车内部的油品表面以上空间划分为 0 区。

（2）以通气口为中心，半径为 1.5m 的球形空间和以密闭卸油口为中心，半径为 0.5m 的球形空间划为 1 区。

（3）以通气口为中心，半径为 3m 的球形并延至地面的空间和以密闭卸油口为中心，半径为 1.5m 的球形并延至地面的空间划为 2 区。

5. 埋地卧式汽油储罐爆炸危险区域划分应符合下列规定（图 7-25）：

（1）罐内部油品表面以上的空间划为 0 区。

（2）人孔（阀）井内部空间、以通气管管口为中心，半径为 1.5m（0.75m）的球形空间和以密闭卸油口为中心，半径为0.5m的球形空间划为1区。

（3）距人孔（阀）井外边缘1.5m以内，自地面算起1m高的圆柱形空间，以通气管管口为中心，半径为3m（2m）的球形空间和以密闭卸油口为中心，半径为1.5m的球形并延至地面的空间划为2区。

注：采用卸油油气回收系统的汽油罐通气管管口爆炸危险区域用括号内数字。

6. 液化石油气加气机爆炸危险区域划分应符合下列规定（图7-26）：

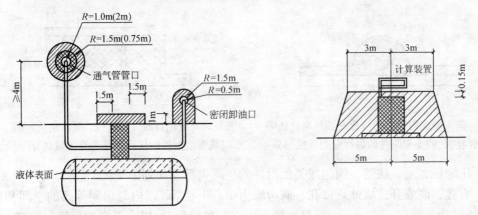

图7-25　埋地卧式汽油储罐爆炸危险区域划分　图7-26　液化石油气加气机的爆炸危险区域划分

（1）加气机内部空间划为1区。

（2）以加气机中心线为中心线，以半径为5m的地面区域为底面和以加气机顶部以上0.15m半径为3m的平面为顶面的圆台形空间划为2区。

7. 埋地液化石油气储罐爆炸危险区域划分应符合下列规定（图7-27）：

（1）人孔（阀）井内部空间和以卸车口为中心，半径为1m的球形空间划为1区。

（2）距人孔（阀）井外边缘3m以内，自地面算起2m高的圆柱形空间，以放散管管口为中心，半径为3m的球形并延至地面的空间和以卸车口为中心，半径为3m的球形并延至地面的空间划为2区。

8. 地上液化石油气储罐爆炸危险区域划分应符合下列规定（图7-28）。

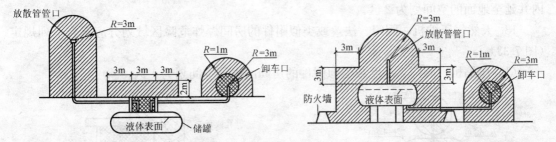

图7-27　埋地液化石油气储罐爆炸危险区域划分　　7-28　地上液化石油气储罐爆炸危险区域划分

（1）以卸车口为中心，半径为1m的球形空间划为1区。

（2）以放散管管口为中心，半径为3m的球形空间、距储罐外壁3m范围内并延至地面的空间、防火堤内与防火堤等高的空间和以卸车口为中心，半径为3m的球形并延至地面的空间划为2区。

9. 露天或棚内设置的液化石油气泵、压缩机、阀门、法兰或类似附件的爆炸危险区域划分应符合下列规定（图7-29）。

距释放源壳体外缘半径为3m范围内的空间和距释放源壳体外缘6m范围内，自地面算起0.6m高的空间划为2区。

10. 液化石油气压缩机、泵、法兰、阀门或类似附件的房间爆炸危险区域划分应符合下列规定（图7-30）：

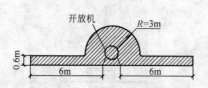

图7-29 露天或棚内设置的液化石油气泵、压缩机、阀门法兰或类似附件的爆炸危险区域划分

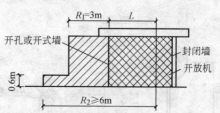

图7-30 液化石油气压缩机、泵、法兰、阀门或类似附件的房间爆炸危险区域划分图

（1）压缩机、泵、法兰、阀门或类似附件的房间内部空间划为1区。

（2）有孔、洞或开式墙外，以孔、洞边缘为中心半径3m以内与房间等高的空间和以释放源为中心，半径为R_2以内，自地面算起0.6m高的圆柱形空间划为2区。

11. 压缩天然气加气机爆炸危险区域划分应符合下列规定（图7-31）：

（1）加气机壳体内部空间划为1区。

（2）以加气机中心线为中心线，半径为4.5m，高度为自地面向上至加气机顶部以上0.5m的圆柱形空间划为2区。

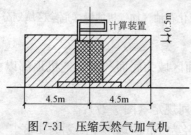

图7-31 压缩天然气加气机爆炸危险区域划分

12. 室外或棚内压缩天然气储气瓶组（储气井）爆炸危险区域划分应符合下列规定（图7-32）。

以放散管管口为中心，半径为3m的球形空间和距储气瓶组壳体（储气井）4.5m以内并延至地面的空间划为2区。

13. 天然气压缩机、阀门、法兰或类似附件的房间爆炸危险区域划分应符合下列规定（图7-33）：

（1）压缩机、阀门、法兰或类似附件的房间的内部空间划为1区。

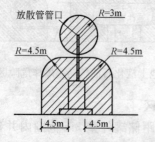

图7-32 室外或棚内压缩天然气储气瓶组（储气井）爆炸危险区域划分

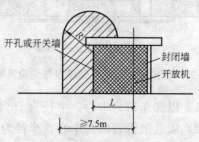

图7-33 天然气压缩机、阀门、法兰或类似附件的房间爆炸危险区域划分

（2）有孔、洞或开式墙外，以孔、洞边缘为中心半径 R 以内至地面的空间划为 2 区。

14. 露天（棚）设置的天然气压缩机组、阀门、法兰或类似附件的爆炸危险区域划分应符合下列规定（图 7-34）。

距压缩机、阀门、法兰或类似附件壳体 7.5m 以内并延至地面的空间划为 2 区。

15. 存放压缩天然气储气瓶组的房间爆炸危险区域划分应符合下列规定（图 7-35）：

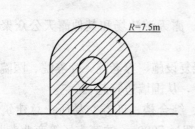
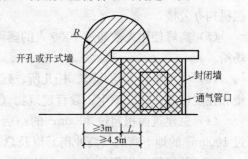

图 7-34　露天（棚）设置的天然气压缩机组、阀门、法兰或类似附件的爆炸危险区域划分

图 7-35　存放压缩天然气储气瓶组的房间爆炸危险区域划分

（1）房间内部空间划为 1 区。

（2）有孔、洞或开式墙外，以孔、洞边缘为中心，半径 R 以内并延至地面的空间划为 2 区。

7.5　民用建筑物保护类别划分

民用建筑物保护类别划分应符合以下规定：

1. 重要公共建筑物：

（1）地市级及以上的党政机关办公楼。

（2）高峰使用人数或座位数超过 1500 人（座）的体育馆、会堂、会议中心、电影院、剧场、室内娱乐场所、车站和客运站等公众聚会场所。

（3）藏书量超过 50 万册的图书馆；地市级及以上的文物古迹、博物馆、展览馆、档案馆等建筑物。

（4）省级及以上的邮政楼、电信楼等通信、指挥调度建筑物。

（5）省级及以上的银行等金融机构办公楼。

（6）高峰使用人数超过 5000 人的露天体育场、露天游泳场和其他露天公众聚会娱乐场所。

（7）使用人数超过 500 人的中小学校；使用人数超过 200 人的幼儿园、托儿所、残障人员康复设施；150 床位及以上的养老院、疗养院、医院的门诊楼和住院楼等医疗、卫生、教育建筑物（有围墙者，从围墙边算起）。

（8）建筑面积超过 15000m² 的其他公共建筑物。

（9）地铁出入口、隧道出入口。

2. 一类保护物：

除重要公共建筑物以外的下列建筑物：

(1) 县级党政机关办公楼。

(2) 高峰使用人数或座位数超过 800 人（座）的体育馆、会堂、会议中心、电影院、剧场、室内娱乐场所、车站和客运站等公众聚会场所。

(3) 文物古迹、博物馆、展览馆、档案馆和藏书量超过 10 万册的图书馆等建筑物。

(4) 县级及以上的邮政楼、电信楼等通信、指挥调度建筑；支行级及以上的银行等金融机构办公楼。

(5) 高峰使用人数超过 1000 人的露天体育场、露天游泳场和其他露天公众聚会娱乐场所。

(6) 中小学校、幼儿园、托儿所、残障人员康复设施、养老院、疗养院、医院的门诊楼和住院楼等医疗、卫生、教育建筑物（有围墙者，从围墙边算起）。

(7) 总建筑面积超过 3000 m^2 的商店（商场）、综合楼、证券交易所；总建筑面积超过 1000 m^2 的地下商店（商业街）以及总建筑面积超过 5000 m^2 的菜市场等商业营业场所。

(8) 总建筑面积超过 5000 m^2 的办公楼、写字楼等办公建筑物。

(9) 总建筑面积超过 5000 m^2 的居住建筑（含宿舍）、商住楼。

(10) 高层民用建筑物。

(11) 总建筑面积超过 6000 m^2 的其他建筑物。

(12) 车位超过 50 个的汽车库和车位超过 150 个的停车场。

(13) 城市主干道的桥梁、高架路等。

3. 二类保护物：

除重要公共建筑物和一类保护物以外的下列建筑物：

(1) 体育馆、会堂、电影院、剧场、室内娱乐场所、车站、客运站、体育场、露天游泳场和其他露天娱乐场所等室内外公众聚会场所。

(2) 地下商店（商业街）、总建筑面积超过 1000 m^2 的商店（商场）、综合楼、证券交易所以及总建筑面积超过 1500 m^2 的菜市场等商业营业场所。

(3) 总建筑面积超过 1000 m^2 的办公楼、写字楼等办公类建筑物。

(4) 总建筑面积超过 1000 m^2 的居住建筑（含宿舍）或居住建筑群。

(5) 总建筑面积超过 2000 m^2 的其他建筑物。

(6) 车位超过 20 个的汽车库和车位超过 50 个的停车场。

(7) 除一类保护物以外的桥梁、高架路等。

4. 三类保护物：

除重要公共建筑物、一类和二类保护物以外的建筑物。

注：与上述同样性质或规模的独立地下建筑物等同于上述各类建筑物。

8 防水等级与防洪标准等级

8.1 地下工程防水等级和设防要求

8.1.1 地下工程防水等级标准
地下工程的防水等级分为4级,各级标准应符合表8.1.1的规定。

地下工程防水等级标准 表8.1.1

防水等级	标 准
1级	不允许渗水,结构表面无湿渍
2级	不允许漏水,结构表面可有少量湿渍 　工业与民用建筑:湿渍总面积不大于总防水面积的1‰,单个湿渍面积不大于0.1m²,任意100m²防水面积不超过1处 　其他地下工程:湿渍总面积不大于总防水面积的6‰,单个湿渍面积不大于0.2m²,任意100m²防水面积不超过4处
3级	有少量漏水点,不得有线流和漏泥砂 　单个湿渍面积不大于0.3m²,单个漏水点的漏水量不大于2.5L/d,任意100m²防水面积不超过7处
4级	有漏水点,不得有线流和漏泥砂 　整个工程平均漏水量不大于2L/m²·d,任意100m²防水面积的平均漏水量不大于4L/m²·d

8.1.2 地下工程不同防水等级的适用范围
地下工程的防水等级,应根据工程的重要性和使用中对防水的要求按表8.1.2选定。

不同防水等级的适用范围 表8.1.2

防水等级	适 用 范 围
一级	人员长期停留的场所;因为少量湿渍会使物品变质、失效的贮物场所及严重影响设备正常运转和危及工程安全运营的部位;极重要的战备工程
二级	人员经常活动的场所;在有少量湿渍的情况下会使物品变质、失效的贮物场所及基本不影响设备正常运转和工程安全运营的部位;重要的战备工程
三级	人员临时活动的场所;一般战备工程
四级	对渗漏水无严格要求的工程

8.1.3 明挖法地下工程防水设防要求
防水设防要求应按表8.1.3选用。

8.1.4 暗挖法地下工程防水设防要求
设防要求应按表8.1.4选用。

明挖法地下工程防水设防   表8.1.3

工程部位		主体					施工缝					后浇带				变形缝、诱导缝				
防水措施		防水混凝土	防水砂浆	防水卷材	防水涂料	塑料防水板	金属板	遇水膨胀止水条	中埋式止水带	外贴式止水带	外抹防水砂浆	外涂防水砂浆	膨胀混凝土	遇水膨胀止水条	外贴式止水带	防水嵌缝材料	中埋式止水带	可卸式止水带	防水嵌缝材料	外贴式防水卷材	外涂防水涂料	遇水膨胀止水条
防水等级	1级	应选	应选1～2种					应选2种					应选	应选2种			应选	应选2种			
	2级	应选	应选1种					应选1～2种					应选	应选1～2种			应选	应选1～2种			
	3级	应选	宜选1种					宜选1～2种					宜选	宜选1～2种			应选	宜选1～2种			
	4级	宜选	—					宜选1种					宜选	宜选1种			应选	宜选1种			

暗挖法地下工程防水设防   表8.1.4

工程部位		主体				内衬砌施工缝					内衬砌变形缝、诱导缝				
防水措施		复合式衬砌	离壁式衬砌、衬套	贴壁式衬砌	喷射混凝土	外贴式止水带	遇水膨胀止水条	防水嵌缝材料	中埋式止水带	外涂防水涂料	中埋式止水带	外贴式止水带	可卸式止水带	防水嵌缝材料	遇水膨胀止水条
防水等级	1级	应选1种	—			应选2种					应选	应选2种			
	2级	应选1种				应选1～2种					应选	应选1～2种			
	3级	—	应选1种			宜选1～2种					应选	宜选1～2种			
	4级	—	应选1种			宜选1种					应选	宜选1种			

8.1.5 地下工程迎水面防水卷材厚度选用

受侵蚀性介质或受振动作用的地下工程主体迎水面铺贴的卷材防水层,不同防水等级及防水卷材厚度选用应符合表8.1.5的规定。

防水卷材厚度   表8.1.5

防水等级	设防道数	合成高分子防水卷材	高聚物改性沥青防水卷材
1级	三道或三道以上设防	单层:不应小于1.5mm;双层:每层不应小于1.2mm	单层:不应小于4mm;双层:每层不应小于3mm
2级	二道设防		
3级	一道设防	不应小于1.5mm	不应小于4mm
	复合设防	不应小于1.2mm	不应小于3mm

8.1.6 地下工程防水涂料厚度选用

受侵蚀性介质或受振动作用的地下工程主体迎水面或背水面涂刷的涂料防水层,不同防水等级、选用防水涂料厚度,应符合表8.1.6的规定:

防水涂料厚度（mm） 表8.1.6

防水等级	设防道数	有机涂料			无机涂料	
		反应型	水乳型	聚合物水泥	水泥基	水泥基渗透结晶型
1级	三道或三道以上设防	1.2～2.0	1.2～1.5	1.5～2.0	1.5～2.0	≥0.8
2级	二道设防	1.2～2.0	1.2～1.5	1.5～2.0	1.5～2.0	≥0.8
3级	一道设防	—	—	≥2.0	≥2.0	—
	复合设防	—	—	≥1.5	≥1.5	—

8.1.7 盾构隧道衬砌防水措施

在软土和软岩中采用盾构掘进法修建的区间隧道结构，不同防水等级、盾构隧道衬砌防水措施应按表8.1.7选用。

盾构隧道衬砌防水措施 表8.1.7

防水措施		高精度管片	弹性密封垫	嵌缝	注入密封剂	螺孔密封圈	混凝土或其他内衬	外防水涂层
防水等级	1级	必选	必选	应选	宜选	必选	宜选	宜选
	2级	必选	必选	宜选	宜选	应选	局部宜选	部分区段宜选
	3级	应选	应选	宜选	—	宜选		部分区段宜选
	4级	宜选	宜选	宜选	—	—		

8.2 屋面工程防水等级和设防要求

屋面工程应根据建筑物的性质、重要程度、使用功能要求以及防水层合理使用年限，按不同等级进行设防，并应符合表8.2的要求。

屋面工程防水等级和设防要求 表8.2

项目	屋面防水等级			
	Ⅰ	Ⅱ	Ⅲ	Ⅳ
建筑物类别	特别重要或对防水有特殊要求的建筑	重要的建筑和高层建筑	一般的建筑	非永久性的建筑
防水层合理使用年限	25年	15年	10年	5年
防水层选用材料	宜选用合成高分子防水卷材、高聚物改性沥青防水卷材、金属板材、合成高分子防水涂料、细石防水混凝土等材料	宜选用高聚物改性沥青防水卷材、合成高分子防水卷材、金属板材、合成高分子防水涂料、高聚物改性沥青防水涂料、细石防水混凝土、平瓦、油毡瓦等材料	宜选用三毡四油沥青防水卷材、高聚物改性沥青防水卷材、金属板材、高聚物改性沥青防水涂料、合成高分子防水涂料、细石防水混凝土、平瓦、油毡瓦等材料	可选用二毡三油沥青防水卷材、高聚物改性沥青防水涂料等材料
设防要求	三道或三道以上防水设防	二道防水设防	一道防水设防	一道防水设防

注：1. 采用的沥青均指石油沥青不包括煤沥青和煤焦油等材料。
2. 石油沥青纸胎油毡和沥青复合胎柔性防水卷材，系限制使用材料。
3. 在Ⅰ、Ⅱ级屋面防水材料中，如仅作一道金属板材时，应符合有关技术规定。

8.2.1 屋面防水卷材厚度选用

每道卷材防水层厚度选用应符合表8.2.1的规定。

卷材厚度选用表　　　　表8.2.1

屋面防水等级	设防道数	合成高分子防水卷材	高聚物改性沥青防水卷材	沥青防水卷材和沥青复合胎柔性防水卷材	自粘聚酯胎改性沥青防水卷材	自粘橡胶沥青防水卷材
Ⅰ级	三道或三道以上设防	不应小于1.5mm	不应小于3mm	—	不应小于2mm	不应小于1.5mm
Ⅱ级	二道设防	不应小于1.2mm	不应小于3mm	—	不应小于2mm	不应小于1.5mm
Ⅲ级	一道设防	不应小于1.2mm	不应小于4mm	三毡四油	不应小于3mm	不应小于2mm
Ⅳ级	一道设防	—	—	二毡三油	—	—

8.2.2 屋面防水涂膜厚度选用

每道涂膜防水层厚度选用应符合表8.2.2的规定。

涂膜厚度选用表　　　　表8.2.2

屋面防水等级	设防道数	高聚物改性沥青防水涂料	合成高分子防水涂料和聚合物水泥防水涂料
Ⅰ级	三道或三道以上设防	—	不应小于1.5mm
Ⅱ级	二道设防	不应小于3mm	不应小于1.5mm
Ⅲ级	一道设防	不应小于3mm	不应小于2mm
Ⅳ级	一道设防	不应小于2mm	—

8.3 新型干法水泥厂的防洪标准等级

水泥工厂的防洪标准应符合国家现行《防洪标准》的规定，新型干法水泥厂的防洪标准分为四级，应符合表8.3的规定。

新型干法水泥厂防洪标准等级　　　　表8.3

级别	工厂规模	防洪标准	
		设计频率(%)	重现期(年)
Ⅰ级	日产水泥熟料3000t以上生产线的工厂	≤1	≥100
Ⅱ级	日产水泥熟料2000～3000t生产线的工厂	2～1	50～100
Ⅲ级	日产水泥熟料1000～2000t生产线的工厂	4～2	25～50
Ⅳ级	日产水泥熟料1000t以下生产线的工厂	4	25

8.4 水库工程水工建筑物的防洪标准

防洪标准应按表8.4的规定确定。

水库工程水工建筑物的防洪标准 表 8.4

水工建筑物级别	防洪标准[重现期(年)]				
	山区、丘陵区			平原区、滨海区	
	正常运用（设计）	非常运用（校核）		正常运用（设计）	非常运用（校核）
		混凝土坝、浆砌石坝及其他水工建筑物	土石坝		
4	50～30	500～200	1000～300	50～20	100～50
5	30～20	200～100	300～200	<20	50～20

注：1. 当山区、丘陵区的水库枢纽工程挡水建筑物的挡水高度低于 15m，上下游水头差小于 10m 时，其防洪标准可按平原、滨海区的规定确定；当平原、滨海区的水库枢纽工程挡水建筑物的挡水高度高于 15m，上下游水头差大于 10m 时，其防洪标准可按山区、丘陵区的规定确定；
2. 当土石坝失事或混凝土坝及浆砌石坝洪水浸顶后对下游造成重大灾害时，其非常运用（校核）防洪标准应取上限；
3. 低水头或失事后损失不大的水库枢纽工程的挡水和泄水建筑物，经过专门论证并报主管部门批准，其非常运用（校核）防洪标准可降低一级。

8.5 小型水力发电站非挡水厂房的防洪标准

小型水力发电站非挡水厂房的防洪标准，应根据其级别按表 8.5 的规定确定；河床式厂房的防洪标准应与挡水建筑物的防洪标准相一致。

非挡水厂房的防洪标准 表 8.5

水工建筑物级别	防洪标准[重现期(年)]	
	正常运用（设计）	非常运用（校核）
4	50～20	100～50
5	<20	50～20

注：副厂房、主变压器场、开关站和进厂公路的防洪标准可参照此表确定。

8.5.1 小水电站临时建筑物洪水标准

施工导流临时建筑物级别为 Ⅴ 级，其洪水标准应符合表 8.5.1 的规定。

小水电站临时建筑物洪水标准 表 8.5.1

建 筑 物 类 型		洪水重现期(年)
山区、丘陵区	土石结构	10～5
	混凝土、浆砌石结构	5～3
平原区	土石结构	5～3
	混凝土、浆砌石结构	3

8.5.2 小水电站坝体临时渡汛洪水标准

当坝体填筑物高度达到不需围堰保护时或导流建筑物封堵后，其临时渡汛洪水标准应按表 8.5.2 确定。但可根据失事后对下游影响的大小，适当提高或降低标准。

坝体临时渡汛洪水标准　　　　　　　　表8.5.2

建 筑 物	洪水重现期(年)	
	施工期坝体拦洪度汛	导流建筑物封堵后坝体渡汛
土石坝	20～10	30～20
混凝土、浆砌石坝	10～5	20～10

8.6 不同淹没对象设计洪水标准

水库淹没处理设计洪水标准应根据不同淹没对象按表8.6规定取值。

不同淹没对象设计洪水标准　　　　　　　　表8.6

淹 没 对 象	洪水标准[重现期(年)]
耕地、园地、牧区的牧草地	2～5
农村居民点、集镇、乡镇企业	10～20

9 建筑热工分区、建筑气候分区、大气透明度等级

9.1 建筑热工设计分区及设计要求

建筑热工设计分区及设计要求应符合表9.1的规定。

建筑热工设计分区及设计要求　　　　　　　　　　表9.1

分区名称	分区指标		设 计 要 求
	主要指标	辅助指标	
严寒地区	最冷月平均温度≤-10℃	日平均温度≤5℃的天数≥145d	必须充分满足冬季保温要求，一般可不考虑夏季防热
寒冷地区	最冷月平均温度0~-10℃	日平均温度≤5℃的天数90~145d	应满足冬季保温要求，部分地区兼顾夏季防热
夏热冬冷地区	最冷月平均温度0~-10℃，最热月平均温度25~30℃	日平均温度≤5℃的天数0~90d 日平均温度≥25℃的天数40~110d	必须满足夏季防热要求，适当兼顾冬季保温
夏热冬暖地区	最冷月平均温度>10℃，最热月平均温度25~29℃	日平均温度≥25℃的天数100~200d	必须充分满足夏季防热要求，一般可不考虑冬季保温
温和地区	最冷月平均温度0~15℃，最热月平均温度18~25℃	日平均温度≤5℃的天数0~90d	部分地区应考虑冬季保温，一般可不考虑夏季防热

9.1.1 全国建筑热工设计分区图

全国建筑热工设计分区，见图9-1。

9.1.2 旅游旅馆建筑热工与空气调节节能的设计等级

旅游旅馆建筑热工与空气调节节能的设计分级标准，应分为一、二、三、四级。

一、二、三级旅游旅馆应根据其等级，当地气象条件，室内设计计算参数，建筑规模与布局等，经技术经济分析比较分析后，择优选用相应的空调或采暖方式与设施。

四级旅游旅馆一般可不设空调，但最热月平均室外气温等于大于26℃的地区，可设置夏季降温空调设施，冬季累年日平均温度稳定通常低于或等于+5℃的总天数大于和等于60d的地区，可设置冬季采暖设施。

9.1.3 旅游旅馆各种用途空调房间室内设计计算参数

参数应符合表9.1.3的规定。

旅游旅馆各种用途空调房间室内设计计算参数　　　　　表 9.1.3

房间类型		夏季			冬季			新风量	空气中含尘浓度
		空气温度 t	相对湿度 RH	风速 V	空气温度 t	相对湿度 RH	风速 V	L	G
		(℃)	(%rh)	(m/s)	(℃)	(%rh)	(m/s)	(m³/h·p)	(mg/m³)
客房	一级	24	≤55	≤0.25	24	≥50	≤0.15	≥50	≤0.15
	二级	25	≤60	≤0.25	23	≥40	≤0.15	≥40	
	三级	26	≤65	≤0.25	22	≥30	≤0.15	≥30	
	四级	27	—	—	21	—	—	—	
餐厅宴会厅多功能厅	一级	23	≤65	≤0.25	23	≥40	≤0.15	≥30	≤0.15
	二级	24	≤65	≤0.25	22	≥40	≤0.15	≥25	
	三级	25	≤65	≤0.25	21	≥40	≤0.15	≥20	
	四级	26	—	—	20	—	—	≥15	
商业、服务	一级	24	≤65	≤0.25	23	≥40	≤0.15	≥20	≤0.25
	二级	25	≤65	≤0.25	21	≥40	≤0.15	≥20	
	三级	26	—	≤0.25	20	—	≤0.15	≥10	
	四级	27	—	—	20	—	—	≥10	
大堂四季厅	一级	24	≤65	≤0.30	23	≥30	≤0.30	≥10	
	二级	25	≤65	≤0.30	21	≥30	≤0.30	≥10	
	三级	26	≤65	≤0.30	20	—	≤0.30	—	
	四级	—	—	—	—	—	—	—	
美容理发室		24	≤60	≤0.15	23	≥50	≤0.15	≥30	≤0.25
康乐设施		24	≤60	≤0.25	20	≥40	≤0.25	≥30	≤0.15

9.2 中国建筑气候区划图

中国建筑气候区划图见图 9-2。

建筑气候不同分区对建筑的基本要求，应符合表 9.2.1 的规定。

不同气候分区对建筑基本要求　　　　　表 9.2.1

分区名称		热工分区名称	气候主要指标	建筑基本要求
Ⅰ	ⅠA ⅠB ⅠC ⅠD	严寒地区	1 月平均气温≤-10℃ 7 月平均气温≤25℃ 7 月平均相对湿度≥50%	1. 建筑物必须满足冬季保温、防寒、防冻等要求 2. ⅠA、ⅠB 区应防止冻土、积雪对建筑物的危害 3. ⅠB、ⅠC、ⅠD 区的西部，建筑物应防冰雹、防风沙
Ⅱ	ⅡA ⅡB	寒冷地区	1 月平均气温-10～0℃ 7 月平均气温 18～28℃	1. 建筑物应满足冬季保温、防寒、防冻等要求，夏季部分地区应兼顾防热 2. ⅡA 区建筑物应防热、防潮、防暴风雨，沿海地带应防盐雾侵蚀
Ⅲ	ⅢA ⅢB ⅢC	夏热冬冷地区	1 月平均气温 0～10℃ 7 月平均气温 25～30℃	1. 建筑物必须满足夏季防热，遮阳、通风降温要求，冬季应兼顾防寒 2. 建筑物应防雨、防潮、防洪、防雷电 3. ⅢA 区应防台风、暴雨袭击及盐雾侵蚀

续表

分区名称		热工分区名称	气候主要指标	建筑基本要求
Ⅳ	ⅣA ⅣB	夏热冬暖地区	1月平均气温＞10℃ 7月平均气温 25～29℃	1. 建筑物必须满足夏季防热、遮阳、通风、防雨要求 2. 建筑物应防暴雨、防潮、防洪、防雷电 3. ⅣA区应防台风、暴雨袭击及盐雾侵蚀
Ⅴ	ⅤA ⅤB	温和地区	7月平均气温 18～25℃ 1月平均气温 0～13℃	1. 建筑物应满足防雨和通风要求 2. ⅤA区建筑物应注意防寒、ⅤB区应特别注意防雷电
Ⅵ	ⅥA ⅥB	严寒地区	7月平均气温＜18℃ 1月平均气温 0～－22℃	1. 热工应符合严寒和寒冷地区相关要求 2. ⅥA、ⅥB应防冻土对建筑物地基及地下管道的影响，并应特别注意防风沙 3. ⅥC区的东部，建筑物应防雷电
	ⅥC	寒冷地区		
Ⅶ	ⅦA ⅦB ⅦC	严寒地区	7月平均气温≥18℃ 1月平均气温－5～－20℃ 7月平均相对湿度＜50%	1. 热工应符合严寒和寒冷地区相关要求 2. 除ⅦD区外，应防冻土对建筑物地基及地下管道的危害 3. ⅦB区建筑物应特别注意积雪的危害 4. ⅦC区建筑物应特别注意防风沙，夏季兼顾防热 5. ⅦD区建筑物应注意夏季防热，吐鲁番盆地应特别注意隔热、降温
	ⅦD	寒冷地区		

9.3 室内干湿程度的类别划分

室内空气干湿程度的类别，应根据室内温度和相对湿度按表9.3确定。

室内干湿程度的类别　　　　　　　表9.3

类别 \ 相对湿度(%) \ 室内温度(℃)	≤12	13～24	＞24
干燥	≤60	≤50	≤40
正常	61～75	51～60	41～50
较湿	＞75	61～75	51～60
潮湿	—	＞75	＞60

9.4 大气透明度等级

当地大气透明度等级应根据夏季空气调节大气透明度分布图及夏季大气压力按表9.4确定。

夏季空气调节大气透明度分布，见图9-3。

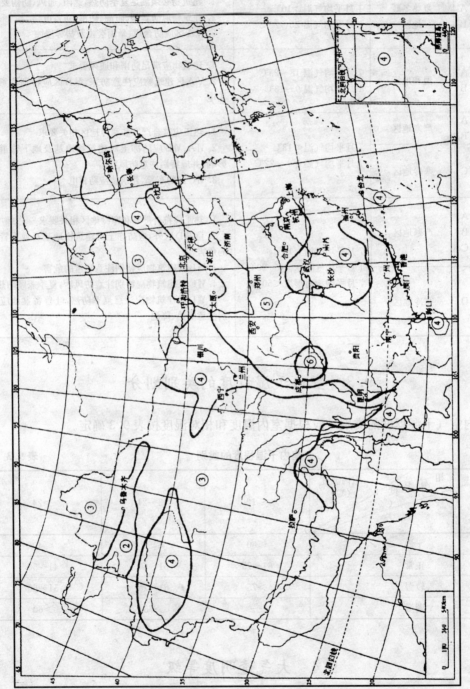

图 9-3 夏季空气调节大气透明度分布图

大气透明度等级   表9.4

图9-3标定的大气透明度等级	下列大气压力(hpa)时的透明度等级							
	650	700	750	800	850	900	950	1000
1	1	1	1	1	1	1	1	1
2	1	1	1	1	1	2	2	2
3	1	2	2	2	2	3	3	3
4	2	2	3	3	3	4	4	4
5	3	3	4	4	4	4	5	5
6	4	4	4	5	5	5	6	6

10 室内环境类别及卫生特征级别

10.1 民用建筑工程室内环境类别

民用建筑工程根据控制室内环境污染的不同要求划分为两类,并应符合表10.1的规定。

民用建筑工程室内环境类别　　　　　　表10.1

类 别	民 用 建 筑 工 程
Ⅰ类	住宅、医院、老年建筑、幼儿园、学校教室
Ⅱ类	办公楼、商店、旅馆、文化娱乐场所、书店、图书馆、体育馆、公共交通等候室、餐厅、理发店

10.2 民用建筑工程室内环境污染物浓度限量

民用建筑工程验收时,必须进行室内环境污染物浓度检测,检测结果应符合表10.2的规定。

民用建筑工程室内环境污染物浓度限量　　　　　　表10.2

污 染 物	Ⅰ类民用建筑工程	Ⅱ类民用建筑工程
氡(Bg/m^3)	≤200	≤400
游离甲醛(mg/m^3)	≤0.08	≤0.12
苯(mg/m^3)	≤0.09	≤0.09
氨(mg/m^3)	≤0.2	≤0.5
TVOC(mg/m^3)	≤0.5	≤0.6

注:TVOC为总挥发性有机化合物。

10.3 人造木板及饰面人造木板按游离甲醛含量或游离甲醛释放量分类

人造木板及饰面人造木板,应根据游离甲醛含量或游离甲醛释放量划分为E1类和E2类,采用不同的检测方法、限量值也不同,应符合表10.3的规定。

人造木板及饰面人造木板分类　　　　　　表10.3

类别	游离甲醛释放量分类限量		游离甲醛含量分类限值
	环境测试舱法(mg/m^3)	干燥器法(mg/L)	穿孔法(mg/100g,干材料)
E1	≤0.12	≤1.5	≤9.0
E2	—	>1.5,≤5.0	>9.0,≤30.0

10.4 空气中悬浮粒子洁净度等级

洁净厂房设计时，其洁净室及洁净区内空气中悬浮粒子洁净度等级应按表10.4确定。

空气中悬浮粒子洁净度等级　　　　　　　表10.4

空气洁净度等级(N)	大于或等于表中粒径的最大浓度限值(pc/m³)					
	0.1μm	0.2μm	0.3μm	0.5μm	1μm	5μm
1	10	2				
2	100	24	10	4		
3	1000	237	102	35	8	
4	10000	2370	1020	352	83	
5	100000	23700	10200	3520	832	29
6	1000000	237000	102000	35200	8320	293
7				352000	83200	2930
8				3520000	832000	29300
9				35200000	8320000	293000

注：1. 每个采样点应至少采样3次。
　　2. 本标准不适用于表征悬浮粒子的物理性化学性，放射性及生命性。
　　3. 根据工艺要求确定1～2种粒径。
　　4. 各种要求粒径 D 的粒子最大允许浓度。

Ca 由公式（1）确定，要求的粒径 $0.1\mu m \leqslant D \leqslant 5\mu m$

$$Ca = 10^N \times \left(\frac{0.1}{D}\right)^{2.08} \tag{1}$$

式中　Ca——大于或等于要求粒径的粒子最大允许浓度（pc/m³）。Ca是以四舍五入至相近的整数，有效位数不超过三位数；

　　　N——洁净度等级，数字不超过9，洁净度等级整数之间的中间数可以按0.1为最小允许递增量；

　　　D——要求的粒径（μm）；

　　　0.1——常数，其量纲为μm。

10.5 工业企业生产车间的卫生特征级别

级别应符合表10.5的规定。

车间的卫生特征级别　　　　　　　表10.5

卫生特征	1级	2级	3级	4级
有害物质	极易经皮肤吸收引起中毒的剧毒物质（如有机磷，三硝基甲苯，四乙基铅等）	易经皮肤吸收或有恶臭的物质或高毒物质（如丙烯腈，吡啶，苯酚等）	其他毒物	不接触有毒物质或粉尘，不污染或轻度污染身体（如仪表，金属冷加工，机械加工等）
粉尘		严重污染全身或对皮肤有刺激的粉尘（如碳黑，玻璃棉等）	一般粉尘（如棉尘）	
其他	处理传染性材料，动物原料（如皮毛等）	高温作业，井下作业	重作业	

注：虽易经皮肤吸收，但易挥发的有毒物质（如苯等）可按3级确定。

10.6 危险品生产工序的卫生特征分级

分级应按表10.6确定。

危险品生产工序的卫生特征分级　　　　　　　　表10.6

危险品分类	危险等级	生产工序名称	卫生特征分级
粉状铵梯炸药、粉状铵梯油炸药	A2	梯恩梯粉碎,梯恩梯称量	1
	A3	混药、筛药、凉药、装药、包装	1
	D	硝酸铵粉碎、干燥	2
铵油炸药、铵松蜡炸药、铵沥蜡炸药	A3	混药、筛药、凉药、装药、包装	2
	B	混药、筛药、凉药、装药、包装	2
	D	硝酸铵粉碎、干燥	2
多孔粒状铵油炸药	B	混药、包装	2
粒状粘性炸药	B	混药、包装	2
	D	硝酸铵粉碎、干燥	2
水胶炸药	A3	硝酸甲胺的制造和浓缩、混药、凉药、装药、包装	2
	D	硝酸铵粉碎、筛选	2
浆状炸药	A3	熔药、混药、凉药、包装	1
	A2	梯恩梯粉碎	1
	D	硝酸铵粉碎	2
乳化炸药	A3	乳化、乳胶基质冷却、乳胶基质贮存	2
	B	乳化、乳胶基质冷却、乳胶基质贮存、敏化、敏化后保温(或凉药)、贮存、装药、包装	2
	A3	敏化、敏化后的保温(或凉药)、贮存、装药、包装	2
	D	硝酸铵粉碎、硝酸钠粉碎	2
传爆药柱　黑梯药柱	A1	熔药、装药、凉药、检验、包装	1
梯恩梯药柱	B	压制、检验、包装	1
铵梯黑炸药	A1	铵梯黑三成分混药、筛选、凉药、装药、包装	1
	A2	铵梯二成分轮碾机混合	1
太乳炸药	A2	制片、干燥、检验、包装	2
导火索	A3	黑火药三成分混药、干燥、凉药、筛选、包装,导火索生产中黑火药准备	2
	D	导火索制索、盘索、烘干、普检、包装	2
	D	硝酸钾干燥、粉碎	2
导爆索	A1	黑索金或太安的筛选、混合、干燥	2
	A2	导爆索的包塑、涂索、烘索、盘索、普检、组批、包装	2
	B	导爆索制索	2
	B	黑索金或太安的筛选、混合、干燥	2

续表

危险品分类	危险等级	生产工序名称	卫生特征分级
雷管（包括火雷管、电雷管、导爆管雷管）	A1	黑索金或太安的造粒、干燥、筛选、包装	2
	A2	雷管干燥、雷管烘干	—
	B	二硝基重氮酚制造（包括中和、还原、重氮、过滤）	1
	B	二硝基重氮酚的干燥、凉药、筛选黑索金或太安的造粒、干燥、筛选	2
	B	火雷管装药、压药、电雷管和导爆管雷管装配	2
雷管（包括火雷管、电雷管、导爆管雷管）	B	雷管检验、包装、装箱	2
	B	引火药剂制造（包括引火药头用的引火药剂和延期药用的引火药）	2
	D	引火药头制造	2
	D	延期药的混合、造粒、干燥、筛选、装药,延期体制造	2
	B	雷管试验站	3
塑料导爆管	B	奥克托金或黑索金的粉碎、干燥、筛选、混合	2
	B	塑料导爆管制造	3
继爆管	A2	装配、包装	2
射孔器材（包括射孔弹、穿孔弹等）	B	炸药暂存、烘干、称量	2
	B	压药、装配、包装	2
	B	射孔弹试验室或试验塔	2
震源药柱	高密度 A2	炸药准备、熔混药、装药、压药、凉药、装配、检验、装箱	1
	中低密度 A3	炸药准备、震源药柱检验和装箱	1
	B	装药、压药、钻孔、装传爆药柱	1
爆裂管	A2	切索、包装	1
	B	装药	1
理化试验室	D	黑火药、炸药、起爆药的理化试验室	2

注：在雷管制造中所用药剂（包括单组分药剂或多组分药剂），其作用和起爆药类似者，此类药剂生产工序的卫生特征分级应参照表内二硝基重氮酚确定。

10.7 民用建筑工程根据控制室内环境污染分类

民用建筑工程根据控制室内环境污染的不同要求划分为以下两类：
1. Ⅰ类民用建筑工程：住宅、医院、老年建筑、幼儿园、学校教室等。
2. Ⅱ类民用建筑工程：办公楼、商店、旅馆、文化娱乐场所、书店、图书馆、展览馆、体育馆、公共交通等候室、餐厅、理发店等。

10.8 人造木板及饰面人造木板按环境污染分类

人造木板及饰面人造木板，根据游离甲醛含量或游离甲醛释放量限量划分为E1和E2类。
10.8.1 环境测试舱法测定分类限量
当采用环境测试舱法测定游离甲醛释放量，并依此对人造木板进行分类时，其限量应符合表10.8.1的规定。

环境测试舱法测定游离甲醛释放量分类限值　　　表10.8.1

类别	限量(mg/m³)
E1	≤0.12

10.8.2 穿孔法测定分类限量

当采用穿孔法测定游离甲醛含量，并依此对人造木板进行分类时，其限量应符合表10.8.2的规定。

穿孔法测定游离甲醛含量分类限值　　　表10.8.2

类别	限量(mg/100g,干材料)
E1	≤9.0
E2	>9.0,≤30.0

10.8.3 干燥器法测定分类限量

当采用干燥器法测定游离甲醛释放量，并依此对人造木板进行分类时，其限量应符合表10.8.3的规定。

干燥器法测定游离甲醛释放量分类限值　　　表10.8.3

类别	限量(mg/L)
E1	≤1.5
E2	>1.5,≤5.0

11 民用建筑隔声减噪标准等级

11.1 民用建筑隔声减噪设计标准等级

民用建筑隔声减噪设计，应按建筑物实际使用要求确定等级，标准等级分为特级、一级、二级、三级共四个等级，各标准等级的含义是：

特级：特殊标准，根据特殊要求确定。
一级：较高标准。
二级：一般标准。
三级：最低限。

11.2 民用建筑室内允许噪声等级

噪声等级应符合表11.2的规定。

民用建筑室内允许噪声级（昼间） 表11.2

建筑类型	房间名称	允许噪声级（A声级、dB）			
		特级	一级	二级	三级
住宅	卧室、书房（或卧室兼起居室）	—	≤40	≤45	≤50
	起居室	—	≤45	≤50	
学校（注1、2）	有特殊安静要求的房间	—	≤40	—	—
	一般教室	—	—	≤50	
	无特殊安静要求的房间	—	—	—	≤55
医院	病房、医护人员休息室	—	≤40	≤45	≤50
	门诊室	—	—	≤55	≤60
	手术室	—	—	≤45	≤50
	听力测听室	—	—	≤25	≤30
旅馆	客房	≤35	≤40	≤45	≤55
	会议室	≤40	≤45	≤50	
	多用途大厅	≤40	≤45	≤50	—
	办公室	≤45	≤50	≤55	
	餐厅、宴会厅	≤50	≤55	≤60	—

注：1. 特殊安静要求的房间指语言教室、录音室、阅览室等；一般教室指普通教室、史地教室、合班教室、自然教室、音乐教室、琴房、视听教室、美术教室等；无特殊安静要求的房间指健身房、舞蹈教室，以操作为主的实验室、教师办公及休息室等。
2. 对于邻近有特别容易分散学生听课注意力的干扰噪声（如演唱）时，表中的允许噪声级应降低5dB。
3. 夜间室内允许噪声级的数值比昼间小10dB（A）。

11.3 民用建筑空气声隔声标准

隔声标准应符合表 11.3 的规定。

不同房间围护结构（隔墙楼板）的空气声隔声标准　　　　表 11.3

建筑类型	围护结构部位	计权隔声量(dB)			
		特级	一级	二级	三级
住宅	分户墙及楼板	—	≥50	≥45	≥40
学校 (注1)	有特殊安静要求的房间与一般教室间的隔墙与楼板	—	≥50	—	—
	一般教室与各种产生噪声的活动室间的隔墙与楼板	—	—	≥45	—
	一般教室与教室之间的隔墙与楼板	—	—	—	≥40
医院 (注2)	病房与病房之间	—	≥45	≥40	≥35
	病房与产生噪声的房间之间	—	≥50		≥45
	手术室与病房之间	—	≥50	≥45	≥40
	手术室与产生噪声的房间之间	—	≥50		≥45
	听力测听室围护结构	—	≥50		
旅馆	客房与客房间隔墙	≥50	≥45	≥40	
	客房与走廊间隔墙（包含门）	≥40		≥35	≥30
	客房的外墙（包含窗）	≥40	≥35	≥25	≥20

注：1. 学校建筑中产生噪声的房间系指音乐教室、舞蹈教室、琴房、健身房以及有产生噪声与振动的机械设备的房间。
　　2. 医院建筑中产生噪声的房间系指有噪声或振动设备的房间。

11.4 民用建筑撞击声隔声标准

隔声标准应符合表 11.4 的规定。

不同房间楼板的撞击声隔声标准　　　　表 11.4

建筑类型	楼板部位	计权标准化撞击声压级(dB)			
		特级	一级	二级	三级
住宅(注1)	分户层间楼板	—	≤65	≤75	
学校 (注2、3)	有特殊安静要求的房间与一般教室之间	—	≤65	—	—
	一般教室与产生噪声的活动室之间	—	—	≤65	—
	一般教室与教室之间	—	≤65	≤65	≤75
医院 (注4)	病房与病房之间	—	≤65	≤75	
	病房与手术室之间	—		≤75	
	听力测听室上部楼板	—	≤65		

续表

建筑类型	楼板部位	计权标准化撞击声压级(dB)			
		特级	一级	二级	三级
旅馆 (注5、6)	客房层间楼板	≤55	≤65	≤75	
	客房与各种有振动房间之间的楼板		≤55	≤65	

注：1. 对住宅建筑当确有困难时，可允许三级楼板计权标准化撞击声压级小于或等于85dB，但在楼板构造上应预留改善的可能条件。
2. 对学校建筑当确有困难时，可允许一般教室与教室之间的楼板计权标准化，撞击声压级小于或等于85dB，但在楼板构造上应预留改善的可能条件。
3. 对学校建筑产生噪声的房间系指音乐、舞蹈教室、琴房、健身房以及有产生噪声与振动的机械设备的房间。
4. 对医院建筑当确有困难时，可允许病房的楼板计权标准化撞击声压级小于或等于85dB，但在楼板构造上应预留改善的可能条件。
5. 对旅馆建筑，当机房在客房上层，而楼板撞击隔声达不到要求时，必须对机械设备采取隔振措施。
6. 对旅馆建筑当确有困难时，可允许客房与客房间楼板三级计权标准化撞击声压级小于或等于85dB，但在楼板构造上应预留改善的可能条件。

11.5 图书馆用房噪声等级分区及允许噪声级标准

图书馆各类用房，应按其噪声等级分区布置，其允许噪声级不应大于表11.5中的规定：

图书馆内噪声级分区及允许噪声级标准　　　　　表11.5

分区		房间名称	允许噪声级 dB(A)
Ⅰ	静区	研究室、专业阅览室、缩微、珍善本、舆图阅览室、普通阅览室、报刊阅览室	40
Ⅱ	较静区	少年儿童阅览室、电子阅览室、集体视听室、办公室	50
Ⅲ	闹区	陈列厅(室)、读者休息区、目录厅、出纳厅、门厅、洗手间、走廊、其他公共活动区	55

11.6 体育馆扩声系统扩声特性指标等级

体育馆的声学设计中包括扩声设计，扩声系统应保证比赛大厅及有关技术用房内有足够的声压级，声音应清晰、声场应均匀。

比赛大厅扩声系统的扩声特性指标可按表11.6的规定分为三级。

扩声特性指标等级　　　　　表11.6

等级	特性指标				
	最大声压级	传输频率特性	传声增益	声场不均匀度	系统噪声
一级	105dB	以125～4000Hz平均声压级为0dB，在此频带内允许±4dB的变化(1/3倍频程测量)；63～125Hz和4000～8000Hz的允许变化范围由图4.1.3-1确定	125～4000Hz平均不小于－10dB	中心频率为1000Hz、4000Hz(1/3倍频程带宽)时，大部分区域不均匀度不大于8dB	扩声系统不产生明显可觉察的噪声干扰(如交流噪声等)

续表

等级	特性指标				
	最大声压级	传输频率特性	传声增益	声场不均匀度	系统噪声
二级	98dB	以250~4000Hz平均声压级为0dB,在此频带内允许±dB的变化(1/3倍频程测量);100~250Hz和4000~6300Hz的允许变化范围由图4.1.3-2确定	250~4000Hz平均不小于-12dB	中心频率为1000Hz、4000Hz(1/3倍频程带宽)时,大部分区域不均匀度不大于10dB	扩声系统不产生明显可觉察的噪声干扰(如交流噪声等)
三级	90dB	以250~4000Hz平均声压级为0dB,在此频带内允许±dB的变化(1/3倍频程测量)	250~4000Hz平均不小于-14dB	中心频率为1000Hz、4000Hz(1/3倍频程带宽)时,大部分区域不均匀度不大于10dB	扩声系统不产生明显可觉察的噪声干扰(如交流噪声等)

注:1. 表中所列扩声特性指标只供固定安装系统设计时采用。
　　2. 表中指出的图4.1.3-1、图4.1.3-2见《体育馆声学设计及测量规程》J42-2000。

说明:1. 观众席扩声系统的扩声特性指标应按表规定选用。
　　　2. 比赛场地扩声系统的扩声特性指标可与观众席同级或降低一级(不含流动式返送系统的扩声特性)。
　　　3. 游泳馆、田径馆等专项体育馆比赛厅扩声系统的扩声特性指标,可根据使用要求选取二级或三级。

12 安全防范工程的风险等级与防护级别

12.1 防护对象风险等级划分原则

1. 根据被防护对象自身的价值、数量及其周围的环境等因素,判定被防护对象受到威胁或承受风险的程度。
2. 防护对象的选择可以是单位、部位(建筑物内外的某个空间)和具体的实物目标。不同类型的防护对象,其风险等级的划分可采用不同的判定模式。
3. 防护对象的风险等级分为三级,按风险由大到小定为一级风险、二级风险和三级风险。

12.2 安全防范系统的防护级别划分原则

安全防范系统的防护级别应与防护对象的风险等级相适应。防护级别共分为三级,按其防护能力由高到低定为一级防护、二级防护和三级防护。

12.3 五类高风险对象的风险等级与防护级别的确定

1. 文物保护单位、博物馆风险等级和防护级别的划分按照《文物系统博物馆风险等级和防护级别的规定》GA27 执行。
2. 银行营业场所风险等级和防护级别的划分,按照《银行营业场所风险等级和防护级别的规定》GA38 执行。
3. 重要物资储存库风险等级和防护级别的划分,根据国家的法律、法规和公安部与相关行政主管部门共同制定的规章,并按 12.1 条及 12.2 条的原则进行确定。
4. 民用机场风险等级和防护级别遵照中华人民共和国民用航空总局和公安部的有关管理规章,根据国内各民用机场的性质、规模、功能进行确定,并符合表 12.3-1 的规定。

民用机场风险等级与防护级别 表 12.3-1

风险等级	机 场	防护级别
一级	国家规定的中国对外开放一类口岸的国际机场及安防要求特殊的机场	一级
二级	除定为一级风险以外的其他省会城市国际机场	二级或二级以上
三级	其他机场	三级或三级以上

5. 铁路车站的风险等级和防护级别，遵照中华人民共和国铁道部和公安部的有关管理规章，根据国内各铁路车站的性质、规模、功能进行确定，并符合表 12.3-2 的规定。

铁路车站风险等级与防护级别　　　　　　表 12.3-2

风险等级	铁　路　车　站	防护级别
一级	特大型旅客车站、既有客货运特等站及安防要求特殊的车站	一级
二级	大型旅客车站、既有客货运一等站、特等编组站、特等货运站	二级
三级	中型旅客车站(最高聚集人数不少于 600 人)，既有客货运二等站、一等编组站、一等货运站	三级

注：表中铁路车站以外的其他车站防护级别可为三级。

12.4 普通风险对象的安全防范类型

12.4.1 通用型公共建筑安全防范类型

通用型公共建筑，包括办公楼建筑、宾馆建筑、商业建筑（商场、超市）、文化建筑（文体、娱乐）等的安全防范工程，根据其安全管理要求、建设投资、系统规模、系统功能等因素，由低至高分为基本型、提高型、先进型三种类型。

12.4.2 住宅小区的安全防范类型及安防系统配置标准

住宅小区的安全防范工程。根据建筑面积、建设投资、系统规模、系统功能和安全管理要求等因素，由低至高分为基本型、提高型、先进型三种类型。

住宅小区安防系统的配置标准应符合表 12.4.2 的规定。

住宅小区安防系统配置标准　　　　　　表 12.4.2

安防类型	序号	系统名称	安 全 设 施	基本设置标准
基本型	1	周界防护系统	实体周界防护系统	两项中应设置一项
			电子周界防护系统	
	2	公共区域安全防范系统	电子巡查系统	宜设置
	3	家庭安全防范系统	内置式防护窗(或高强度防护玻璃窗)	一层设置
			访客对讲系统	设置
			紧急求助报警系统	宜设置
	4	监控中心	安全管理系统	各子系统可单独设置
			有线通信工具	设置
提高型	1	周界防护系数	实体周界防护系统	设置
			电子周界防护系统	设置
	2	公共区域安全防范系统	电子巡查系统	设置
			视频安防监控系统	小区出入口、重要部位或区域设置
			停车库(场)管理系统	宜设置

续表

安防类型	序号	系统名称	安 全 设 施	基本设置标准
提高型	3	家庭安全防范系统	内置式防护窗（或高强度防护玻璃窗）	一层设置
			紧急求助报警系统	设置
			联网型访客对讲系统	设置
			入侵报警系统	可设置
	4	监控中心	安全管理系统	各子系统联动设置
			有线和无线通信工具	设置
先进型	1	周界防护系统	实体周界防护系统	设置
			电子周界防护系统	设置
	2	公共区域安全防范系统	在线式电子巡查系统	设置
			视频安防监控系统	小区出入口、重要部位或区域、通道、电梯轿箱等处设置
			停车库（场）管理系统	设置
	3	家庭安全防范系统	内置式防护窗（或高强度防护玻璃窗）	一层设置
			紧急求助报警系统	设置至少两处
			访客可视对讲系统	设置
			入侵报警系统	设置
			可燃气体泄漏报警装置	设置
	4	监控中心	安全管理系统	各子系统联动设置
			有线和无线通用工具	设置

注：1. 本条适用于总建筑面积在 5 万 m^2 以上（含 5 万 m^2）、设有小区监控中心的新建、扩建、改建的住宅小区安全防范工程。
2. 安全防范工程的设计，必须纳入住宅小区开发建设的总体规划中。统筹规划，统一设计，同步施工。5 万 m^2 以上（含 5 万 m^2）的住宅小区应设置监控中心。

13 采光等级及采光系数标准值

13.1 建筑室内视觉作业场所采光等级及采光系数标准值

视觉作业场所的采光等级分为五级,工作面上的采光系数标准值,应符合表 13.1 的规定。

视觉作业场所工作面上的采光系数标准值　　　　表 13.1

采光等级	视觉作业分类		侧面采光		顶部采光	
	作业精确度	识别对象的最小尺寸 d (mm)	采光系数最低值 C_{min} (%)	室内天然光临界照度 (lx)	采光系数平均值 C_{av} (%)	室内天然光临界照度 (lx)
Ⅰ	特别精细	$d \leqslant 0.15$	5	250	7	350
Ⅱ	很精细	$0.15 < d \leqslant 0.3$	3	150	4.5	225
Ⅲ	精细	$0.3 < d \leqslant 1.0$	2	100	3	150
Ⅳ	一般	$1.0 < d \leqslant 5.0$	1	50	1.5	75
Ⅴ	粗糙	$d > 5.0$	0.5	25	0.7	35

注：表中所列采光系数标准值适用于我国Ⅲ类光气候区。采光系数标准值是根据室外临界照度为 5000lx 制定的。亮度对比小的Ⅱ、Ⅲ级视觉作业,其采光等级可提高一级采用。

说明：1. 采光系数标准值的选取,应符合下列规定:
　　(1) 侧面采光应取采光系数的最低值 C_{min};
　　(2) 顶部采光应取采光系数的平均值 C_{av};
　　(3) 对兼有侧面采光和顶部采光的房间,可将其简化为侧面采光区和顶部采光区,并应分别取采光系数的最低值和采光系数的平均值。
　　2. 对于Ⅰ、Ⅱ采光等级的侧面采光和矩形天窗采光的建筑,当开窗面积受到限制时,其采光系数值可降低到Ⅲ级,所减少的天然光照度应用人工照明补充,但由天然采光和人工照明所形成的总照度不宜超过原等级规定的照度标准值的 1.5 倍。

13.2 居住建筑的采光等级及采光系数标准值

标准值应符合表 13.2 的规定。

居住建筑的采光系数标准值　　　　表 13.2

采光等级	房间名称	侧面采光	
		采光系数最低值 C_{min} (%)	室内天然光临界照度 (lx)
Ⅳ	起居室(厅)、卧室、书房、厨房	1	50
Ⅴ	卫生间、过厅、楼梯间、餐厅	0.5	25

13.3 办公建筑的采光等级及采光系数标准值

标准值应符合表13.3的规定。

办公建筑的采光系数标准值　　　表 13.3

采光等级	房 间 名 称	侧 面 采 光	
		采光系数最低值 C_{min}(%)	室内天然光临界照度 (lx)
Ⅱ	设计室、绘图室	3	150
Ⅲ	办公室、视屏工作室、会议室	2	100
Ⅳ	复印室、档案室	1	50
Ⅴ	走道、楼梯间、卫生间	0.5	25

13.4 学校建筑的采光等级及采光系数标准值

标准值应符合表13.4的规定。

学校建筑的采光系数标准值　　　表 13.4

采光等级	房 间 名 称	侧 面 采 光	
		采光系数最低值 C_{min}(%)	室内天然光临界照度(lx)
Ⅲ	教室、阶梯教室、实验室、报告厅	2	100
Ⅴ	走道、楼梯间、卫生间	0.5	25

13.5 图书馆建筑的采光等级及采光系数标准值

标准值应符合表13.5的规定。

图书馆建筑的采光系数标准值　　　表 13.5

采光等级	房 间 名 称	侧 面 采 光		顶 部 采 光	
		采光系数最低值 C_{min}(%)	室内天然光临界照度(lx)	采光系数平均值 C_{av}(%)	室内天然光临界照度(lx)
Ⅲ	阅览室、开架书库	2	100	—	—
Ⅳ	目录室	1	50	1.5	75
Ⅴ	书库、走道、楼梯间、卫生间	0.5	25	—	—

13.6 旅馆建筑的采光等级及采光系数标准值

标准值应符合表13.6的规定。

旅馆建筑的采光系数标准值　　　　　　表 13.6

采光等级	房间名称	侧面采光		顶部采光	
		采光系数最低值 C_{min}（%）	室内天然光临界照度（lx）	采光系数平均值 C_{av}（%）	室内天然光临界照度（lx）
Ⅲ	会议厅	2	100	—	—
Ⅳ	大堂、客房、餐厅、多功能厅	1	50	1.5	75
Ⅴ	走道、楼梯间、卫生间	0.5	25	—	—

13.7 医院建筑的采光等级及采光系数标准值

标准值应符合表 13.7 的规定。

医院建筑的采光系数标准值　　　　　　表 13.7

采光等级	房间名称	侧面采光		顶部采光	
		采光系数最低值 C_{min}（%）	室内天然光临界照度（lx）	采光系数平均值 C_{av}（%）	室内天然光临界照度（lx）
Ⅲ	诊室、药房、治疗室、化验室	2	100	—	—
Ⅳ	候诊室、挂号处、综合大厅病房、医生办公室（护士室）	1	50	1.5	75
Ⅴ	走道、楼梯间、卫生间	0.5	25	—	—

13.8 博物馆和美术馆建筑的采光等级及采光系数标准值

标准值应符合表 13.8 的规定。

博物馆和美术馆建筑的采光系数标准值　　　　　　表 13.8

采光等级	房间名称	侧面采光		顶部采光	
		采光系数最低值 C_{min}（%）	室内天然光临界照度（lx）	采光系数平均值 C_{av}（%）	室内天然光临界照度（lx）
Ⅲ	文物修复、复制、门厅工作室、技术工作室	2	100	3	150
Ⅳ	展厅	1	50	1.5	75
Ⅴ	库房走道、楼梯间、卫生间	0.5	25	0.7	35

注：表中的展厅是指对光敏感的展品展厅，侧面采光时其照度不应高于50lx；顶部采光时其照度不应高于75lx；对光一般敏感或不敏感的展品展厅采光等级宜提高一级或二级。

13.9 工业建筑的采光等级及采光系数标准值

标准值应符合表 13.9 的规定。

工业建筑的采光系数标准值 表 13.9

采光等级	车间名称	侧面采光		顶部采光	
		采光系数最低值 C_{min}(%)	室内天然光临界照度(lx)	采光系数平均值 C_{av}(%)	室内天然光临界照度(lx)
I	特别精密机电产品加工、装配、检验 工艺品雕刻、刺绣、绘画	5	250	7	350
II	很精密机电产品加工、装配、检验 通讯、网络、视听设备的装配与调试 纺织品精纺、织造、印染 服装裁剪、缝纫及检验 精密理化实验室、计量室 主控制室 印刷品的排版、印刷 药品制剂	3	150	4.5	225
III	机电产品加工、装配、检修 一般控制室 木工、电镀、油漆 铸工 理化实验室 造纸、石化产品后处理 冶金产品冷轧、热轧、拉丝、粗炼	2	100	3	150
IV	焊接、钣金、冲压剪切、锻工、热处理 食品、烟酒加工和包装 日用化工产品 炼铁、炼钢、金属冶炼 水泥加工与包装 配、变电所	1	50	1.5	75
V	发电厂主厂房 压缩机房、风机房、锅炉房、泵房、电石库、乙炔库、氧气瓶库、汽车库、大中件贮存库 煤的加工、运输、选煤 配料间、原料间	0.5	25	0.7	35

13.10 中国光气候分区图

中国光气候分区见图 13-1。

13.11 光气候系数 K

各光气候区的光气候系数 K 应按表 13.11 采用。所在地区的采光系数标准值应乘以相应地区的光气候系数 K。

光气候系数 K 表 13.11

光气候区	Ⅰ	Ⅱ	Ⅲ	Ⅳ	Ⅴ
K 值	0.85	0.90	1.00	1.10	1.20
室外天然光临界照度值 E_1(lx)	6000	5500	5000	4500	4000

14 防雷分类及用电负荷等级

14.1 建筑物的防雷分类

建筑物应根据其重要性、使用性质、发生雷电事故的可能性和后果，按防雷要求分为三类，并应符合表14.1的规定。

建筑物的防雷分类　　　　　　　　　表14.1

防雷类别	建筑物特征
第一类	1. 凡制造、使用或贮存炸药、火药、起爆药、火工品等大量爆炸物质的建筑物，因电火花而引起爆炸，会造成巨大破坏和人身伤亡者。 2. 具有0区或10区爆炸危险环境的建筑。 3. 具有1区爆炸危险环境的建筑物，因电火花而引起爆炸，会造成巨大破坏和人身伤亡者
第二类	1. 国家级重点文物保护的建筑物。 2. 国家级的会堂、办公建筑物、大型展览和博览建筑物、大型火车站、国宾馆、国家级档案馆、大型城市的重要给水水泵房等特别重要的建筑物。 3. 国家级计算中心，国际通讯枢纽等对国民经济有重要意义且装有大量电子设备的建筑物。 4. 制造、使用或贮存爆炸物质的建筑物，且电火花不易引起爆炸或不致造成巨大破坏和人身伤亡者。 5. 具有1区爆炸危险环境的建筑物，且电火花不易引起爆炸或不致造成巨大破坏和人身伤亡者。 6. 具有2区或11区爆炸危险环境的建筑物。 7. 工业企业内有爆炸危险的露天钢质封闭气罐。 8. 预计雷击次数大于0.06次/a的部、省级办公建筑物及其他重要或人员密集的公共建筑物。 9. 预计雷击次数大于0.3次/a的住宅、办公楼等一般性民用建筑物
第三类	1. 省级重点文物保护的建筑物及省级档案馆。 2. 预计雷击次数大于或等于0.012次/a，且小于或等于0.06次/a的部、省级办公建筑物及其他重要或人员密集的公共建筑物。 3. 预计雷击次数大于或等于0.06次/a，且小于或等于0.3次/a的住宅、办公楼等一般性民用建筑物。 4. 预计雷击次数大于或等于0.06次/a的一般性工业建筑物。 5. 根据雷击后对工业生产的影响及产生的后果并结合当地气象、地形、地质及周围环境等因素，确定需要防雷的21区、22区、23区火灾危险环境。 6. 在平均雷暴日大于15d/a的地区，高度在15米及以上的烟囱、水塔等孤立的高耸建筑物，在平均雷暴日小于或等于15d/a的地区，高度在20米及以上的烟囱、水塔等孤立的高耸建筑物

14.2 防雷区（LPZ）的划分

划分应符合表14.2的规定原则。

防雷区的划分 表14.2

区 别	划 分 原 则
LPZ0$_A$ 区	本区内的各物体都可能遭到直接雷击和导走全部雷电流;本区内的电磁场强度没有衰减
LPZ0$_B$ 区	本区内的各物体不可能遭到大于所选滚球半径对应的雷电流直接雷击,但本区内的电磁场强度没有衰减
LPZ$_1$ 区	本区内的各物体不可能遭到直接雷击,流经各导体的电流比 LPZ0$_B$ 区更小;本区内的电磁场强度可能衰减,这取决于屏蔽措施
LPZ$_{n+1}$ 区 后续防雷区 $n=1,2,\cdots\cdots$	当需要进一步减小流入的电流和电磁场强度时,应增设后续防雷区,并按照需要保护的对象所要求的环境区选择后续区的要求条件

14.3 水泥工厂建筑物防雷类型

水泥工厂的生产厂房及辅助建筑物应按其生产性质,发生雷电事故的可能性和后果及防雷要求分为三类,并应符合表14.3的规定。

水泥工厂建筑物防雷类型 表14.3

类 别	建 筑 物 特 征
第一类	爆破材料加工室;爆破材料收发室;爆破材料库;雷管库等
第二类	氧气、乙炔气瓶库;汽油库;桶装油库;燃油及储油系统;总降压站;预计雷击次数大于0.3次/a 的住宅、办公楼等一般性民用建筑物
第三类	1. 预计雷击次数大于或等于0.06次/a,且小于或等于0.3次/a 的住宅、办公楼等一般性民用建筑物。 2. 预计雷击次数大于或等于0.06次/a 的一般性工业建筑物。 3. 煤粉制备车间;煤预均化堆场。 4. 在平均雷暴日大于15d/a 的地区,高度在15米及以上的烟囱、水塔等孤立的高耸建筑物;在平均雷爆日小于或等于15d/a 的地区,高度在20米及以上的烟囱、水塔等孤立的高耸建筑物

14.3.1 水泥工厂的电气负荷等级

水泥工厂的电气负荷分为三级,并应符合表14.3.1的规定。

水泥工厂的电气负荷级别 表14.3.1

负荷等级	负 荷 名 称
一级	窑的辅助传动及润滑装置;高温风机的辅助传动及润滑装置;篦冷机的一室风机;磨机的高压油泵;中央控制室重要设备电源;循环水泵房;无高位水池及消防时必须供水的消防水泵;重要或危险场所的应急照明;工艺要求的其他重要设备等
二级	主要生产流程用电设备;重要场所的照明及通讯设备等
三级	不属于一级和二级负荷者

14.3.2 水泥工厂原料矿山电气负荷等级

等级应符合表14.3.2的规定。

水泥工厂原料矿山电气负荷等级 表 14.3.2

负荷等级	负 荷 名 称
一级	1. 因停电有淹没危险的深凹露天采矿场的排水设备； 2. 载人索道和地下载人斜坡提升机的传动和控制； 3. 消防时必须供水的消防水泵
二级	1. 大中型矿山平硐内和地面上的主要生产设备及照明； 2. 水源缺乏地区供生活用水的水泵
三级	凡不属于一级和二级负荷的生产设备、辅助生产设备及生活福利设施

14.4 博物馆电气负荷等级及防雷类型

防雷类型应符合表 14.4 的规定。

博物馆电气负荷等级及防雷类型 表 14.4

电力负荷等级	防雷类别	建筑物特征
≥二级	≥二类	大型
≥三级	≥三类	中小型
	一类	珍品库
一级		防盗防火报警系统

14.5 档案馆防雷类型

防雷类型应符合表 14.5 的规定。

档案馆防雷类型 表 14.5

防雷类型	建筑物特征
二类	特级、甲级
三类	乙级

14.6 剧场电气负荷等级及防雷类型

防雷类型应符合表 14.6 的规定。

剧场电气负荷等级及防雷类型 表 14.6

电力负荷等级	防雷类型	建筑特征和负荷名称
一级	二类	甲等剧场的舞台照明、贵宾室、演员化妆、舞台机械设备、消防设备、电声设备、TV 转播、事故照明、疏散指示标志
二级		1. 乙等、丙等剧场的消防设备事故照明,疏散指示标志 2. 甲等剧场的观众厅照明、空调机房电力和照明锅炉房电力和照明等
三级		不属于一、二级用电负荷的其他用电

14.7 电影院电气负荷等级及防雷类型

防雷类型应符合表 14.7 的规定。

电影院电气负荷等级及防雷类型   表 14.7

电力负荷等级	防雷类型	建筑特征和负荷名称
二级	二类	1. 甲等电影院(不包括空调设备用电) 2. 乙等特大型的消防用电、事故照明和疏散指示标志
三级		不属于二级负荷的其他用电

14.8 办公建筑的电气负荷等级

等级应符合表 14.8 的规定。

办公建筑的电气负荷等级   表 14.8

电气负荷等级	负 荷 名 称
一级	1. 重要办公建筑 2. 建筑高度超过 50m 的高层办公建筑的重要设备和部位
二级	1. 建筑高度不超过 50m 的高层办公建筑 2. 部、省级行政办公建筑的重要设备和部位
三级	除一、二级负荷以外的用电设备和部位

注:重要设备和部位系指办公室、会议室、总值班室、主要通道的一般照明;各种场所事故照明;消防电梯;防烟及排烟设施;紧急广播;消防水源泵;火灾自动报警、自动灭火装置等消防的电力设施以及电话总机房、计算机房、变配电所、柴油发电机房等部位。

14.9 旅馆电气负荷等级

等级应符合表 14.9 的规定。

旅馆电气负荷等级   表 14.9

负 荷 名 称 \ 建 筑 等 级	一、二级	三级	四、五、六级
电子计算机、电话、电声及系统设备电源、新闻摄影电源及部分旅客电梯等地下室污水泵、雨水泵等宴会厅、餐厅、康乐设施、门厅及高级客房等场所照明设施	一级负荷	二级负荷	三级负荷
其他用电设备	二级负荷	三级负荷	—

14.10 商店电气负荷等级

等级应符合表 14.10 的规定。

商店电气负荷等级   表 14.10

负荷名称＼建筑规模	大型	中型	其他
营业厅门厅公共楼梯和主要通道的照明、事故照明	一级负荷	二级负荷	三级负荷
乘客电梯	二级负荷	二级负荷	
自动扶梯		二级负荷	
其余		三级负荷	

注：1. 高层民用建筑附设商店的电气负荷等级应与其相应的最高负荷等级相同。
2. 在商店建筑中，当有大量一级负荷时，其附属的锅炉房、空调机房等的电力及照明可为二级负荷。
3. 商店建筑中如设有电话总机房，其交流电源负荷等级应与其电气设备之最高负荷等级相同。
4. 商店建筑中的消防用电设备的负荷等级应符合相应防火规范的规定。

14.11 餐馆、汽车站、港口客运站、铁路客运站、粮食仓、石油库、加油加气站、冷库、汽车库、修车库、停车场、飞机库等建筑电气负荷等级及防雷类型

应符合表 14.11 的规定。

餐馆等十项建筑的电气负荷等级及防雷类型   表 14.11

建筑项目名称	建筑物特征或和负荷名称	电气负荷等级	防雷类型
餐馆	一级餐馆的宴会厅及为其服务厨房照明	二级	—
汽车站	一、二级站	二级	按建筑防雷设计规范的规定
	三、四级站	三级	
港口客运站台	一、二级站		二类
	三、四级站		三类
注：国际客运站，根据实际情况确定			
粮食仓	平房仓	三级	三类
	钢板筒仓	三级	二类
石油库	不能中断输油作业	二级	防雷作法未规类
加油加气站		三级	防雷作法未规类
冷库		二级	三类
汽车库、修车库停车场	Ⅰ类汽车库、机械停车设备，采用升降梯作车辆疏散出口的升降梯	一级	—
	Ⅱ、Ⅲ类汽车库Ⅰ类修车库	二级	—
飞机库	Ⅰ、Ⅱ类飞机库的消防电源	一级	防直接雷击三类
	Ⅲ类飞机库的消防电源	二级	防感应雷击二类

14.12 每套住宅的用电负荷标准及电度表规格

每套住宅应设电度表,每套住宅的用电负荷标准及电度表规格,不应小于表14.12的规定。

每套住宅的用电负荷标准及电度表规格　　　　表14.12

套　型	用电负荷标准(kW)	电度表规格(A)	套　型	用电负荷标准(kW)	电度表规格(A)
一类	2.5	5(20)	三类	4.0	10(40)
二类	2.5	5(20)	四类	4.0	10(40)

14.13 建筑与建筑群综合布线系统分级和传输距离限值

综合布线系统的分级和传输距离限值应符合表14.13所列的规定。

系统分级和传输距离限值　　　　表14.13

系统分级	最高传输频率	对绞电缆传输距离(m)		光缆传输距离(m)		应用举例
		100Ω 3类	100Ω 5类	多模	单模	
A	100KHz	2000	3000	—	—	PBX X.21/V.11
B	1MHz	200	260	—	—	N-ISDN CSMA/CDIBASE5
C	16MHz	100①	160①	—	—	CSMA/CD10BASE-T Token Ring 4Mbit/s Token Ring 16Mbit/s
D	100MHz	—	100①	—	—	Token Ring 16Mbit/s B-ISDN(ATM) TP-PMD
光缆	—	—	—	2000	3000②	CSMA/CD/FOIRL CSMA/CD10BASE-F Token Ring FDDI LCF FDDI SM FDDI HIPPI ATM FC

注:1. 100m的信通长度中包括10m软电缆长度,分配给接插软线或跳线、工作区和设备连接用软电缆,其中工作区电缆和设备电缆的总电气长度不超过7.5m(指电气长度7.5m,相当于物理长度5m);
　　2. 3000m是标准范围规定的极限,不是介质极限。
　　3. 信道长度超过100m时,应核对具体的应用标准。

提示:1. 民用爆破器材工厂工作间防雷类别见本书第7.1.5节。
　　　2. 民用爆破器材工厂库房防雷类别见本书第7.1.6节。
　　　3. 烟花爆竹工厂工作间和仓库防雷类别见表7.2.4.1。

14.14 防空地下室战时的电力负荷分级

1. 防空地下室战时的电力负荷分级应符合表14.14-1的规定。

防空地下室战时电力负荷分级　　　　　　　　　表 14.14-1

负荷等级	停电损失的严重程度
一级	中断供电将严重影响指挥、通信、警报的正常工作;中断供电将危及人员的生命安全;不允许中断供电的重要用电设备、中断供电将造成人员秩序严重混乱或恐慌
二级	中断供电将影响指挥、通信、警报和防空专业队的正常工作;中断供电将影响人员生存环境
三级	不属于一、二级负荷的各项负荷

2. 防空地下室常用设备战时的电力负荷分级,应按表14.14-2确定。

常用设备战时电力负荷等级　　　　　　　　　　表 14.14-2

序号	工程类型	常用设备	负荷等级
1	医疗救护工程	重要的医疗设备 重要的通信、报警设备 柴油电站重要的附属设备的自用电应急照明 电动的防护门、防护密闭门、密闭门 电动密闭阀门	一级
		除一、三级以外的其他负荷的设备	二级
		非医疗救护必须的空调、电热等设备 (不含洗消用的电热器)	三级
2	防空专业队队员掩蔽所 一等人员掩蔽所	应急照明,重要的通信、报警设备	一级
		电动的防护门、防护密闭门、密闭门 电动密闭阀门,正常照明 完成防空专业队任务所必须的用电设备 重要的风机、水泵	二级
		除一、二级以外的其他负荷的设备	三级
3	二等人员掩蔽所、物资库	应急照明,重要的通信、报警设备	一级
		电动密闭阀门 重要的风机、水泵	二级
		除一、二级以外的其他负荷的设备	三级

14.15 建筑物电子信息系统雷电防护等级

1. 建筑物电子信息系统雷电防护等级应按表14.15-1的规定进行选择。

建筑物电子信息系统雷电防护等级的选择表   表 14.15-1

雷电防护等级	电子信息系统
A 级	1. 大型计算中心、大型通信枢纽、国家金融中心、银行、机场、大型港口、火车枢纽站等。 2. 甲级安全防护系统，如国家文物、档案库的闭路电视监控和报警系统。 3. 大型电子医疗设备、五星级宾馆
B 级	1. 中型计算中心、中型通信枢纽、移动通信基站、大型体育场(馆)监控系统、证券中心。 2. 乙级安全防护系统，如省级文物、档案库的闭路电视监控和报警系统。 3. 雷达站、微波站、高速公路监控和收费系统。 4. 中型电子医疗设备。 5. 四星级宾馆
C 级	1. 小型通信枢纽、电信局。 2. 大中型有线电视系统。 3. 三星级以下宾馆
D 级	除上述 A、B、C 级以外一般用途的电子信息系统设备

2. 建筑物电子信息系统按防雷装置拦截效率 E 的计算式 $E=1-Nc/N$ 确定其雷电防护等级，并应符合表 14.15-2 的规定。

建筑物电子信息系统按防雷装置拦截效率确定雷电防护等级   表 14.15-2

雷电防护等级	拦截效率 E	雷电防护等级	拦截效率 E
A 级	$E>0.98$	C 级	$0.80<E\leqslant0.90$
B 级	$0.90<E\leqslant0.98$	D 级	$E\leqslant0.80$

注：1. Nc：因直击雷和雷电电磁脉冲引起电子信息系统设备损坏的可接受的最大年平均雷击次数。
　　2. N：建筑物及入户设施年预计雷击次数。

14.16　地区雷暴日等级划分

1. 地区雷暴日等级应根据年平均雷暴日数划分，并应符合表 14.16-1 的规定。

地区雷暴日等级   表 14.16-1

等级	年平均雷暴日数(天)	等级	年平均雷暴日数(天)
少雷区	≤20	高雷区	>40　≤60
多雷区	>20　≤40	强雷区	>60

2. 全国主要城市年平均雷暴日数统计表见表 14.16-2。

全国主要城市年平均雷暴日数统计表   表 14.16-2

	地　名	雷暴日数(d/a)		地　名	雷暴日数(d/a)
1	北京市	36.3		邢台市	30.2
2	天津市	29.3		唐山市	32.7
3	上海市	28.4		秦皇岛市	34.7
4	重庆市	36.0	6	山西省	
5	河北省			太原市	34.5
	石家庄市	31.2		大同市	42.3
	保定市	30.7		阳泉市	40.0

续表

地　　名	雷暴日数(d/a)	地　　名	雷暴日数(d/a)
长治市	33.7	三明市	67.5
临汾市	31.1	龙岩市	74.1
7　内蒙古自治区		15　江西省	
呼和浩特市	36.1	南昌市	56.4
包头市	34.7	九江市	45.7
海拉尔市	30.1	赣州市	67.2
赤峰市	32.4	上饶市	65.0
8　辽宁省		新余市	59.4
沈阳市	26.9	16　山东省	
大连市	19.2	济南市	25.4
鞍山市	26.9	青岛市	20.8
本溪市	33.7	烟台市	23.2
锦州市	28.8	济宁市	29.1
9　吉林省		潍坊市	28.4
长春市	35.2	17　河南省	
吉林市	40.5	郑州市	21.4
四平市	33.7	洛阳市	24.8
通化市	36.7	三门峡市	24.3
图们市	23.8	信阳市	28.8
10　黑龙江省		安阳市	28.6
哈尔滨市	27.7	18　湖北省	
大庆市	31.9	武汉市	34.2
伊春市	35.4	宜昌市	44.6
齐齐哈尔市	27.7	十堰市	18.8
佳木斯市	32.2	恩施市	49.7
11　江苏省		黄石市	50.4
南京市	32.6	19　湖南省	
常州市	35.7	长沙市	46.6
苏州市	28.1	衡阳市	55.1
南通市	35.6	大庸市	48.3
徐州市	29.4	邵阳市	57.0
连云港市	29.6	郴州市	61.5
12　浙江省		20　广东省	
杭州市	37.6	广州市	76.1
宁波市	40.0	深圳市	73.9
温州市	51.0	湛江市	94.6
丽水市	60.5	茂名市	94.4
衢州市	57.6	汕头市	52.6
13　安徽省		珠海市	64.2
合肥市	30.1	韶关市	77.9
蚌埠市	31.4	21　广西壮族自治区	
安庆市	44.3	南宁市	84.6
芜湖市	34.6	柳州市	67.3
阜阳市	31.9	梧州市	93.5
14　福建省		北海市	83.1
福州市	53.0	22　四川省	
厦门市	47.4	成都市	34.0
漳州市	60.5	自贡市	37.6

续表

地　　名	雷暴日数(d/a)	地　　名	雷暴日数(d/a)
攀枝花市	66.3	安康市	32.3
西昌市	73.2	延安市	30.5
绵阳市	34.9	27　甘肃省	
内江市	40.6	兰州市	23.6
达州市	37.1	酒泉市	12.9
乐山市	42.9	天水市	16.3
康定县	52.1	金昌市	19.6
23　贵州省		28　青海省	
贵阳市	49.4	西宁市	31.7
遵义市	53.3	格尔木市	2.3
凯里市	59.4	德令哈市	19.3
六盘水市	68.0	29　宁夏回族自治区	
兴义市	77.4	银川市	18.3
24　云南省		石咀山市	24.0
昆明市	63.4	固原县	31.0
东川市	52.4	30　新疆维吾尔自治区	
个旧市	50.2	乌鲁木齐市	9.3
景洪市	120.8	克拉玛依市	31.3
大理市	49.8	伊宁市	27.2
丽江	75.8	库尔勒市	21.6
河口	108	31　海南省	
25　西藏自治区		海口市	104.3
拉萨市	68.9	三亚市	69.9
日喀则市	78.8	琼中	115.5
那曲县	85.2	32　香港特别行政区	
昌都县	57.1	香港	34.0
26　陕西省		33　澳门特别行政区	
西安市	15.6	澳门	(暂缺)
宝鸡市	19.7	34　台湾省	
汉中市	31.4	台北市	27.9

结 构 部 分

15 岩土工程勘察等级

15.1 土试样质量等级

15.1.1 土试样据试验目的划分质量等级

土试样质量应根据试验目的按表 15.1.1 分为四个等级。

土试样质量等级 表 15.1.1

级别	扰动程度	试验内容
Ⅰ	不扰动	土类定名,含水量,密度,强度试验,固结试验
Ⅱ	轻微扰动	土类定名,含水量,密度
Ⅲ	显著扰动	土类定名,含水量
Ⅳ	完全扰动	土类定名

注:1. 不扰动是指原位应力状态虽已改变,但土的结构、密度和含水量变化很小,能满足室内试验各项要求。
  2. 除地基基础设计等级为甲级的工程外,在工程技术要求允许的情况下可用Ⅱ级土试样进行强度和固结试验,但宜先对土试样受扰动程度作抽样鉴定,判定用于试验的适宜性,并结合地区经验使用试验成果。

15.1.2 土试样据取样方法与工具划分质量等级

软土工程地质勘察时,根据取样方法与工具,对所取土样进行质量分级,应符合表 15.1.2 的规定。

取土的质量分级 表 15.1.2

质量级别	取样方法与工具	质量级别	取样方法与工具
Ⅰ	薄壁取土器	Ⅲ~Ⅳ	厚壁取土器岩芯钻头
Ⅱ	薄壁取土器及回转取土器	Ⅳ	标准贯入器空心螺纹提土器

15.1.3 冻土试样据试验目的划分质量等级

冻土试样根据冻土试验目的的要求,可按表 15.1.3 分为三级。

冻土试样等级划分 表 15.1.3

级别	冻融及扰动程度	试验内容
Ⅰ	保持天然冻结状态	土类定名、冻土物理、力学性质试验
Ⅱ	保持天然含水率并允许融化	土类定名、含水量、土颗粒密度
Ⅲ	不受冻融影响并已扰动	土类定名、土颗粒密度

15.2 圆锥动力触探试验类型

圆锥动力触探试验的类型可分为轻型、重型和超重型三种，其规格和适用土类应符合表15.2的规定。

圆锥动力触探类型　　　　　　　　表 15.2

类　　型		轻　型	重　型	超 重 型
落锤	锤的质量(kg)	10	63.5	120
	落距(cm)	50	76	100
探头	直径(mm)	40	74	74
	锥角(°)	60	60	60
探杆直径(mm)		25	42	50~60
指标		贯入30cm的读数 N_{10}	贯入10cm的读数 $N_{63.5}$	贯入10cm的读数 N_{120}
主要运用岩土		浅部的填土、砂土、粉土、黏性土	砂土、中密以下的碎石土、极软岩	密实和很密的碎石土、软岩、极软岩

15.3 岩土工程勘察等级

根据工程重要性等级、场地复杂程度等级和地基复杂程度等级，可按下列条件划分岩土工程勘察等级。

甲级：在工程重要性、场地复杂程度和地基复杂程度等级中，有一项或多项为一级；

乙级：除勘察等级为甲级和丙级以外的勘察项目；

丙级：工程重要性、场地复杂程度和地基复杂程度等级均为三级。

注：建筑在岩质地基上的一级工程，当场地复杂程度等级和地基复杂程度等级均为三级时，岩土工程勘察等级可定为乙级。

15.3.1 工程重要性等级

根据工程的规模和特征，以及由于岩土工程问题造成工程破坏或影响正常使用的后果，可分为三个工程重要性等级：

1. 一级工程：重要工程，后果很严重；
2. 二级工程：一般工程，后果严重；
3. 三级工程：次要工程，后果不严重。

15.3.2 场地复杂程度等级

根据场地的复杂程度，可按下列规定分为三个场地等级：

1. 符合下列条件之一者为一级场地（复杂场地）：

（1）对建筑抗震危险的地段；

(2) 不良地质作用强烈发育；

(3) 地质环境已经或可能受到强烈破坏；

(4) 地形地貌复杂；

(5) 有影响工程的多层地下水、岩溶裂隙水或其他水文地质条件复杂，需专门研究的场地。

2. 符合下列条件之一者为二级场地（中等复杂场地）：

(1) 对建筑抗震不利的地段；

(2) 不良地质作用一般发育；

(3) 地质环境已经或可能受到一般破坏；

(4) 地形地貌较复杂；

(5) 基础位于地下水位以下的场地。

3. 符合下列条件者为三级场地（简单场地）：

(1) 抗震设防烈度等于或小于6度，或对建筑抗震有利的地段；

(2) 不良地质作用不发育；

(3) 地质环境基本未受破坏；

(4) 地形地貌简单；

(5) 地下水对工程无影响。

注：1. 从一级开始，向二级、三级推定，以最先满足的为准；第15.3.3条亦按本方法确定地基等级；

2. 对建筑抗震有利、不利和危险地段的划分，应按现行国家标准《建筑抗震设计规范》（GB 50011）的规定确定。

15.3.3 地基复杂程度等级

根据地基的复杂程度，可按下列规定分为三个地基等级：

1. 符合下列条件之一者为一级地基（复杂地基）：

(1) 岩土种类多，很不均匀，性质变化大，需特殊处理；

(2) 严重湿陷、膨胀、盐渍、污染的特殊性岩土，以及其他情况复杂，需作专门处理的岩土。

2. 符合下列条件之一者为二级地基（中等复杂地基）：

(1) 岩土种类较多，不均匀，性质变化较大；

(2) 除本条第1款规定以外的特殊性岩土。

3. 符合下列条件者为三级地基（简单地基）：

(1) 岩土种类单一，均匀，性质变化不大；

(2) 无特殊性岩土。

15.4 高层建筑岩土工程勘察等级

高层建筑（包括超高层建筑和高耸构筑物）的岩土工程勘察，应根据场地和地基的复杂程度、建筑规模和特征以及破坏后果的严重性，将勘察等级分为甲、乙两级。勘察时根据工程情况划分勘察等级，应符合表15.4的规定。

高层建筑岩土工程勘察等级划分　　　　　表 15.4

勘察等级	高层建筑、场地、地基特征及破坏后果的严重性
甲级	符合下列条件之一，破坏后果很严重的勘察工程： 1. 30 层以上或高度超过 100m 的超高层建筑； 2. 体形复杂、层数相差超过 10 层的高低层连成一体的高层建筑； 3. 对地基变形有特殊要求的高层建筑； 4. 高度超过 200m 的高耸构筑物或重要的高耸工业构筑物； 5. 位于建筑边坡上或邻近边坡的高层建筑和高耸构筑物； 6. 高度低于 1、4 规定的高层建筑或高耸构筑物，但属于一级（复杂）场地，或一级（复杂）地基； 7. 对原有工程影响较大的新建高层建筑； 8. 有三层及三层以上地下室的高层建筑或软土地区有二层及二层以上地下室的高层建筑
乙级	不符合甲级、破坏后果严重的高层建筑勘察工程

注：1. 场地复杂程度等级见 15.3.2。
　　2. 地基复杂程度等级见 15.3.3。

16 场地环境类型及岩体分类

16.1 场地环境类型

场地环境类型的分类,应符合表 16.1 的规定。

环境类型分类　　　　　　　　　　　　　　　　表 16.1

环境类别	场地环境地质条件
Ⅰ	高寒区、干旱区直接临水;高寒区、干旱区含水量 $w \geq 10\%$ 的强透水土层或含水量 $w \geq 20\%$ 的弱透水土层
Ⅱ	湿润区直接临水;湿润区含水量 $w \geq 20\%$ 的强透水土层或含水量 $w \geq 30\%$ 的弱透水土层
Ⅲ	高寒区、干旱区含水量 $w < 20\%$ 的弱透水土层或含水量 $w < 10\%$ 的强透水土层;湿润区含水量 $w \leq 30\%$ 的弱透水土层或含水量 $w < 20\%$ 的强透水土层

注:1. 高寒区是指海拔高度等于或大于 3000m 的地区;干旱区是指海拔高度小于 3000m,干燥度指数 K 值等于或大于 1.5 的地区;湿润区是指干燥度指数 K 值小于 1.5 的地区;
2. 强透水层是指碎石土、砾砂、粗砂、中砂和细砂,弱透水层是指粉砂、粉土和粘性土;
3. 含水量 $w < 3\%$ 的土层,可视为干燥土层,不具有腐蚀环境条件;
4. 当有地区经验时,环境类型可根据地区经验划分;当同一场地出现两种环境类型时,应根据具体情况选定。

16.1.1 场地冰冻区分类

场地冰冻区的分类,应根据当地一月份平均温度按表 16.1.1 确定。

冰冻区分类　　　　　　　　　　　　　　　　表 16.1.1

一月份月平均温度(℃)	>0	0~-4	<-4
冰冻区分类	不冻区	微冻区	冰冻区

16.1.2 场地冰冻段分类

场地冰冻段的分类,应根据场地标准冻深和地面下温度按表 16.1.2 确定。

冰冻段分类　　　　　　　　　　　　　　　　表 16.1.2

地面下温度(℃)	>0	0~-4	<-4
冰冻段分类	不冻段	微冻段	冰冻段

16.2 岩体按结构类型分类

1. 岩体根据结构类型可按表 16.2-1 确定。

岩体按结构类型划分 表16.2-1

岩体结构类型	岩体地质类型	结构体形状	结构面发育情况	岩土工程特征	可能发生的岩土工程问题
整体状结构	巨块状岩浆岩和变质岩，巨厚层沉积岩	巨块状	以层面和原生、构造节理为主，多呈团合型，间距大于1.5m，一般为1~2组，无危险结构	岩体稳定，可视为均质弹性各向同性体	局部滑动或坍塌，深埋洞室的岩爆
块状结构	厚层状沉积岩，块状岩浆岩和变质岩	块状柱状	有少量贯穿性节理裂隙，结构面间距0.7m~1.5m。一般为2~3组，有少量分离体	结构面互相牵制，岩体基本稳定，接近弹性各向同性体	局部滑动或坍塌，深埋洞室的岩爆
层状结构	多韵律薄层、中厚层状沉积岩，副变质岩	层状板状	有层理、片理、节理，常有层间错动	变形和强度受层面控制，可视为各向异性弹塑性体，稳定性较差	可沿结构面滑塌，软岩可产生塑性变形
碎裂状结构	构造影响严重的破碎岩层	碎块状	断层、节理、片理、层理发育，结构面间距0.25m~0.5m，一般3组以上，有许多分离体	整体强度很低，并受软弱结构面控制，呈弹塑性体，稳定性很差	易发生规模较大的岩体失稳，地下水加剧失稳
散体状结构	断层破碎带，强风化及全风化带	碎屑状	构造和风化裂隙密集，结构面错综复杂，多充填黏性土，形成无序小块和碎屑	完整性遭极大破坏，稳定性极差，接近松散体介质	易发生规模较大的岩体失稳，地下水加剧失稳

2. 岩层厚度分类应按表16.2-2执行。

岩层厚度分类 表16.2-2

层厚分类	单层厚度 h(m)	层厚分类	单层厚度 h(m)
巨厚层	$h>1.0$	中厚层	$0.5 \geq h>0.1$
厚层	$1.0 \geq h>0.5$	薄层	$h \leq 0.1$

16.3 岩体完整程度分类

岩体完整程度应按表16.3划分为完整、较完整、较破碎、破碎和极破碎五类。

岩体完整程度分类 表16.3

完整程序	完整	较完整	较破碎	破碎	极破碎
完整性指数	>0.75	0.75~0.55	0.55~0.35	0.35~0.15	<0.15

注：1. 完整性指数为岩体压缩波速度与岩块压缩波速度之比的平方，选定岩体和岩块测定波速时，应注意其代表性。
2. 本表根据《岩土工程勘察规范》GB 50021—2001。

16.3.1 岩体完整程度的定性分类

岩体完整性当缺乏试验数据时，根据现场观察，可按表16.3.1定性划分。

岩体完整程度的定性分类 表 16.3.1

完整程度	结构面发育程度		主要结构面的结合程度	主要结构面类型	相应结构类型
	组数	平均间距(m)			
完整	1~2	>1.0	结合好或结合一般	裂隙、层面	整体状或巨厚层状结构
较完整	1~2	>1.0	结合差	裂隙、层面	块状或厚层状结构
	2~3	1.0~0.4	结合好或结合一般		块状结构
较破碎	2~3	1.0~0.4	结合差	裂隙、层面、小断层	裂隙块状或中厚层状结构
	≥3	0.4~0.2	结合好		镶嵌碎裂结构
			结合一般		中、薄层状结构
破碎	≥3	0.4~0.2	结合差	各种类型结构面	裂隙块状结构
		≤0.2	结合一般或结合差		碎裂状结构
极破碎	无序		结合很差		散体状结构

注：1. 平均间距指主要结构面（1~2组）间距的平均值。
　　2. 本表根据《岩土工程勘察规范》GB 50021—2001。

16.3.2 岩体完整程度划分

划分为完整、较完整和不完整三类，应符合表 16.3.2 的规定。

岩体完整程度划分 表 16.3.2

岩体完整程度	结构面发育程度		结构类型	完整性系数 K_V	岩体体积结构面数
	组数	平均间距(m)			
完整	1~2	>1.0	整体状	>0.75	<3
较完整	2~3	1.0~3.0	厚层状结构、块状结构、层状结构和镶嵌碎裂结构	0.75~0.35	3~20
不完整	>3	<0.3	裂隙块状结构、破裂结构、散体结构	<0.35	>20

注：1. 完整性系数 $K_V=(V_R/V_P)^2$，V_R 为弹性纵波在岩体中的传播速度，V_P 为弹性纵波在岩块中的传播速度；
　　2. 结构类型的划分按表 16.2-1 确定；镶嵌破裂结构为碎裂结构中碎块较大且相互咬合、稳定性较好的一种类型；
　　3. 岩体体积结构面数系指单位体积内的结构面数目（条/m³）；
　　4. 本表根据《建筑边坡工程技术规范》GB 50330—2002。

16.4 岩体基本质量等级分类

岩体基本质量等级可按表 16.4 进行分类。

岩体基本质量等级分类 表 16.4

坚硬程度＼完整程度	完整	较完整	较破碎	破碎	极破碎
坚硬岩	Ⅰ	Ⅱ	Ⅲ	Ⅳ	Ⅴ
较硬岩	Ⅱ	Ⅲ	Ⅳ	Ⅳ	Ⅴ
较软岩	Ⅲ	Ⅳ	Ⅳ	Ⅴ	Ⅴ
软岩	Ⅳ	Ⅳ	Ⅴ	Ⅴ	Ⅴ
极软岩	Ⅴ	Ⅴ	Ⅴ	Ⅴ	Ⅴ

16.5 全新活动断裂分级

全新活动断裂可按表16.5分级。

全新活动断裂分级　　　　　　　表16.5

断裂分级 \ 指标	活动性	平均活动速率 v (mm/a)	历史地震震级 M
Ⅰ 强烈全新活动断裂	中晚更新世以来有活动,全新世活动强烈	$v>1$	$M \geqslant 7$
Ⅱ 中等全新活动断裂	中晚更新世以来有活动,全新世活动较强烈	$1 \geqslant v \geqslant 0.1$	$7>M \geqslant 6$
Ⅲ 微弱全新活动断裂	全新世有微弱活动	$v<0.1$	$M<6$

16.6 泥石流的工程分类和特征

泥石流的工程分类应按表16.6执行。

泥石流的工程分类和特征　　　　　　　表16.6

类别	泥石流特征	流域特征	亚类	严重程度	流域面积 (Km²)	固体物质一次冲出量 (×10⁴m³)	流量 (m³/s)	堆积区面积 (km²)
Ⅰ 高频率泥石流沟谷	基本上每年均有泥石流发生。固体物质主要来源于沟谷的滑坡、崩塌。爆发雨强小于2—4mm/10min。除岩性因素外,滑坡、崩塌严重的沟谷多发生粘性泥石流,规模大,反之多发生稀性泥石流,规模小	多位于强烈抬升区,岩层破碎,风化强烈,山体稳定性差。泥石流堆积新鲜,无植被或仅有稀疏草丛。黏性泥石流沟中下游沟床坡度大于4‰	Ⅰ₁	严重	>5	>5	>100	>1
			Ⅰ₂	中等	1~5	1~5	30~100	<1
			Ⅰ₃	轻微	<1	<1	<30	—
Ⅱ 低频率泥石流沟谷	暴发周期一般在10年以上。固体物质主要来源于沟床,泥石流发生时"揭床"现象明显。暴雨时坡面产生的浅层滑坡往往是激发泥石流形成的重要因素。暴发雨强,一般大于4mm/10min。规模一般较大,性质有黏有稀	山体稳定性相对较好,无大型活动性滑坡、崩塌。沟床和扇形地上巨砾遍布,植被较好,沟床内灌木丛密布,扇形地多已辟为农田。黏性泥石流沟中下游沟床坡度小于4‰	Ⅱ₁	严重	>10	>5	>100	>1
			Ⅱ₂	中等	1~10	1~5	30~100	<1
			Ⅱ₃	轻微	<1	<1	<30	—

注: 1. 表中流量对高频率泥石流沟指百年一遇流量;对低频率泥石流沟指历史最大流量。
    2. 泥石流的工程分类宜采用野外特征与定量指标相结合的原则,定量指标满足其中一项即可。

17 岩土分类

17.1 岩石坚硬程度分类

1. 岩石坚硬程度应按表 17.1-1 的规定进行分类。

岩石坚硬程度分类　　　　　　　　　　表 17.1-1

坚硬程度	坚硬岩	较硬岩	较软岩	软岩	极软岩
饱和单轴抗压强度（MPa）	$f_r>60$	$60 \geq f_r > 30$	$30 \geq f_r > 15$	$15 \geq f_r > 5$	$f_r \leq 5$

注：1. 当无法取得饱和单轴抗压强度数据时，可用点荷载试验强度换算，换算方法按现行国家标准《工程岩体分级标准》（GB 50218）执行；
　　2. 当岩体完整程度为极破碎时，可不进行坚硬程度分类。

2. 当缺乏有关试验数据时，岩石坚硬程度等级可按表 17.1-2 定性划分。

岩石坚硬程度等级的定性分类　　　　　　　　表 17.1-2

坚硬程度等级		定性鉴定	代表性岩石
硬质岩	坚硬岩	锤击声清脆,有回弹,震手,难击碎,基本无吸水反应	未风化～微风化的花岗岩、闪长岩、辉绿岩、玄武岩、安山岩、片麻岩、石英岩、石英砂岩、硅质砾岩、硅质石灰岩等
	较硬岩	锤击声较清脆,有轻微回弹,稍震手,较难击碎,有轻微吸水反应	1. 微风化的坚硬岩 2. 未风化～微风化的大理岩、板岩、石灰岩、白云岩、钙质砂岩等
软质岩	较软岩	锤击声不清脆,无回弹,较易击碎,浸水后指甲可刻出印痕	1. 中等风化～强风化的坚硬岩或较硬岩 2. 未风化～微风化的凝灰岩、千枚岩、泥灰岩、砂质泥岩等
	软岩	锤击声哑,无回弹,有凹痕,易击碎,浸水后手可掰开	1. 强风化的坚硬岩或较硬岩 2. 中等风化～强风化的较软岩 3. 未风化～微风化的页岩、泥岩、泥质砂岩等
极软岩		锤击声哑,无回弹,有较深凹痕,手可捏碎,浸水后可捏成团	1. 全风化的各种岩石 2. 各种半成岩

17.2 岩石风化程度分类

岩石风化程度可按表 17.2 划分。

岩石按风化程度分类　　　　　　　　　　表 17.2

风化程度	野外特征	风化程度参数指标	
		波速比 K_V	风化系数 K_f
未风化	岩质新鲜,偶见风化痕迹	0.9～1.0	0.9～1.0
微风化	结构基本未变,仅节理面有渲染或略有变色,有少量风化裂隙	0.8～0.9	0.8～0.9

续表

风化程度	野外特征	风化程度参数指标	
		波速比 K_V	风化系数 K_f
中等风化	结构部分破坏,沿节理面有次生矿物,风化裂隙发育,岩体被切割成岩块。用镐难挖,岩芯钻方可钻进	0.6~0.8	0.4~0.8
强风化	结构大部分破坏,矿物成分显著变化,风化裂隙很发育,岩体破碎,用镐可挖,干钻不易钻进	0.4~0.6	<0.4
全风化	结构基本破坏,但尚可辨认,有残余结构强度,可用镐挖,干钻可钻进	0.2~0.4	—
残积土	组织结构全部破坏,已风化成土状,锹镐易挖掘,干钻易钻进,具可塑性	<0.2	

注:1. 波速比 K_V 为风化岩石与新鲜岩石压缩波速度之比;
2. 风化系数 K_f 为风化岩石与新鲜岩石饱和单轴抗压强度之比;
3. 岩石风化程度,除按表列野外特征和定量指标划分外,也可根据当地经验划分;
4. 花岗岩类岩石,可采用标准贯入试验划分,$N \geq 50$ 为强风化;$50 > N \geq 30$ 为全风化;$N < 30$ 为残积土;
5. 泥岩和半成岩,可不进行风化程度划分。

17.3 土按沉积年代分类

土按沉积年代定为两类,应符合表 17.3 的规定。

土按沉积年代分类 表 17.3

分类名称	沉积年代
老沉积土	晚更新世 Q_3 及其以前沉积的土
新近沉积土	第四纪全新世中近期沉积的土

17.3.1 土按地质成因分类

土根据地质成因,可划分为残积土、坡积土、洪积土、冲积土、淤积土、冰积土和风积土等。

17.3.2 土按有机质含量分类

土根据有机含量可按表 17.3.2 分类。

土按有机质含量分类 表 17.3.2

分类名称	有机质含量 W_u(%)	现场鉴别特征	说明
无机土	$W_u < 5\%$		
有机质土	$5\% \leq W_u \leq 10\%$	深灰色,有光泽,味臭,除腐殖质外尚含少量未完全分解的动植物体,浸水后水面出现气泡,干燥后体积收缩	1. 如现场能鉴别或有地区经验时,可不做有机质含量测定; 2. 当 $W > W_L$,$1.0 \leq e < 1.5$ 时称淤泥质土; 3. 当 $W > W_L$,$e \geq 1.5$ 时称淤泥
泥炭质土	$10\% < W_u \leq 60\%$	深灰或黑色,有腥臭味,能看到未完全分解的植物结构,浸水体胀,易崩解,有植物残渣浮于水中,干缩现象明显	可根据地区特点和需要按 W_u 细分为: 弱泥炭质土($10\% < W_u \leq 25\%$) 中泥炭质土($25\% < W_u \leq 40\%$) 强泥炭质土($40\% < W_u \leq 60\%$)
泥炭	$W_u > 60\%$	除有泥炭质土特征外,结构松散,土质很轻,暗无光泽,干缩现象极为明显	

注:有机质含量 W_u 按灼失量试验确定。

17.3.3 土按粒径分类

土按粒径颗粒质量占总质量的比例进行分类，应符合表17.3.3的规定。

土按粒径颗粒含量分类　　　　　　表17.3.3

分类名称	粒径颗粒含量
碎石土	粒径大于2mm的颗粒质量超过总质量50%的土
砂土	粒径大于2mm的颗粒质量不超过总质量50%，且粒径大于0.075mm的颗粒质量超过总质量50%的土
粉土	粒径大于0.075mm的颗粒质量不超过总质量50%的土，且塑性指数$I_P \leqslant 10$
黏性土	塑性指数I_P大于10的土

17.4 碎石土按粒径分类

碎石土按粒径进行分类，应符合表17.4的规定。

碎石土分类　　　　　　表17.4

土的名称	颗粒形状	颗粒级配
漂石	圆形及亚圆形为主	粒径大于200mm的颗粒质量超过总质量50%
块石	棱角形为主	
卵石	圆形及亚圆形为主	粒径大于20mm的颗粒质量超过总质量50%
碎石	棱角形为主	
圆砾	圆形及亚圆形为主	粒径大于2mm的颗粒质量超过总质量50%
角砾	棱角形为主	

注：定名时，应根据颗粒级配由大到小以最先符合者确定。

17.4.1 碎石土密实度按$N_{63.5}$分类

碎石土密实度可根据重型动力触探锤击数$N_{63.5}$按表17.4.1确定。

碎石土密实度按$N_{63.5}$分类　　　　　　表17.4.1

重型动力触探锤击数$N_{63.5}$	密实度	重型动力触探锤击数$N_{63.5}$	密实度
$N_{63.5} \leqslant 5$	松散	$10 < N_{63.5} \leqslant 20$	中密
$5 < N_{63.5} \leqslant 10$	稍密	$N_{63.5} > 20$	密实

注：1. 本表适用于平均粒径等于或小于50mm，且最大粒径小于100mm的碎石土。
　　2. 表中的$N_{63.5}$应按《岩土工程勘察规范》(GB 50021—2001)附录B修正。

17.4.2 碎石土密实度按N_{120}分类

碎石土密实度可根据超重型动力触探锤击数N_{120}按表17.4.2确定。

碎石土密实度按N_{120}分类　　　　　　表17.4.2

超重型动力触探锤击数N_{120}	密实度	超重型动力触探锤击数N_{120}	密实度
$N_{120} \leqslant 3$	松散	$11 < N_{120} \leqslant 14$	密实
$3 < N_{120} \leqslant 6$	稍密	$N_{120} > 14$	很密
$6 < N_{120} \leqslant 11$	中密		

注：1. 本表适用于平均粒径大于50mm，或最大粒径大于100mm的碎石土。
　　2. 表中的N_{120}应按《岩土工程勘察规范》(GB 50021—2001)附录B修正。

17.4.3 碎石土密实度野外鉴别

碎石土密实度野外鉴别可按表 17.4.3 执行。

碎石土密实度野外鉴别 表 17.4.3

密实度	骨架颗粒含量和排列	可 挖 性	可 钻 性
松散	骨架颗粒质量小于总质量的 60%，排列混乱，大部分不接触	锹可以挖掘，井壁易坍塌，从井壁取出大颗粒后，立即塌落	钻进较易，钻杆稍有跳动，孔壁易坍塌
中密	骨架颗粒质量等于总质量的 60%～70%，呈交错排列，大部分接触	锹镐可挖掘，井壁有掉块现象，从井壁取出大颗粒处，能保持凹面形状	钻进较困难，钻杆、吊锤跳动不剧烈，孔壁有坍塌现象
密实	骨架颗粒质量大于总质量的 70%，呈交错排列，连续接触	锹镐挖掘困难，用撬棍方能松动，井壁较稳定	钻进困难，钻杆、吊锤跳动剧烈，孔壁较稳定

注：密实度按表列各项特征综合确定。

17.5 砂土按粒径分类

砂土按粒径进行分类，应符合表 17.5-1 的规定。

砂土分类 表 17.5-1

土的名称	颗 粒 级 配	土的名称	颗 粒 级 配
砾砂	粒径大于 2mm 的颗粒质量占总质量 25%～50%	细砂	粒径大于 0.075mm 的颗粒质量超过总质量 85%
粗砂	粒径大于 0.5mm 的颗粒质量超过总质量 50%	粉砂	粒径大于 0.075mm 的颗粒质量超过总质量 50%
中砂	粒径大于 0.25mm 的颗粒质量超过总质量 50%		

注：定名时应根据颗粒级配由大到小以最先符合者确定。

砂土的密实度应根据标准贯入试验锤击数实测值 N 进行分类，并应符合表 17.5-2 的规定。当用静力触探探头阻力划分砂土密实度时，可根据当地经验确定。

砂土密实度分类 表 17.5-2

标准贯入锤击数 N	密 实 度	标准贯入锤击数 N	密 实 度
$N \leqslant 10$	松散	$15 < N \leqslant 30$	中密
$10 < N \leqslant 15$	稍密	$N > 30$	密实

17.6 粉土密实度按孔隙比分类

1. 粉土的密实度应根据孔隙比进行分类，并应符合表 17.6-1 的规定。
2. 粉土的湿度应根据含水量 w（%）进行分类，并应符合表 17.6-2 的规定。

粉土密实度按孔隙比分类 表 17.6-1

孔 隙 比 e	密 实 度	孔 隙 比 e	密 实 度
$e < 0.75$	密实	$e > 0.9$	稍密
$0.75 \leqslant e \leqslant 0.90$	中密		

注：当有经验时，也可用原位测试或其他方法划分粉土的密实度。

粉土湿度分类 表 17.6-2

含 水 量 W	湿 度	含 水 量 W	湿 度
$W<20$	稍湿	$W>30$	很湿
$20 \leqslant W \leqslant 30$	湿		

17.7 黏性土按塑性指数 I_P 分类

1. 黏性土为塑性指数 I_P 大于 10 的土，可按表 17.7-1 分为黏土、粉质黏土。

黏性土的分类 表 17.7-1

塑性指数 I_P	土 的 名 称	塑性指数 I_P	土 的 名 称
$I_P>17$	黏土	$10<I_P \leqslant 17$	粉质黏土

注：塑性指数由相应于 76g 圆锥仪沉入土样中深度为 10mm 时测定的液限计算而得。

2. 黏性土的状态，应根据液性指数 I_L 进行分类，并应符合表 17.7-2 的规定。

黏性土的状态分类 表 17.7-2

液性指数 I_L	状 态	液性指数 I_L	状 态
$I_L \leqslant 0$	坚硬	$0.75<I_L \leqslant 1$	软塑
$0<I_L \leqslant 0.25$	硬塑	$I_L>1$	流塑
$0.25<I_L \leqslant 0.75$	可塑		

注：当用静力触探探头阻力或标准贯入试验锤击数判定黏性土的状态时，可根据当地经验确定。

17.8 其他土类

其他土类系指表 17.8 所列各类型土。

其他各类型土 表 17.8

土的名称		土 的 特 征
红黏土		为碳酸盐岩系的岩石经红土化作用形成的高塑性黏土
次生红黏土		红黏土经过搬运后仍保留其基本特征，其液限大于 45 的土
淤泥		为在静水或缓慢的流水环境中沉积，并经生物化学作用形成，其天然含水量大于流限，天然孔隙比大于或等于 1.5 的粘性土
淤泥质土		当天然含水量大于液限而天然孔隙比小于 1.5，但大于或等于 1.0 的粘性土或粉土
膨胀土		为土中粘粒成分主要由亲水性矿物组成，同时具有显著的吸水膨胀和失水收缩特性，其自由膨胀率大于或等于 40% 的粘性土
湿陷性土		为浸水后产生附加沉降，其湿陷系数大于或等于 0.015 的土
人工填土	(1)素填土	为由碎石土、砂土、粉土、粘性土等组成的填土
	(2)压实填土	经过压实或夯实的素填土
	(3)杂填土	为含有建筑垃圾、工业废料、生活垃圾等的填土
	(4)冲填土	为由水力冲填泥砂形成的填土
盐渍岩土		岩土中易溶盐含量大于 0.3%，并具有溶陷盐胀，腐蚀等工程特性时，应判定为盐渍岩土

17.9 红黏土的状态分类

红黏土的状态除按液性指数判定外,尚可按表17.9判定。

红黏土的状态分类   表 17.9

状 态	含水比 α_w	状 态	含水比 α_w
坚硬	$\alpha_w \leqslant 0.55$	软塑	$0.85 < \alpha_w \leqslant 1.00$
硬塑	$0.55 < \alpha_w \leqslant 0.70$	流塑	$\alpha_w > 1.00$
可塑	$0.70 < \alpha_w \leqslant 0.85$		

注:$\alpha_w = w/w_L$

17.9.1 红黏土的结构分类

红黏土的结构可根据其裂隙发育特征按表17.9.1分类。

红黏土的结构分类   表 17.9.1

土 体 结 构	裂隙发育特征	土 体 结 构	裂隙发育特征
致密状的	偶见裂隙(<1条/m)	碎块状的	富裂隙(>5条/m)
巨块状的	较多裂隙(1~2条/m)		

17.9.2 红黏土的复浸水特性可按表17.9.2分类

红黏土的复浸水特性分类   表 17.9.2

类别	I_r 与 I'_r 关系	复浸水特性
I	$I_r \geqslant I'_r$	收缩后复浸水膨胀,能恢复到原位
II	$I_r < I'_r$	收缩后复浸水膨胀,不能恢复到原位

注:$I_r = w_L/w_P$, $I'_r = 1.4 + 0.0066 W_L$

17.9.3 红黏土的地基均匀性分类

红黏土的地基均匀性可按表17.9.3分类。

红黏土的地基均匀性分类   表 17.9.3

地基均匀性	地基压缩层范围内岩土组成	地基均匀性	地基压缩层范围内岩土组成
均匀地基	全部由红黏土组成	不均匀地基	由红黏土和岩石组成

17.10 膨胀土的膨胀潜势分类

1. 膨胀土的膨胀潜势,可按表17.10-1分为三类。

膨胀土的膨胀潜势分类   表 17.10-1

自由膨胀率(%)	膨 胀 潜 势	自由膨胀率(%)	膨 胀 潜 势
$40 \leqslant \delta_{ef} < 65$	弱	$\delta_{ef} \geqslant 90$	强
$65 \leqslant \delta_{ef} < 90$	中		

2. 膨胀土地基评价，应根据地基的膨胀、收缩变形对底层砖混房屋的影响程度进行。地基的胀缩等级，可按表17.10-2分为三级。

膨胀土地基的胀缩等级　　　　　　　　表17.10-2

地基分级变形量 S_C(mm)	级　别	地基分级变形量 S_C(mm)	级　别
$15 \leqslant S_C < 35$	I	$S_C \geqslant 70$	III
$35 \leqslant S_C < 70$	II		

17.11　黄土的湿陷性判定

黄土的湿陷性，应按室内浸水（饱和）压缩试验，在一定压力下测定的湿陷系数 δ_s 值进行判定，并应符合表17.11的规定。

黄土的湿陷性判定　　　　　　　　表17.11

黄土的湿陷性	湿陷系数 δ_s	黄土的湿陷性	湿陷系数 δ_s
非湿陷性黄土	<0.015	湿陷性黄土	$\geqslant 0.015$

17.11.1　湿陷性黄土的湿陷程度种类

湿陷性黄土的湿陷程度，可根据湿陷系数 δ_s 值的大小分为三种，并应符合表17.11.1的规定。

湿陷性黄土的湿陷程度分类　　　　　　　　表17.11.1

湿陷程度种类	湿陷系数 δ_s	湿陷程度种类	湿陷系数 δ_s
轻微	$0.015 \leqslant \delta_s \leqslant 0.03$	强烈	$\delta_s > 0.07$
中等	$0.03 < \delta_s \leqslant 0.07$		

17.11.2　湿陷性黄土场地的湿陷类型

湿陷性黄土场地的湿陷类型，应按自重湿陷量的实测值 Δ'_{zs} 或计算值 Δ_{zs} 判定，并应符合表17.11.2规定。

湿陷性黄土场地的湿陷类型　　　　　　　　表17.11.2

湿　陷　类　型	Δ'_{zs} 或 Δ_{zs}	湿　陷　类　型	Δ'_{zs} 或 Δ_{zs}
非自重湿陷性黄土场地	≤70mm	自重湿陷性黄土场地	>70mm

注：当自重湿陷量的实测值和计算值出现矛盾时，应按自重湿陷量的实测值判定。

17.11.3　湿陷性黄土地基的湿陷等级

湿陷性黄土地基的湿陷等级，应根据湿陷量的计算值 Δ_{zs} 和自重湿陷量的计算值 Δ_{zs} 等因素，按表17.11.3判定。

17.11.4　湿陷性黄土场地上的建筑物分类

1. 拟建在湿陷性黄土场地上的建筑物，应根据其重要性，地基受水浸湿可能性的大小和在使用期间对不均匀沉降限制的严格程度，分为甲、乙、丙、丁四类，并应符合表17.11.4-1的规定。

湿陷性黄土地基的湿陷等级   表 17.11.3

湿陷类型 Δ_{zs} (mm) Δ_s (mm)	非自重湿陷性场地 $\Delta_{zs} \leqslant 70$	自重湿陷性场地 $70 < \Delta_s \leqslant 350$	自重湿陷性场地 $\Delta_{zs} > 350$
$\Delta_s \leqslant 300$	Ⅰ（轻微）	Ⅱ（中等）	—
$300 < \Delta_s \leqslant 700$	Ⅱ（中等）	*Ⅱ（中等）或Ⅲ（严重）	Ⅲ（严重）
$\Delta_s > 700$	Ⅱ（中等）	Ⅲ（严重）	Ⅳ（很严重）

*注：当湿陷量的计算值 $\Delta_s > 600$mm、自重湿陷量的计算值 $\Delta_{zs} > 300$mm 时，可判为Ⅲ级，其他情况可判为Ⅱ级。

湿陷性黄土场地的建筑物分类   表 17.11.4-1

建筑物分类	各 类 建 筑 的 划 分
甲类	高度大于 60m 和 14 层及 14 层以上体型复杂的建筑 高度大于 50m 的构筑物 高度大于 100m 的高耸结构 特别重要的建筑 地基受水浸湿可能性大的重要建筑 对不均匀沉降有严格限制的建筑
乙类	高度为 24～60m 的建筑 高度为 30～50m 的构筑物 高度为 50～100m 的高耸结构 地基受水浸湿可能性较大的重要建筑 地基受水浸湿可能性大的一般建筑
丙类	除乙类以外的一般建筑和构筑物
丁类	次要建筑

注：当建筑物各单元的重要性不同时，可根据各单元的重要性划分为不同类别。

2. 湿陷性黄土场地上的各类建筑举例，见表 17.11.4-2。

湿陷性黄土场地上的各类建筑举例   表 17.11.4-2

各类建筑	举 例
甲类	高度大于 60m 的建筑；14 层及 14 层以上的体型复杂的建筑；高度大于 50m 的筒仓；高度大于 100m 的电视塔；大型展览馆、博物馆；一级火车站主楼；6000 人以上的体育馆；标准游泳馆；跨度不小于 36m、吊车额定起重量不小于 100 吨的机加工车间；不小于 100 吨的水压机车间；大型炼钢车间；大型轧钢压延车间；大型电解车间；大型煤气发生站；大型火力发电站主体建筑；大型选矿、洗煤车间；煤矿主井多绳提升井塔；大型水厂；大型污水处理厂；大型游泳池；大型漂、染车间；大型屠宰车间；10000 吨以上的冷库；净化工房；有剧毒或有放射污染的建筑
乙类	高度为 24～60m 的建筑；高度为 30～50m 的筒仓；高度为 50～100m 的烟囱；省（市）级影剧院、民航机场指挥和候机楼、铁路信号、通讯楼、铁路机务洗修库、高校试验楼；跨度等于或大于 24m、小于 36m 和吊车额定起重量等于或大于 30 吨、小于 100 吨的机加工车间；小于 100 吨的水压机车间；中型轧钢车间；中型选矿车间；中型火力发电厂主体建筑；中型水厂；中型污水处理厂；中型漂、染车间；大中型浴室；中型屠宰车间
丙类	7 层及 7 层以下的多层建筑；高度不超过 30m 的筒仓；高度不超过 50m 的烟囱；跨度小于 24m、吊车额定起重量小于 30 吨的机加工车间；单台小于 10 吨的锅炉房；一般浴室、食堂、县（区）影剧院、理化试验室；一般的工具、机修、木工车间、成品库
丁类	1～2 层的简易房屋、小型车间和小型库房

17.11.5 湿陷性土地基的埋地管道等与建筑物之间的防护距离

湿陷性土地基的埋地管道、排水沟、雨水明沟和水池等与建筑物之间的防护距离不宜小于表 17.11.5 规定的数值，当不满足要求，应采取与建筑物相应的防水措施。

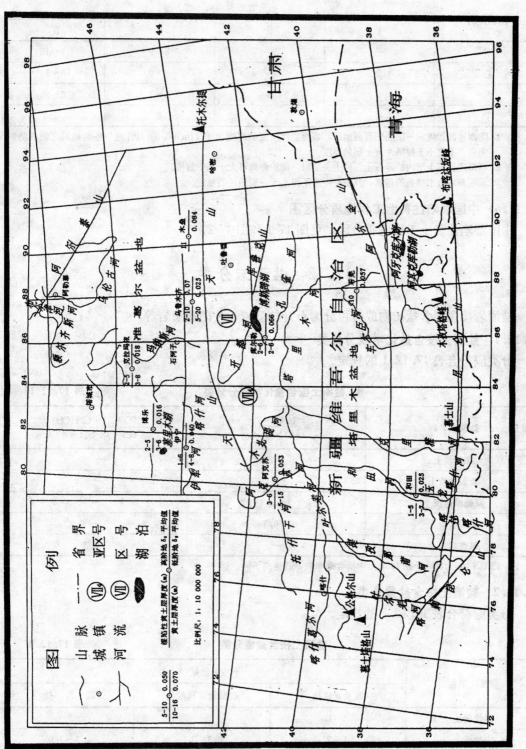

图 17-2 中国湿陷性黄土工程地质分区略图-2

埋地管道、排水沟、雨水明沟和水池等与建筑物之间的防护距 表 17.11.5

建筑类别	地 基 湿 陷 等 级			
	Ⅰ	Ⅱ	Ⅲ	Ⅳ
甲	—	—	8~9	11~12
乙	5	6~7	8~9	10~12
丙	4	5	6~7	8~9
丁	—	5	6	7

注：1. 陇西地区和陇东—陕北—晋西地区，当湿隐性土层的厚度大于12m时，压力管道与各类建筑之间的防护距离，不宜小于湿隐性黄土层的厚度。
2. 当湿陷性黄土层内的碎石土、砂土夹层时，防护距离可大于表中数值。
3. 采用基本防水措施的建筑，其防护距离不得小于一般地区的规定。

17.11.6 中国湿陷性黄土工程地质分区图

中国湿陷性黄土工程地质分区，见图17-1和图17-2。

17.12 盐渍岩分类

盐渍岩按主要含盐矿物成分可分为石膏盐渍岩、芒硝盐渍岩等。

17.12.1 盐渍土按含盐化学成分分类

分类应符合表17.12.1的规定。

盐渍土按含盐化学成分分类 表 17.12.1

盐渍土名称	$\dfrac{C(Cl^{-1})}{2C(SO_4^{2-})}$	$\dfrac{2C(CO_3^{2-})+C(HCO_3^{-})}{C(Cl^{-1})+2C(SO_4^{2-})}$
氯盐渍土	>2	—
亚氯盐渍土	2~1	—
亚硫酸盐渍土	1~0.3	—
硫酸盐渍土	<0.3	—
碱性盐渍土	—	>0.3

注：$C(Cl^-)$为氯离子在100g土中所含毫摩数，其他离子同。

17.12.2 盐渍土按含盐量分类

分类应符合表17.12.2的规定。

盐渍土按含盐量分类 表 17.12.2

盐渍土名称	平均含盐量(%)		
	氯及亚氯盐	硫酸及亚硫酸盐	碱 性 盐
弱盐渍土	0.3~1.0	—	—
中盐渍土	1~5	0.3~2.0	0.3~1.0
强盐渍土	5~8	2~5	1~2
超盐渍土	>8	>5	>2

17.13 软土的结构性分类

判定软土的结构性,应采用现场十字板剪切试验,也可采用无侧限抗压强度的试验方法,测定其灵敏度 s_t,按表 17.13 判定。

软土的结构性分类　　　　　　　　　　　表 17.13

灵敏度 s_t	结构性分类	灵敏度 s_t	结构性分类
$2 < s_t \leq 4$	中灵敏性	$8 < s_t \leq 16$	极灵敏性
$4 < s_t \leq 8$	高灵敏性	$s_t > 16$	流性

注:无侧限抗压强度试验土样,应用薄壁取土器取样。

17.14 冻土按冻结状态持续时间分类

根据冻土冻结状态持续时间的长短,我国冻土可分为多年冻土、隔年冻土和季节冻土三种类型见表 17.14。

冻土按冻结状态持续时间分类　　　　　　　表 17.14

类型	持续时间(T)	地面温度(℃)特征	冻融特征
多年冻土	$T \geq 2$ 年	年平均地面温度≤0	季节融化
隔年冻土	2 年$>T>$1 年	最低月平均地面温度≤0	季节冻结
季节冻土	$T<1$ 年	最低月平均地面温度≤0	季节冻结

17.14.1 地基土的冻胀性分类

地基土的冻胀性类别,应根据冻土层的平均冻胀率的大小按表 17.14.1 分为不冻胀、弱冻胀、冻胀、强冻胀和特强冻胀五个类别。

地基土的冻胀性分类　　　　　　　　　　表 17.14.1

土 的 名 称	冻前天然含水量 $w(\%)$	冻结期间地下水位距冻结面的最小距离 $h_w(m)$	平均冻胀率 $\eta(\%)$	冻胀等级	冻胀类别
碎(卵)石,砾、粗、中砂(粒径小于 0.075mm 颗粒含量大于 15%),细砂(粒径小于 0.075mm 颗粒含量大于 10%)	$w \leq 12$	>1.0	$\eta \leq 1$	I	不冻胀
		≤ 1.0	$1 < \eta \leq 3.5$	II	弱冻胀
	$12 < w \leq 18$	>1.0			
		≤ 1.0	$3.5 < \eta \leq 6$	III	冻胀
	$w > 18$	>0.5			
		≤ 0.5	$6 < \eta \leq 12$	IV	强冻胀
粉砂	$w \leq 14$	>1.0	$\eta \leq 1$	I	不冻胀
		≤ 1.0	$1 < \eta \leq 3.5$	II	弱冻胀
	$14 < w \leq 19$	>1.0			
		≤ 1.0	$3.5 < \eta \leq 6$	III	冻胀
	$19 < w \geq 23$	>1.0			
		≤ 1.0	$6 < \eta \leq 12$	IV	强冻胀
	$w > 23$	不考虑	$\eta > 12$	V	特强冻胀

续表

土的名称	冻前天然含水量 $w(\%)$	冻结期间地下水位距冻结面的最小距离 $h_w(m)$	平均冻胀率 $\eta(\%)$	冻胀等级	冻胀类别
粉土	$w \leqslant 19$	>1.5	$\eta \leqslant 1$	I	不冻胀
		$\leqslant 1.5$	$1 < \eta \leqslant 3.5$	II	弱冻胀
	$19 < w \leqslant 22$	>1.5			
		$\leqslant 1.5$	$3.5 < \eta \leqslant 6$	III	冻胀
	$22 < w \leqslant 26$	>1.5			
		$\leqslant 1.5$	$6 < \eta \leqslant 12$	IV	强冻胀
	$26 < w \leqslant 30$	>1.5			
		$\leqslant 1.5$	$\eta > 12$	V	特强冻胀
	$w > 30$	不考虑			
黏性土	$w \leqslant w_p + 2$	>2.0	$\eta \leqslant 1$	I	不冻胀
		$\leqslant 2.0$	$1 < \eta \leqslant 3.5$	II	弱冻胀
	$w_p + 2 < w \leqslant w_p + 5$	>2.0			
		$\leqslant 2.0$	$3.5 < \eta \leqslant 6$	III	冻胀
	$w_p + 5 < w \leqslant w_p + 9$	>2.0			
		$\leqslant 2.0$	$6 < \eta \leqslant 12$	IV	强冻胀
	$w_p + 9 < w \leqslant w_p + 15$	>2.0			
		$\leqslant 2.0$	$\eta > 12$	V	特强冻胀
	$w > w_p + 15$	不考虑			

注：1. w_p——塑限含水量（%）；w——在冻土层内冻前天然含水量的平均值；
    2. 盐渍化冻土不在表列；
    3. 塑性指数大于 22 时，冻胀性降低一级；
    4. 粒径小于 0.005mm 的颗粒含量大于 60%，为不冻胀土；
    5. 碎石类土当填物大于全部质量的 40% 时，其冻胀性按充填物土的类别判断；
    6. 碎石土、砾砂、粗砂、中砂（粒径小于 0.075mm 的颗粒含量不大于 15%）、细砂（粒径小于 0.075mm 的颗粒含量不大于 10%）均按不冻胀考虑。

17.14.2 多年冻土的类型和分布

我国多年冻土按形成和存在的自然条件不同，可分为高纬度多年冻土和高海拔多年冻土两种类型。它主要分布在大小兴安岭、青藏高原和东西部高山地区，见表 17.14.2。

17.14.3 季节活动层的类型和分布

我国季节冻土主要分布在长江流域以北、东北多年冻土南界以南和高海拔多年冻土下界以下的广大地区，面积约 514 万平方公里。在多年冻土地区可根据活动层与下卧土层的类别及其衔接关系，分为季节冻结层和季节融化层两种类型，见表 17.14.3。

17.14.4 多年冻土的融沉性分级

根据融化下沉系数 δ_0 的大小，多年冻土可分为不融沉、弱融沉、融沉、强融沉和融陷五级，并应符合表 17.14.4 的规定。冻土的平均融化下沉系数 δ_0 可按下式计算：

$$\delta_0 = \frac{h_1 - h_2}{h_1} = \frac{e_1 - e_2}{1 + e_1} \times 100 \quad (\%)$$

式中 h_1、e_1——冻土试样融化前的高度（mm）和孔隙比；
        h_2、e_2——冻土试样融化后的高度（mm）和孔隙比。

多年冻土的类型和分布 表 17.14.2

类 型		分布地区	面积 ($\times 10^3 km^2$)	年平均气温 (℃)	年平均地温 (℃)	连续程度 (%)
高纬度冻土	大片多年冻土	东北	380～390	<-5.0	-1.0～-2.0 有时达-4.2	65～75
	岛状融区多年冻土			-3.5～-5.0	-0.5～-1.5	50～60
	岛状多年冻土			≥-3.0	0～-1.0	5～30
高海拔冻土	高山	阿尔泰山	11	-5.4～-9.4 (2700～2800m)	0～-5.0 (2200m 以上)	—
		天山	63	<-2.0 (2700～2800m)		
		祁连山	95	<-2.0		20～80
		横断山	7～8	-3.2～-4.9 (4600～4900m)		
高海拔冻土	高山	喜马拉雅山	85	<-2.5～-3.0 (4900～5000m 以上)		
		黄岗梁山	—	<-2.9 (1500m 以上)		
		长白山	7	<-3.0～-4.0 (3100～3200m 以上)		
		太白山	—	-2.0～-4.0 (3100～3200m 以上)		
高海拔冻土	高原 大片多年冻土	青藏高原	1500	<-2.5～-6.5 或更低	-1.0～-3.5	70～80
	岛状多年冻土			-0.8～-2.5	0～-1.5	<40～60

季节活动层的类型和分布 表 17.14.3

类型	年平均地温(℃)	最大厚度(m)	下卧土层	分布地区
季节冻结层	>0	2～3(或更厚)	融土层或不衔接的多年冻土层	多年冻土区的融区地带
季节融化层	<0	2～3(或更厚)	衔接的多年冻土层	多年冻土区的大片多年冻土地带

多年冻土的融沉性分类 表 17.14.4

土的名称	总含水量 w_0(%)	平均融沉系数 δ_0	融沉等级	融沉类别	冻土类型
碎石土,砾、粗、中砂(粒径小于 0.075mm 的颗粒含量不大于 75%)	$w_0<10$	$\delta_0 \leq 1$	I	不融沉	少冰冻土
	$w_0 \geq 10$	$1<\delta_0 \leq 3$	II	弱融沉	多冰冻土
碎石土,砾、粗、中砂(粒径小于 0.075mm 的颗粒含量大于 75%)	$w_0<12$	$\delta_0 \leq 1$	I	不融沉	少冰冻土
	$12 \leq w_0<15$	$1<\delta_0 \leq 3$	II	弱融沉	多冰冻土
	$15 \leq w_0<25$	$3<\delta_0 \leq 10$	III	融沉	富冰冻土
	$w_0 \geq 25$	$10<\delta_0 \leq 25$	IV	强融沉	饱冰冻土

续表

土的名称	总含水量 w_0（%）	平均融沉系数 δ_0	融沉等级	融沉类别	冻土类型
粉砂、细砂	$w_0<14$	$\delta_0\leqslant1$	Ⅰ	不融沉	少冰冻土
	$14\leqslant w_0<18$	$1<\delta_0\leqslant3$	Ⅱ	弱融沉	多冰冻土
	$18\leqslant w_0<28$	$3<\delta_0\leqslant10$	Ⅲ	融沉	富冰冻土
	$w_0\geqslant28$	$10<\delta_0\leqslant25$	Ⅳ	强融沉	饱冰冻土
粉土	$w_0<17$	$\delta_0\leqslant1$	Ⅰ	不融沉	少冰冻土
	$17\leqslant w_0<21$	$1<\delta_0\leqslant3$	Ⅱ	弱融沉	多冰冻土
	$21\leqslant w_0<32$	$3<\delta_0\leqslant10$	Ⅲ	融沉	富冰冻土
	$w_0\geqslant32$	$10<\delta_0\leqslant25$	Ⅳ	强融沉	饱冰冻土
黏性土	$w_0<w_p$	$\delta_0\leqslant1$	Ⅰ	不融沉	少冰冻土
	$w_p\leqslant w_0<w_p+4$	$1<\delta_0\leqslant3$	Ⅱ	弱融沉	多冰冻土
	$w_p+4\leqslant w_0<w_p+15$	$3<\delta_0\leqslant10$	Ⅲ	融沉	富冰冻土
	$w_p+15\leqslant w_0<w_p+35$	$10<\delta_0\leqslant25$	Ⅳ	强融沉	饱冰冻土
含土冰层	$w_0\geqslant w_p+35$	$\delta_0>25$	Ⅴ	融陷	含土冰层

注：1. 总含水量 w_0 包括冰和未冻水；
2. 本表不包括盐渍化冻土、冻结泥炭化土、腐殖土、高塑性黏土。

17.14.5 建筑基底下允许残留冻土层厚度

建筑基础底面下允许残留冻土层厚度，可按表17.14.5确定。

建筑基底下允许残留冻土层厚度 h_{max} （m）　　表 17.14.5

冻胀性	基础形式	采暖情况	基底平均压力（kPa） 90	110	130	150	170	190	210
弱冻胀土	方形基础	采暖	—	0.94	0.99	1.04	1.11	1.15	1.20
		不采暖	—	0.78	0.84	0.91	0.97	1.04	1.10
	条形基础	采暖	—	≥2.50	≥2.50	≥2.50	≥2.50	≥2.50	≥2.50
		不采暖	—	2.20	2.50	≥2.50	≥2.50	≥2.50	≥2.50
冻胀土	方形基础	采暖	—	0.64	0.70	0.75	0.81	0.86	—
		不采暖	—	0.55	0.60	0.65	0.69	0.74	—
	条形基础	采暖	—	1.55	1.79	2.03	2.26	2.50	—
		不采暖	—	1.15	1.35	1.55	1.75	1.95	—
强冻胀土	方形基础	采暖	—	0.42	0.47	0.51	0.56	—	—
		不采暖	—	0.36	0.40	0.43	0.47	—	—
	条形基础	采暖	—	0.74	0.88	1.00	1.13	—	—
		不采暖	—	0.56	0.66	0.75	0.84	—	—
特强冻胀土	方形基础	采暖	0.30	0.34	0.38	0.41	—	—	—
		不采暖	0.24	0.27	0.31	0.34	—	—	—
	条形基础	采暖	0.43	0.52	0.61	0.70	—	—	—
		不采暖	0.33	0.40	0.47	0.53	—	—	—

注：1. 本表只计算法向冻胀力，如果基侧存在切向冻胀力，应采取防切向力措施。
2. 本表不适用于宽度小于0.6m的基础，矩形基础可取短边尺寸按方形基础计算。
3. 表中数据不适用于淤泥、淤泥质土和欠固结土。
4. 表中基底平均压力数值为永久荷载标准值乘以0.9，可以内插。

18 基坑、边坡及支护类型

18.1 基坑土方工程分级

基坑(槽)、管沟土方工程应按下列规定划分为三级:

一级基坑:符合下列情况之一,为一级基坑。

1. 重要工程或支护结构做主体结构的一部分;
2. 开挖深度大于 10m;
3. 与临近建筑物、重要设施的距离在开挖深度以内的基坑;
4. 基坑范围内有历史文物、近代优秀建筑、重要管线等需严加保护的基坑。

二级基坑:除一级和三级外的基坑属二级基坑。

三级基坑:开挖深度小于 7m,且周围环境无特别要求的基坑。

18.1.1 基坑变形的监控值

基坑(槽)、管沟土方工程验收必须确保支护结构安全和周围环境安全为前提。不同类别的基坑,基坑变形的监控值应符合表 18.1.1 的规定。

基坑变形的监控值 (cm)   表 18.1.1

基坑类别	围护结构墙顶位移监控值	围护结构墙体最大位移监控值	地面最大沉降监控值
一级基坑	3	5	3
二级基坑	6	8	6
三级基坑	8	10	10

18.1.2 基坑监测项目选择

基坑开挖前应作出系统的开挖监控方案,监控方案中的监测项目可按表 18.1.2 选择。

基坑监测项目表   表 18.1.2

监测项目＼基坑侧壁安全等级	一级	二级	三级
支护结构水平位移	应测	应测	应测
周围建筑、地下管线变形	应测	应测	宜测
地下水位	应测	应测	宜测
桩、墙内力	应测	宜测	可测
锚杆拉力	应测	宜测	可测
支撑轴力	应测	宜测	可测
立柱变形	应测	宜测	可测
土体分层竖向位移	应测	宜测	可测
支护结构界面上侧向压力	宜测	可测	可测

18.2 建筑边坡类型

建筑边坡分为土质边坡和岩质边坡两种类型。

18.3 滑坡的类型

滑坡根据滑坡的诱发因素、滑体和滑动特征分为工程滑坡和自然滑坡（含工程古滑坡）两大类，具体应符合表18.3的规定。

滑坡类型　　表18.3

滑坡类型	诱发因素	滑体特征	滑动特征
工程滑坡	人工弃土滑坡、切坡顺层滑坡、切坡岩体滑坡	开挖坡脚、坡顶加载、施工用水等因素	由外倾且软弱的岩土坡面上填土构成；由层面外倾且较软弱的岩土体构成；由外倾软弱结构面控制稳定的岩体构成	弃土沿下卧层岩土层面或弃土体内滑动；沿外倾的下卧潜在滑面或土体内滑动；沿外倾、临空软弱结构面滑动
自然滑坡或工程古滑坡	堆积体古滑坡、岩体顺层古滑坡、土体顺层古滑坡	暴雨、洪水或地震等自然因素，或人为因素	由崩塌堆积体构成，已有古滑面；由顺层岩体构成，已有古滑面；由顺层土体构成，已有古滑面	沿外倾下卧岩土层古滑面或体内滑动；沿外倾软弱岩层、古滑面或体内滑动；沿外倾土层古滑面或体内滑动

18.4 岩质边坡的岩体类型

确定岩质边坡的岩体类型应考虑主要结构面与坡向的关系、结构面倾角大小和岩体完整程度等因素，并符合表18.4的规定。

岩质边坡的岩体分类　　表18.4

边坡岩体类型	判定条件			直立边坡自稳能力
	岩体完整程度	结构面结合程度	结构面产状	
Ⅰ	完整	结构面结合良好或一般	外倾结构面或外倾不同结构面的组合线倾角>75°或<35°	30m高边坡长期稳定，偶有掉块
Ⅱ	完整	结构面结合良好或一般	外倾结构面或外倾不同结构面的组合线倾角35°~75°	15m高边坡稳定，15~25m高边坡欠稳定
	完整	结构面结合差	外倾结构面或外倾不同结构面的组合线倾角>75°或<35°	
	较完整	结构面结合良好或一般或差	外倾结构面或外倾不同结构面的组合线的倾角<35°，有内倾结构面	边坡出现局部塌落

续表

边坡岩体类型 \ 判定条件	岩体完整程度	结构面结合程度	结构面产状	直立边坡自稳能力
Ⅲ	完整	结构面结合差	外倾结构面或外倾不同结构面的组合线倾角35°～75°	8m 高边坡稳定，15m 高边坡欠稳定
Ⅲ	较完整	结构面结合良好或一般	外倾结构面或外倾不同结构面的组合线倾角35°～75°	8m 高边坡稳定，15m 高边坡欠稳定
Ⅲ	较完整	结合面结合差	外倾结构面或外倾不同结构面的组合线倾角>75°或<35°	8m 高边坡稳定，15m 高边坡欠稳定
Ⅲ	较完整（碎裂镶嵌）	结构面结合良好或一般	结构面无明显规律	8m 高边坡稳定，15m 高边坡欠稳定
Ⅳ	较完整	结构面结合差或很差	外倾结构面以层面为主，倾角多为35°～75°	8m 高边坡不稳定
Ⅳ	不完整（散体、碎裂）	碎块间结合很差		8m 高边坡不稳定

注：1. 边坡岩体分类中未含由外倾软弱结构面控制的边坡和倾倒崩塌型破坏的边坡；
 2. Ⅰ类岩体为软岩、较软岩时，应降为Ⅱ类岩体；
 3. 当地下水发育时Ⅱ、Ⅲ类岩体可根据具体情况降低一档；
 4. 强风化岩和极软岩可划为Ⅳ类；
 5. 表中外倾结构面系指倾向与坡向的夹角小于30°的结构面；
 6. 岩体完整程度按表16.3确定。

18.5 岩质边坡的破坏形式分类

岩质边坡的破坏形式宏观地确定为滑移型与崩塌型两大类，具体应按表18.5划分。

岩质边坡的破坏形式　　　　表 18.5

破坏形式	岩体特征		破坏特征
滑移型	由外倾结构面控制的岩体	硬性结构面的岩体	沿外倾结构面滑移，分单面滑移与多面滑移
滑移型	由外倾结构面控制的岩体	软弱结构面的岩体	沿外倾结构面滑移，分单面滑移与多面滑移
滑移型	不受外倾结构面控制和无外倾结构面的岩体	整体状岩体，巨块状、块状岩体，碎裂状、散体状岩体	沿极软岩、强风化岩、碎裂结构或散体状岩体中最不利滑动面滑移
崩塌型	危岩		沿陡倾、临空的结构面塌滑；由内、外倾结构不利组合面切割，块体失稳倾倒；岩腔上岩体沿竖向结构面剪切破坏坠落

18.6 基坑支护结构选型

1. 基坑支护结构可根据基坑周边环境、开挖深度、工程地质与水文地质、施工作业设备和施工季节等条件，按表18.6-1选用。

支护结构选型表 表18.6-1

结构形式	适用条件
排桩或地下连续墙	1. 适于基坑侧壁安全等级一、二、三级 2. 悬臂式结构在软土场地中不宜大于5m 3. 当地下水位高于基坑底面时，宜采用降水、排桩加截水帷幕或地下连续墙
水泥土墙	1. 基坑侧壁安全等级宜为二、三级 2. 水泥土桩施工范围内地基土承载力不宜大于150kPa 3. 基坑深度不宜大于6m
土钉墙	1. 基坑侧壁安全等级宜为二、三级的非软土场地 2. 基坑深度不宜大于12m 3. 当地下水位高于基坑底面时，应采取降水或截水措施
逆作拱墙	1. 基坑侧壁安全等级宜为二、三级 2. 淤泥和淤泥质土场地不宜采用 3. 拱墙轴线的矢跨比不宜小于1/8 4. 基坑深度不宜大于12m 5. 地下水位高于基坑底面时，应采取降水或截水措施
放坡	1. 基坑侧壁安全等级宜为三级 2. 施工场地应满足放坡条件 3. 可独立或与上述其他结构结合使用 4. 当地下水位高于坡脚时，应采取降水措施

注：本表根据《建筑基坑支护技术规程》JGJ 120—99。

2. 边坡支护结构常用形式可根据场地地质和环境条件、边坡高度以及边坡工程安全等级等因素，参照表18.6-2选用。

边坡支护结构常用形式 表18.6-2

条件 结构类型	边坡环境	边坡高度(m)	边坡工程安全等级	说 明
重力式挡墙	场地允许，坡顶无重要建(构)筑物	土坡：$H \leqslant 8$ 岩坡：$H \leqslant 10$	一、二、三级	土方开挖后边坡稳定较差时不应采用
扶壁式挡墙	填方区	土坡：$H \leqslant 10$	一、二、三级	土质边坡
悬臂式支护	—	土坡：$H \leqslant 8$ 岩坡：$H \leqslant 10$	一、二、三级	土层较差或对挡墙变形要求较高时，不宜采用
板肋式或格构式锚杆挡墙支护	—	土坡：$H \leqslant 15$ 岩坡：$H \leqslant 30$	一、二、三级	坡高较大或稳定性较差时宜采用逆作法施工。对挡墙变形有较高要求的土质边坡、宜采用预应力锚杆
排桩式锚杆挡墙支护	坡顶建(构)筑物需要保护、场地狭窄	土坡：$H \leqslant 15$ 岩坡：$H \leqslant 30$	一、二级	严格按逆作法施工，对挡墙变形有较高要求的土质边坡，应采用预应力锚杆
岩石锚喷支护	—	Ⅰ类岩坡：$H \leqslant 30$ Ⅱ类岩坡：$H \leqslant 30$ Ⅲ类岩坡：$H < 15$	一、二、三级 二、三级 二、三级	—
坡率法	坡顶无重要建(构)筑物，场地有放坡条件	土坡：$H \leqslant 10$ 岩坡：$H \leqslant 25$	二、三级	不良地质段、地下水发育区、流塑状土时不应采用

注：本表根据《建筑边坡工程技术规范》GB 50330—2002。

18.7 围岩级别

围岩级别的划分，应根据岩石硬性、岩体完整性、结构面特征、地下水和地应力状况等因素综合确定，并应符合表 18.7 的规定。

围岩分级   表 18.7

围岩级别	主要工程地质特征							毛洞稳定情况
	岩体结构	构造影响程度，结构面发育情况和组合状态	岩石强度指标		岩体声波指标		岩体强度应力比	
			单轴饱和抗压强度（MPa）	点荷载强度（MPa）	岩体纵波速度（km/s）	岩体完整性指标		
Ⅰ	整体状及层间结合良好的厚层状结构	构造影响轻微，偶有小断层。结构面不发育，仅有2~3组，平均间距大于0.8m，以原生和构造节理为主，多数闭合，无泥质充填，不贯通。层间结合良好，一般不出现不稳定块体	>60	>2.5	>5	>0.75	—	毛洞跨度5~10m时，长期稳定，无碎块掉落
Ⅱ	同Ⅰ级围岩结构	同Ⅰ级围岩特征	30~60	1.25~2.5	3.7~5.2	>0.75	—	毛洞跨度5~10m时，围岩能较长时间（数月至数年维持稳定，仅出现局部小块掉落）
	块状结构和层间结合较好的中厚层或厚层状结构	构造影响较重，有少量断层。结构面较发育，一般为3组，平均间距0.4~0.8m，以原生和构造节理为主，多数闭合，偶有泥质充填，贯通性较差，有少量软弱结构面。层间结合较好，偶有层间错动和层面张开现象	>60	>2.5	3.7~5.2	>0.5	—	
Ⅲ	同Ⅰ级围岩结构	同Ⅰ级围岩特征	20~30	0.85~1.25	3.0~4.5	>0.75	>2	毛洞跨度5~10m时，围岩能维持一个月以上的稳定，主要出现局部掉块、塌落
	同Ⅱ级围岩块状结构和层间结合较好的中厚层或厚层状结构	同Ⅱ级围岩块状结构和层间结合较好的中厚层或厚层状结构特征	30~60	1.25~2.50	3.0~4.5	0.50~0.75	>2	
	层间结合良好的薄层和软硬岩互层结构	构造影响较重。结构面发育，一般为3组，平均间距0.2~0.4m，以构造节理为主，节理面多数闭合，少有泥质充填。岩层为薄层或以硬岩为主的软硬岩互层，层间结合良好，少见软弱夹层、层间错动和层面张开现象	>60（软岩>20）	>2.50	3.0~4.5	0.30~0.50	>2	

续表

围岩级别	主要工程地质特征						毛洞稳定情况
	岩体结构	构造影响程度,结构面发育情况和组合状态	岩石强度指标		岩体声波指标		岩体强度应力比
			单轴饱和抗压强度(MPa)	点荷载强度(MPa)	岩体纵波速度(km/s)	岩体完整性指标	
Ⅲ	碎裂镶嵌结构	构造影响较重。结构面发育,一般为3组以上,平均间距0.2~0.4m,以构造节理为主,节理面多数闭合,少数有泥质充填,块体间牢固咬合	>60	>2.50	3.0~4.5	0.30~0.50	>2	毛洞跨度5~10m时,围岩能维持一个月以上的稳定,主要出现局部掉块、塌落
	同Ⅱ级围岩块状结构和层间结合较好的中厚层或厚层状结构	同Ⅱ级围岩块状结构和层间结合较好的中厚层或厚层状结构特征	10~30	0.42~1.25	2.0~3.5	0.50~0.75	>1	
Ⅳ	散块状结构	构造影响严重,一般为风化卸荷带。结构面发育,一般为3组,平均间距0.4~0.8m,以构造节理、卸荷、风化裂隙为主,贯通性大,多数张开,夹泥,夹泥厚度一般大于结构面的起伏高度,咬合力弱,构成较多的不稳定块体	>30	>1.25	>2.0	>0.15	>1	毛洞跨度5~10m时,围岩能维持数日至一个月的稳定,主要失稳形式为塌落或片帮
	层间结合不良的薄层、中厚层和软硬岩互层结构	构造影响严重。结构面发育,一般为3组以上,平均间距0.2~0.4m,以构造、风化节理为主,大部分微张(0.5~1.0mm),部分张开(>1.0mm),有泥质充填,层间结合不良,多数夹泥,层间错动明显	>30(软岩>10)	>1.25	2.0~3.5	0.20~0.40	>1	
	碎裂状结构	构造影响严重,多数为断层影响带或强风化带。结构面发育,一般为3组以上,平均间距0.2~0.4m,大部分微张(0.5~1.0mm),部分张开(>1.0mm),有泥质充填,形成许多碎块体	>30	>1.25	2.0~3.5	0.20~0.40	>1	

围岩级别	主要工程地质特征							毛洞稳定情况
	岩体结构	构造影响程度,结构面发育情况和组合状态	岩石强度指标		岩体声波指标		岩体强度应力比	
			单轴饱和抗压强度(MPa)	点荷载强度(MPa)	岩体纵波速度(km/s)	岩体完整性指标		
V	散体状结构	构造影响很严重,多数为破碎带、全强风化带、破碎带交汇部位。构造及风化节理密集,节理面及其组合杂乱,形成大量碎块体。块体间多数为泥质充填,甚至呈石夹土状或土夹石状	—	—	<2.0	—	—	毛洞跨度 5m 时,围岩稳定时间很短,约数小时至数日

注:1. 围岩按定性分级与定量指标分级有差别时,一般应以低者为准。
   2. 本表声波指标以孔测法测试值为准。如果用其他方法测试时,可通过对比试验,进行换算。
   3. 层状岩体按单层厚度可划分为:厚层:大于0.5m;中厚层 0.1~0.5m;薄层:小于 0.1m。
   4. 一般条件下,确定围岩级别时,应以岩石单轴湿饱和抗压强度为准;当洞跨小于 5m,服务年限小于 10 年的工程,确定围岩级别时,可采用点荷载强度指标代替岩块单轴饱和抗压强度指标,可不做岩体声波指标测试。
   5. 测定岩石强度,做单轴抗压强度测定后,可不做点荷载强度测定。

18.8 隧洞和斜井的锚喷支护类型和设计参数

对Ⅳ、V级围岩中毛洞跨度大于5m的工程,除应按照表18.8的规定,选择初期支护的类型与参数外,尚应进行监控量测,以最终确定支护类型和参数。

对Ⅰ、Ⅱ、Ⅲ级围岩毛洞跨度大于15m的工程,除应按照表18.8的规定,选择支护类型与参数外,尚应对围岩进行稳定性分析和验算;对Ⅲ级围岩,还应进行监控量测,以便最终确定支护类型和参数。

隧洞和斜井的锚喷支护类型和设计参数 表 18.8

围岩级别 \ 毛洞跨度 B(m)	B≤5	5<B≤10	10<B≤15	15<B≤20	20<B≤25
Ⅰ	不支护	50mm 厚喷射混凝土	(1)80~100mm 厚喷射混凝土 (2)50mm 厚喷射混凝土,设置 2.0~2.5m 长的锚杆	100~150mm 厚喷射混凝土,设置 2.5~3.0m 长的锚杆,必要时,配置钢筋网	120~150mm 厚喷射混凝土,设置 3.0~4.0m 长的锚杆
Ⅱ	50mm 厚喷射混凝土	(1)80~100mm 厚喷射混凝土 (2)50mm 厚喷射混凝土,设置 1.5~2.0m 长的锚杆	(1)120~150mm 厚喷射混凝土,必要时,配置钢筋网 (2)80~120mm 厚喷射混凝土,设置 2.0~3.0m 长的锚杆,必要时,配置钢筋网	120~150mm 厚喷射混凝土,设置 3.0~4.0m 长的锚杆	150~200mm 厚喷射混凝土,设置 5.0~6.0m 长的锚杆,必要时,设置长度大于 6.0m 的预应力或非预应力锚杆

续表

毛洞跨度 B(m) 围岩级别	B≤5	5<B≤10	10<B≤15	15<B≤20	20<B≤25
Ⅲ	(1) 80~100mm 厚喷射混凝土 (2) 50mm 厚喷射混凝土，设置 1.5~2.0m 长的锚杆	(1) 120~150mm 厚喷射混凝土，必要时，配置钢筋网 (2) 80~100mm 厚喷射混凝土，设置 2.0~2.5m 长的锚杆，必要时，配置钢筋网	100~150mm 厚喷射混凝土，设置 3.0~4.0m 长的锚杆	150~200mm 厚喷射混凝土，设置 4.0~5.0m 长的锚杆，必要时，设置长度大于 5.0m 的预应力或非预应力锚杆	—
Ⅳ	80~100mm 厚喷射混凝土，设置 1.5~2.0m 长的锚杆	100~150mm 厚钢筋网喷射混凝土，设置 2.0~2.5m 长的锚杆，必要时，采用仰拱	150~200mm 厚钢筋网喷射混凝土，设置 3.0~4.0m 长的锚杆，必要时，采用仰拱并设置长度大于 4.0m 的锚杆	—	—
Ⅴ	120~150mm 厚钢筋网喷射混凝土，设置 1.5~2.0m 长的锚杆，必要时，采用仰拱	150~200mm 厚钢筋网喷射混凝土，设置 2.0~3.0m 长的锚杆，采用仰拱，必要时，加设钢架	—	—	—

注：1. 表中的支护类型和参数，是指隧洞和倾角小于 30°的斜井的永久支护，包括初期支护与后期支护的类型和参数。
2. 服务年限小于 10 年及洞跨小于 3.5m 的隧洞和斜井，表中的支护参数，可根据工程具体情况，适当减小。
3. 复合衬砌的隧洞和斜井，初期支护采用表中的参数时，应根据工程的具体情况，予以减小。
4. 陡倾斜岩层中的隧洞或斜井易失稳的一侧边墙和缓倾斜岩层中的隧洞或斜井顶部，应采用表中第（2）种支护类型和参数，其他情况下，两种支护类型和参数均可采用。
5. 对高度大于 15.0m 的侧边墙，应进行稳定性验算。并根据验算结果，确定锚喷支护参数。

19 地基基础设计等级及结构安全等级

19.1 地基基础设计等级

根据地基复杂程度、建筑物规模和功能特征以及由于地基问题可能造成建筑物破坏或影响正常使用的程度，将地基基础设计分为三个设计等级，设计时应根据具体情况，按表19.1选用。

地基基础设计等级 表 19.1

设计等级	建 筑 和 地 基 类 型
甲级	重要的工业与民用建筑物 30 层以上的高层建筑 体型复杂，层数相差超过 10 层的高低层连成一体建筑物 大面积的多层地下建筑物（如地下车库、商场、运动场等） 对地基变形有特殊要求的建筑物 复杂地质条件下的坡上建筑物（包括高边坡） 对原有工程影响较大的新建建筑物 场地和地基条件复杂的一般建筑物 位于复杂地质条件及软土地区的二层及二层以上地下室的基坑工程
乙级	除甲级、丙级以外的工业与民用建筑物
丙级	场地和地基条件简单、荷载分布均匀的七层及七层以下民用建筑及一般工业建筑物；次要的轻型建筑物

19.1.1 不同地基基础设计等级的设计规定

根据建筑物地基基础设计等级及长期荷载作用下地基变形对上部结构的影响程度，地基基础设计应符合下列规定：

1. 所有建筑物的地基计算均应满足承载力计算的有关规定；
2. 设计等级为甲级、乙级的建筑物，均应按地基变形设计；
3. 表 19.1.2 所列范围内设计等级为丙级的建筑物可不作变形验算，如有下列情况之一时，仍应作变形验算：
   (1) 地基承载力特征值小于 130kPa，且体型复杂的建筑；
   (2) 在基础上及其附近有地面堆载或相邻基础荷载差异较大，可能引起地基产生过大的不均匀沉降时；
   (3) 软弱地基上的建筑物存在偏心荷载时；
   (4) 相邻建筑距离过近，可能发生倾斜时；
   (5) 地基内有厚度较大或厚薄不均匀的填土，其自重固结未完成时。
4. 对经常受水平荷载作用的高层建筑、高耸结构和挡土墙等，以及建造在斜坡上或边坡附近的建筑物和构筑物，尚应验算其稳定性；

5. 基坑工程应进行稳定性验算；

6. 当地下水埋藏较浅，建筑地下室或地下构筑物存在上浮问题时，尚应进行抗浮验算。

19.1.2 可不作地基变形计算设计等级为丙级的建筑物范围

范围应符合表19.1.2的规定。

可不作地基变形计算设计等级为丙级的建筑物范围　　　表 19.1.2

地基主要受力层情况		地基承载力特征值 f_{ak}(kPa)	$60 \leqslant f_{ak}$ <80	$80 \leqslant f_{ak}$ <100	$100 \leqslant f_{ak}$ <130	$130 \leqslant f_{ak}$ <160	$160 \leqslant f_{ak}$ <200	$200 \leqslant f_{ak}$ <300
		各土层坡度(%)	≤5	≤5	≤10	≤10	≤10	≤10
建筑类型		砌体承重结构、框架结构(层数)	≤5	≤5	≤5	≤6	≤6	≤7
	单层排架结构(6m柱距) 单跨	吊车额定起重量(t)	5～10	10～15	15～20	20～30	30～50	50～100
		厂房跨度(m)	≤12	≤18	≤24	≤30	≤30	≤30
	多跨	吊车额定起重量(t)	3～5	5～10	10～15	15～20	20～30	30～75
		厂房跨度(m)	≤12	≤18	≤24	≤30	≤30	≤30
	烟囱	高度(m)	≤30	≤40	≤50	≤75		≤100
	水塔	高度(m)	≤15	≤20	≤30	≤30		≤30
		容积(m³)	≤50	50～100	100～200	200～300	300～500	500～1000

注：1. 地基主要受力层系指条形基础底面下深度为 $3b$（b 为基础底面宽度），独立基础下为 $1.5b$，且厚度均不小于5m的范围（二层以下一般的民用建筑除外）；

2. 地基主要受力层中如有承载力特征值小于130kPa的土层时，表中砌体承重结构的设计，应符合《建筑地基基础设计规范》GB 5007—2002 第七章的有关要求；

3. 表中砌体承重结构和框架结构均指民用建筑，对于工业建筑可按厂房高度、荷载情况折合成与其相当的民用建筑层数；

4. 表中吊车额定起重量、烟囱高度和水塔容积的数值系指最大值。

19.2 建筑桩基安全等级

根据桩基损坏造成建筑物的破坏后果（危及人的生命、造成经济损失、产生社会影响）的严重性，桩基设计时应根据表19.2选用适当的安全等级。

建筑桩基安全等级　　　表 19.2

安全等级	破坏后果	建筑物类型
一级	很严重	重要的工业与民用建筑物；对桩基变形有特殊要求的工业建筑物
二级	严重	一般的工业与民用建筑物
三级	不严重	次要的建筑物

19.3 边坡工程安全等级

边坡工程应按其损坏后可能造成的破坏后果（危及人的生命、造成经济损失、产生社会不良影响）的严重性、边坡类型和坡高等因素，根据表 19.3 确定安全等级。

边坡工程安全等级　　　　　　　表 19.3

边坡类型		边坡高度 H(m)	破坏后果	安全等级
岩质边坡	岩体类型为Ⅰ或Ⅱ类	$H \leqslant 30$	很严重	一级
			严重	二级
			不严重	三级
	岩体类型为Ⅲ或Ⅳ类	$15 < H \leqslant 30$	很严重	一级
			严重	二级
		$H \leqslant 15$	很严重	一级
			严重	二级
			不严重	三级
土质边坡		$10 < H \leqslant 15$	很严重	一级
			严重	二级
		$H \leqslant 10$	很严重	一级
			严重	二级
			不严重	三级

注：1. 一个边坡工程的各段，可根据实际情况采用不同的安全等级。
　　2. 对危害性极严重、环境和地质条件复杂的特殊边坡工程，其安全等级应根据工程情况适当提高。

说明：
破坏后果很严重、严重的下列建筑边坡工程，其安全等级应定为一级：
1) 由外倾软弱结构面控制的边坡工程；
2) 危岩、滑坡地段的边坡工程；
3) 边坡塌滑区内或边坡塌方影响区内有重要建（构）筑物的边坡工程。破坏后果不严重的上述边坡工程的安全等级可定为二级。

19.4 基坑支护侧壁安全等级

基坑支护结构设计应根据表 19.4 选用相应的侧壁安全等级及重要性系数。

基坑侧壁安全等级及重要性系数　　　　　　　表 19.4

安全等级	破 坏 后 果	r_0
一级	支护结构破坏,土体失稳或过大变形对基坑周边环境及地下结构施工影响很严重	1.10
二级	支护结构破坏,土体失稳或过大变形对基坑周边环境及地下结构施工影响一般	1.00
三级	支护结构破坏,土体失稳或过大变形对基坑周边环境及地下结构施工影响不严重	0.90

注：有特殊要求的建筑基坑侧壁安全等级可根据具体情况另行确定。

19.5 建筑结构的安全等级

在《建筑结构可靠度设计统一标准》中(GB 50068—2001)规定。

建筑结构设计时,应根据结构破坏可能产生的后果(危及人的生命、造成经济损失、产生社会影响等)的严重性,采用不同的安全等级。建筑结构安全等级的划分应符合表19.5的要求。

建筑结构的安全等级   表19.5

安全等级	破坏后果	建筑物类型
一级	很严重	重要的房屋
二级	严重	一般的房屋
三级	不严重	次要的房屋

注:1. 对特殊的建筑物,其安全等级应根据具体情况另行确定;
   2. 地基基础设计安全等级及按抗震要求设计时建筑结构的安全等级,尚应符合国家现行有关规范的规定。

说明:
1. 建筑物中各类结构构件的安全等级,宜与整个结构的安全等级相同。对其中部分结构构件的安全等级可进行调整,但不得低于三级。
2. 砌体结构、混凝土结构、多孔砖砌体结构、混凝土小型空心砌块结构以及建筑地面的混凝土垫层的安全等级在相应的规范中都有条款规定,其内容与表19.5完全相同。

19.5.1 软土地区建筑物的安全等级

在《软土地区工程地质勘察规范》JGJ 83—91中规定,建筑物因地基造成的破坏,按其后果的严重性划分为三个安全等级,应符合表19.5.1的要求。

建筑物安全等级   表19.5.1

安全等级	破坏后果	建筑物类型
一级	很严重	对国民经济有重大意义建设项目中的重要建筑物,14层以上的高层建筑;吊车起重量在≥300kN的单层工业厂房;对沉降有严格限制的建筑物
二级	严重	对国民经济有重大意义建设项目中的一般建筑物;4~13层的多层住宅建筑物;吊车起重量在<300kN的单层工业厂房,对沉降有一定要求的一般工业与民用建筑物
三级	不严重	3层及3层以下的住宅建筑;次要的建筑如仓库,各类辅助车间等

19.5.2 高层建筑安全等级

在《高层建筑岩土工程勘察规程》JGJ 72—2004中规定,根据《建筑地基基础设计规范》的安全等级划分原则,高层建筑的分级按表19.5.2确定。

高层建筑安全等级划分标准   表19.5.2

安全等级	破坏后果	建筑物类型
一级	很严重	20层和20层以上的高层建筑;体型复杂的14层和14层以上的高层建筑;75m和75m以上的重要构筑物;150m和150m以上高耸构筑物
二级	严重	低于20层的高层建筑;体型复杂的低于14层的高层建筑;低于75m的重要构筑物;低于150m的高耸构筑物

19.5.3 高耸结构的安全等级

在《高耸结构设计规范》GBJ 135—90 中规定，对承载能力极限状态，高耸结构应根据其破坏后果（如危及人的生命安全、造成经济损失、产生社会影响等）的严重性按表 19.5.3 划分为两个安全等级。

高耸结构的安全等级　　　　　　　　　　　　　表 19.5.3

安全等级	高耸结构类型	结构破坏后果
一级	重要的高耸结构	很严重
二级	一般的高耸结构	严 重

注：1. 对特殊的高耸结构，其安全等级可根据具体情况另行规定。
　　2. 结构构件的安全等级宜采用与整个结构相应的安全等级，对部分构件可按具体情况调整其安全等级。

19.5.4 水泥厂建（构）筑物的安全等级

在《水泥工厂设计规范》GB 50295—1999 中规定，水泥工厂各建（构）筑物的安全等级，应按表 19.5.4 采用。

水泥厂建（构）筑物安全等级　　　　　　　　　　表 19.5.4

安全等级	破坏后果	建（构）筑物名称
二级	严重	三级以外的建（构）筑物
三级	不严重	露天堆场、装载机棚、推土机棚、卷扬机房、板道房、各种物料堆棚、材料库、机车库、自行车棚、厕所、矿山山上工人值班室、开水房、围墙、岗亭、避炮棚

19.6　生物安全实验室的结构安全等级

安全等级应符合表 19.6 的规定。

生物安全实验室的结构安全等级　　　　　　　　　表 19.6

实验室级别	结构安全等级
三级	不宜低于一级
四级	不应低于一级

19.7　电视塔安全等级

电视塔依其重要性分为三个安全等级。电视塔安全等级应符合表 19.7 的规定。

电视塔安全等级　　　　　　　　　　　　　　　　表 19.7

安全等级	破坏后果	电视塔类型
一级	很严重	重要
二级	严 重	一般
三级	不严重	次要

20 部分材料等级

20.1 烧结普通砖、烧结多孔砖等的强度等级

烧结普通砖、烧结多孔砖等的强度等级：MU30、MU25、MU20、MU15 和 MU10。

20.2 蒸压灰砂砖，蒸压粉煤灰砖的强度等级

蒸压灰砂砖，蒸压粉煤灰砖的强度等级：MU25、MU20、MU15 和 MU10。

20.3 砌块的强度等级

砌块的强度等级：MU20、MU15、MU10、MU7.5 和 MU5。

20.4 石材的强度等级

石材的强度等级：MU100、MU80、MU60、MU50、MU40、MU30、MU20。

20.5 砂浆的强度等级

砂浆的强度等级：M15、M10、M7.5、M5 和 M2.5。

20.6 普通钢筋的强度标准值

钢筋的强度标准值应具有不小于95%的保证率，热轧钢筋的强度标准值系根据屈服强度确定，用 f_{yk} 表示。普通钢筋的强度标准值应按表20.6采用。

普通钢筋强度标准值（N/mm²）　　　　表20.6

种 类		符号	d(mm)	f_{yk}
热轧钢筋	HPB235(Q235)		8~20	235
	HRB335(20MnSi)		6~50	335
	HRB400(20MnSiV、20MnSiNb、20MnTi)		6~50	400
	RRB400(K20MnSi)		8~40	400

注：1. 热轧钢筋直径 d 系指公称直径；
　　2. 当采用直径大于40mm的钢筋时，应有可靠的工程经验。

20.6.1 预应力钢筋的强度标准值

预应力钢绞线、钢丝和热处理钢筋的强度标准值系根据极限抗拉强度确定，用 f_{ptk} 表示，预应力钢筋的强度标准值应按表 20.6.1 采用。

预应力钢筋强度标准值（N/mm²）　　　　　表 20.6.1

种类		符号	d(mm)	f_{ptk}
钢绞线	1×3	Φ^S	8.6、10.8	1860、1720、1570
			12.9	1720、1570
	1×7		9.5、11.1、12.7	1860
			15.2	1860、1720
消除应力钢丝	光面 螺旋肋	Φ^P Φ^F	4、5	1770、1670、1570
			6	1670、1570
			7、8、9	1570
	刻痕	Φ^I	5、7	1570
热处理钢筋	40Si2Mn	Φ^{HT}	6	1470
	48Si2Mn		8.2	
	45Si2Cr		10	

注：1. 钢绞线直径 d 系指钢绞线外接圆直径，即现行国家标准《预应力混凝土用钢绞线》GB/T 5224 中的公称直径 D_g，钢丝和热处理钢筋的直径 d 均指公称直径；
　　2. 消除应力光面钢丝直径 d 为 4~9mm，消除应力螺旋肋钢丝直径 d 为 4~8mm。

20.6.2 冷轧带肋钢筋强度标准值

标准值 f_{stk} 或 f_{ptk}（预应力钢筋），应按表 20.6.2 采用。

冷轧带肋钢筋强度标准值（N/mm²）　　　　　表 20.6.2

钢筋级别	符号	钢筋直径 d(mm)	f_{stk} 或 f_{ptk}
CRB550	Φ^R	5、6、7、8、9、10、11、12	550
CRB650		5、6	650
CRB800		5	800
CRB970		5	970
CRB1170		5	1170

20.7 混凝土强度等级

混凝土强度等级应按立方体抗压强度标准值确定。立方体抗压强度标准值系指按照标准方法制作养护的边长为 150mm 的立方体试件。在 28d 龄期用标准试验方法测得的具有 95% 保证率的抗压强度。

混凝土强度等级采用符号 C 与立方体抗压强度标准值（以 N/mm² 计）表示。混凝土强度等级划分为 C15、C20、C25、C30、C35、C40、C45、C50、C55、C60、C65、C70、C75、C80 14 个等级。

20.7.1 混凝土强度标准值

混凝土轴心抗压、轴心抗拉强度标准值 f_{ck}、f_{tk} 应按表 20.7.1 采用。

20.7.2 混凝土按坍落度分级

混凝土拌合物根据其坍落度大小，可分为 4 级，并应符合 20.7.2 的规定。

混凝土强度标准值（N/mm²）　　　　　　　　　　　　表 20.7.1

强度种类	混凝土强度等级												
	C15	C20	C25	C30	C35	C40	C45	C50	C55	C60	C65	C70	C75	C80
f_{ck}	10.0	13.4	16.7	20.1	23.4	26.8	29.6	32.4	35.5	38.5	41.5	44.5	47.4	50.2
f_{tk}	1.27	1.54	1.78	2.01	2.20	2.39	2.51	2.64	2.74	2.85	2.93	2.99	3.05	3.11

混凝土按坍落度的分级　　　　　　　　　　　　表 20.7.2

级别	名称	坍落度(mm)	级别	名称	坍落度(mm)
T_1	低塑性混凝土	10~40	T_3	流动性混凝土	100~150
T_2	塑性混凝土	50~90	T_4	大流动性混凝土	≥160

注：坍落度检测结果，在分级评定时，其表达取舍至临近10mm。

20.7.3 混凝土按维勃稠度分级

混凝土拌合物根据其维勃稠度大小，可分为4级，并应符合表20.7.3的规定。

混凝土按维勃稠度的分级　　　　　　　　　　　　表 20.7.3

级别	名称	维勃稠度(s)	级别	名称	维勃稠度(s)
V_0	超干硬性混凝土	≥31	V_2	干硬性混凝土	20~11
V_1	特干硬性混凝土	30~21	V_3	半干硬性混凝土	10~5

20.7.4 轻骨料混凝土按用途分类

轻骨料混凝土根据其用途可按表20.7.4分为三类。

轻骨料混凝土按用途分类　　　　　　　　　　　　表 20.7.4

类别名称	混凝土强度等级的合理范围	混凝土密度等级的合理范围	用途
保温轻骨料混凝土	LC5.0	≤800	主要用于保温的围护结构或热工构筑物
结构保温轻骨料混凝土	LC5.0 LC7.5 LC10 LC15	800~1400	主要用于既承重又保温的围护结构
结构轻骨料混凝土	LC15 LC20 LC25 LC30 LC35 LC40 LC45 LC50 LC55 LC60	1400~1900	主要用于承重构件或构筑物

20.7.5 轻骨料混凝土的密度等级

轻骨料混凝土按其干表观密度可分为十四个等级（表20.7.5），某一密度等级轻骨料混凝土的密度标准值，可取该密度等级干表观密度变化范围的上限值。

轻骨料混凝土的密度等级　　　　　　　　　　　　表 20.7.5

密度等级	干表观密度的变化范围（kg/m³）	密度等级	干表观密度的变化范围（kg/m³）
600	560～650	1300	1260～1350
700	660～750	1400	1360～1450
800	760～850	1500	1460～1550
900	860～950	1600	1560～1650
1000	960～1050	1700	1660～1750
1100	1060～1150	1800	1760～1850
1200	1160～1250	1900	1860～1950

20.7.6　结构混凝土耐久性对混凝土强度等级的最低限值

20.7.6.1　钢筋混凝土结构的混凝土最低强度等级

钢筋混凝土结构的混凝土强度等级不应低于C15；当采用HRB335级钢筋时，混凝土强度等级不宜低于C20；当采用HRB400和RRB400级钢筋以及承受重复荷载的构件，混凝土强度等级不得低于C20。

20.7.6.2　预应力混凝土结构的混凝土最低强度等级

预应力混凝土结构的混凝土强度等级不应低于C30；当采用钢绞线、钢丝、热处理钢筋作预应力钢筋时，混凝土强度等级不宜低于C40。

注：当采用山砂混凝土及高炉矿渣混凝土时，尚应符合专门标准的规定。

20.7.6.3　一、二、三类环境中，设计年限为50年的结构混凝土的最低强度等级

一类、二类、三类环境中，设计使用年限为50年的结构混凝土应符合表20.7.6.3的规定。

结构混凝土耐久性的基本要求　　　　　　　　　　表 20.7.6.3

环境类别		最大水灰比	最小水泥用量（kg/m³）	最低混凝土强度等级	最大氯离子含量（%）	最大碱含量（kg/m³）
一		0.65	225	C20	1.0	不限制
二	a	0.60	250	C25	0.3	3.0
	b	0.55	275	C30	0.2	3.0
三		0.50	300	C30	0.1	3.0

注：1. 氯离子含量系指其占水泥用量的百分率；
2. 预应力构件混凝土中的最大氯离子含量为0.06%，最小水泥用量为300kg/m³；最低混凝土强度等级应按表中规定提高两个等级；
3. 素混凝土构件的最小水泥用量不应少于表中数值减25kg/m³；
4. 当混凝土中加入活性掺料或能提高耐久性的外加剂时，可适当降低最小水泥用量；
5. 当有可靠工程经验时，处于一类和二类环境中的最低混凝土强度等级可降低一个等级；
6. 当使用非碱活性骨料时，对混凝土中的碱含量可不作限制。

20.7.6.4　一类环境中，设计年限为100年的结构混凝土的最低强度等级

一类环境中，设计使用年限为100年的结构混凝土，应符合下列规定：

1. 钢筋混凝土结构的最低混凝土强度等级为C30；预应力混凝土结构的最低混凝土强度等级为C40；

2. 混凝土中的最大氯离子含量为0.06%；

3. 宜使用非碱活性骨料；当使用碱活性骨料时，混凝土中的最大碱含量为3.0kg/m³；

4. 混凝土保护层厚度应按规范的规定增加40%；当采取有效的表面防护措施时，混凝土保护层厚度可适当减少；

5. 在使用过程中，应定期维护。

20.7.6.5 混凝土结构的环境类别

混凝土结构的环境类别应按表20.7.6.5的规定划分为五类。

混凝土结构的环境类别　　　　表20.7.6.5

环境类别		条　件
一		室内正常环境
二	a	室内潮湿环境；非严寒和非寒冷地区的露天环境、与无侵蚀性的水或土壤直接接触的环境
	b	严寒和寒冷地区的露天环境、与无侵蚀性的水或土壤直接接触的环境
三		使用除冰盐的环境；严寒和寒冷地区冬季水位变动的环境；滨海室外环境
四		海水环境
五		受人为或自然的侵蚀性物质影响的环境

注：严寒或寒冷地区的划分应符合国家现行标准《民用建筑热工设计规程》JGJ 24的规定。

20.7.7 给排水管道工程混凝土抗渗等级

给排水管道各部位的现浇钢筋混凝土构件，其混凝土抗渗性能应符合表20.7.7要求的抗渗等级。

给排水混凝土抗渗等级　　　　表20.7.7

最大作用水头与构件厚度比值 iw	<10	10～30	>30
混凝土抗渗等级	P4	P6	P8

注：抗渗等级 S_i 的定义系指龄期为28d的混凝土试件，施加 $i\times10^2$ kPa水压后满足不渗水指标。

20.7.8 地下工程防水混凝土的设计抗渗等级

抗渗等级应符合表20.7.8的规定。

地下工程防水混凝土设计抗渗等级　　　　表20.7.8

工程埋置深度(m)	设计抗渗等级	工程埋置深度(m)	设计抗渗等级
<10	P6	20～30	P10
10～20	P8	30～40	P12

注：① 本表适用于Ⅳ、Ⅴ级围岩（土层及软弱围岩）。
② 山岭隧道防水混凝土的抗渗等级可按铁道部门的有关规范执行。

20.8 砌体结构中块体材料和砂浆的强度等级

砌块和砂浆的强度等级应按表20.8的规定采用。

块体和砂浆的强度等级　　　　　　　　　　　　　表20.8

块体材料和砂浆	强　度　等　级
烧结普通砖、烧结多孔砖等	MU30、MU25、MU20、MU15和MU10
蒸压灰砂砖、蒸压粉煤灰砖	MU25、MU20、MU15和MU10
砌块	MU20、MU15、MU10、MU7.5和MU5
石材	MU100、MU80、MU60、MU50、MU40、MU30和MU20
砂浆	M15、M10、M7.5、M5和M2.5

20.8.1　5层及5层以上房屋的墙以及受振动或层高大于6m的墙、柱所用材料的最低强度等级要求

符合下列要求：

1. 砖采用MU10；
2. 砌块采用MU7.5；
3. 石材采用MU30；
4. 砂浆采用M5。

注：对安全等级为一级或设计使用年限大于50年的房屋墙、柱所用材料的最低强度等级应至少提高一级。

20.8.2　地面以下或防潮层以下的砌体、潮湿房间的墙所用材料的最低强度等级的要求

最低等级的要求应符合表20.8.2。

地面以下或防潮层以下的砌体、潮湿房间墙所用材料的最低强度等级　　表20.8.2

基土的潮湿程度	烧结普通砖、蒸压灰砂砖		混凝土砌块	石材	水泥砂浆
	严寒地区	一般地区			
稍潮湿的	MU10	MU10	MU7.5	MU30	M5.0
很潮湿的	MU15	MU10	MU7.5	MU30	M7.5
含水饱和的	MU20	MU15	MU10	MU40	M10

注：1. 在冻胀地区，地面以下或防潮层以下的砌体，不宜采用多孔砖，如采用时，其孔洞应用水泥砂浆落实。当采用混凝土砌块时，其孔洞应采用强度等级不低于C20的混凝土灌实；
　　2. 对安全等级为一级或设计使用年限大于50年的房屋，表中材料强度等级应至少提高一级。

20.9　石材按外形规则程度分类

石材按其加工后的外形规则程度，可分为料石和毛石。

1. 料石

（1）细料石：通过细加工，外表规则，叠砌面凹入深度不应大于10mm，截面的宽度、高度不宜小于200mm，且不宜小于长度的1/4。

（2）半细料石：规格尺寸同上，但叠砌面凹入深度不应大于15mm。

（3）粗料石：规格尺寸同上，但叠砌面凹入深度不应大于20mm。

（4）毛料石：外形大致方正，一般不加工或仅稍加修整，高度不应小于200mm，叠砌面凹入深度不应大于25mm。

2. 毛石

形状不规则，中部厚度不应小于200mm。

20.10 承重木结构构件材质等级

承重木结构用材,分为原木、锯材(方木、板材、规格材)和胶合材。用于普通木结构的原木、方木和板材的材质等级分为三级,胶合木构件的材质等级分为三级;轻型木结构用规格材的材质等级分为七级。

普通木结构构件设计时,应根据构件的主要用途按表 20.10 的要求选用相应的材质等级。

普通木结构构件材质等级 表 20.10

项次	主 要 用 途	材质等级
1	受拉或受弯构件	Ⅰa
2	受弯或压弯构件	Ⅱa
3	受压构件及次要受弯构件(吊顶小龙骨等)	Ⅲa

注:用于普通木结构的方木、板材和原木可采用目测法分级,分级时应符合表 20.10.1、20.10.2、20.10.3 材质标准的规定,不得用一般商品材的等级标准代替。

20.10.1 承重结构方木材质标准

方木材质标准按表 20.10.1 执行。

承重结构方木材质标准 表 20.10.1

项次	缺 陷 名 称	材 质 等 级		
		Ⅰa	Ⅱa	Ⅲa
1	腐朽	不允许	不允许	不允许
2	木节 在构件任一面任何 150mm 长度上所有木节尺寸的总和,不得大于所在面宽的	1/3 (连接部位为 1/4)	2/5	1/2
3	斜纹 任何 1m 材长上平均倾斜高度,不得大于	50mm	80mm	120mm
4	髓心	应避开受剪面	不限	不限
5	裂缝 (1)在连接部位的受剪面上 (2)在连接部位的受剪面附近,其裂缝深度(有对面裂缝时用两者之和)不得大于材宽的	不允许 1/4	不允许 1/3	不允许 不 限
6	虫蛀	允许有表面虫沟,不得有虫眼		

注:1. 对于死节(包括松软节和腐朽节),除按一般木节测量外,必要时尚应按缺孔验算;若死节有腐朽迹象,则应经局部防腐处理后使用。
2. 木节尺寸按垂直于构件长度方向测量。木节表现为条状时,在条状的一面不量(附图),直径小于 10mm 的活节不量。

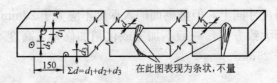

附图 木节量法

20.10.2 承重结构板材材质标准

承重结构板材材质等级标准按表20.10.2执行。

承重结构板材材质等级标准　　　　表 20.10.2

项次	缺陷名称	材质等级		
		Ⅰa	Ⅱa	Ⅲa
1	腐朽	不允许	不允许	不允许
2	木节 在构件任一面任何150mm长度上所有木节尺寸的总和,不得大于所在面宽的	1/4 (连接部位为1/5)	1/3	2/5
3	斜纹 任何1m材长上平均倾斜高度,不得大于	50mm	80mm	120mm
4	髓心	不允许	不允许	不允许
5	裂缝 在连接部位的受剪面及其附近	不允许	不允许	不允许
6	虫蛀	允许有表面虫沟,不得有虫眼		

注：同表20.10.1注。

20.10.3 承重结构原木材质标准

原木材质标准按表20.10.3执行。

承重结构原木材质标准　　　　表 20.10.3

项次	缺陷名称	材质等级		
		Ⅰa	Ⅱa	Ⅲa
1	腐朽	不允许	不允许	不允许
2	木节 (1)在构件任一面任何150mm长度上沿周长所有木节尺寸的总和,不得大于所测部位原木周长的 (2)每个木节的最大尺寸,不得大于所测部位原木周长的	1/4 1/10 (连接部位为1/12)	1/3 1/6	不限 1/6
3	扭纹 小头1m材长上倾斜高度不得大于	80mm	120mm	150mm
4	髓心	应避开受剪面	不限	不限
5	虫蛀	允许有表面虫沟,不得有虫眼		

注：1. 同表20.10.1注"1"。
　　2. 木节尺寸按垂直于构件长度方向测量,直径小于10mm的活节不量。
　　3. 对于原木的裂缝,可通过调整其方位（使裂缝尽量垂直于构件的受剪面）予以使用。

20.10.4 针叶树种木材适用的强度等级

普通木结构用木材,其针叶树种木材适用的强度等级应按表20.10.4采用。

20.10.5 阔叶树种木材适用的强度等级

普通木结构用木材,其阔叶树种木材适用的强度等级应按表20.10.5采用。

20.10.6 木材强度检验标准

对于承重结构用材,应要求其检验结果的最低强度不得低于表20.10.6规定的数值。

针叶树种木材适用的强度等级   表20.10.4

强度等级	组别	适用树种
TC17	A	柏木、长叶松、湿地松、粗皮落叶松
	B	东北落叶松、欧洲赤松、欧洲落叶松
TC15	A	铁杉、油杉、太平洋海岸黄柏、花旗松、落叶松、西部铁杉、南方松
	B	鱼鳞云杉、西南云杉、南亚松
TC13	A	油松、新疆落叶松、云南松、马尾松、扭叶松、北美落叶松、海岸松
	B	红皮云杉、丽江云杉、樟子松、红松、西加云杉、俄罗斯红松、欧洲云杉、北美山地云杉、北美短叶松
TC11	A	西北云杉、新疆云杉、北美黄松、云杉、一松一冷杉、铁一冷杉、东部铁杉、杉木
	B	冷杉、速生杉木、速生马尾松、新西兰辐射松

阔叶树种木材适用的强度等级   表20.10.5

强度等级	适用树种
TB20	青冈、周木、门格里斯木、卡普木、沉水稍克隆、绿心木、紫心木、李叶豆、塔特布木
TB17	栎木、达荷玛木、萨佩莱木、苦油树、毛罗藤黄
TB15	锥栗(栲木)、桦木、黄梅兰蒂、梅萨瓦木、水曲柳、红劳罗木
TB13	深红梅兰蒂、浅红梅兰蒂、白梅兰蒂、巴西红厚壳木
TB11	大叶椴、小叶椴

木材强度检验标准   表20.10.6

木材种类	针叶材				阔叶材				
强度等级	TC11	TC13	TC15	TC17	TB11	TB13	TB15	TB17	TB20
检验结果的最低强度值(N/mm²)	44	51	58	72	58	68	78	88	98

20.11 胶合木构件的材质等级

1. 胶合木结构构件设计时,应根据构件的主要用途和部位,按表20.11-1的要求选用相应的材质等级。

胶合木结构构件的木材材质等级   表20.11-1

项次	构件类别	材质等级	木材等级配置图
1	受拉或拉弯构件	I_b	
2	受压构件(不包括桁架上弦和拱)	III_b	

续表

项次	构件类别	材质等级	木材等级配置图
3	桁架上弦或拱,高度不大于500mm的胶合梁 (1)构件上下边缘各0.1h的区域,且不少于两层板 (2)其余部分	II_b III_b	
4	高度大于500mm的胶合梁 (1)梁的受拉边缘0.1h区域,且不少于两层板 (2)距受拉边缘0.1h～0.2h区域 (3)受压边缘0.1h区域,且不少于两层板 (4)其余部分	I_b II_b II_b III_b	
5	侧立腹板工字梁 (1)受拉翼缘板 (2)受压翼缘板 (3)腹板	I_b II_b III_b	

注:1. h——截面高度。
2. 胶合木构件的木材采用目测法分级时,其选材应符合表20.11.1材质标准的规定。

2. 胶合木结构板材材质标准按表20.11-2执行。

胶合木结构板材材质标准 表20.11-2

项次	缺陷名称	材质等级		
		I_b	II_b	III_b
1	腐朽	不允许	不允许	不允许
2	木节 (1)在构件任一面任何200mm长度上所有木节尺寸的总和,不得大于所在面宽的 (2)在木板指接及其两端各100mm范围内	1/3 不允许	2/5 不允许	1/2 不允许
3	斜纹 任何1m材长上平均倾斜高度,不得大于	50mm	80mm	150mm
4	髓心	不允许	不允许	不允许
5	裂缝 (1)木板窄面上的裂缝,其深度(有对面裂缝用两者之和)不得大于板宽的 (2)木板宽面上的裂缝,其深度(有对面裂缝用两者之和)不得大于板厚的	1/4 不限	1/3 不限	1/2 对侧立腹板工字梁的腹板1/3,对其他板材不限
6	虫蛀	允许有表面虫沟,不得有虫眼		
7	涡纹 在木板指接及其两端各100mm范围内	不允许	不允许	不允许

注:1. 同表20.10.1注。
2. 按本标准选材配料时,尚应注意避免在制成的胶合构件的连接受剪面上有裂缝。
3. 对于有过大缺陷的木材,可截去缺陷部分,经重新接长后按所定级别使用。

20.12 轻型木结构用规格材的材质等级

1. 轻型木结构构件设计时，应根据构件的用途按表 20.12-1 要求选用相应的材质等级。

轻型木结构用规格材的材质等级　　　　表 20.12-1

项次		材质等级
1	用于对强度、刚度和外观有较高要求的构件	Ic
2		IIc
3	用于对强度、刚度有较高要求而对外观只有一般要求的构件	IIIc
4	用于对强度、刚度有较高要求而对外观无要求的普通构件	IVc
5	用于墙骨柱	Vc
6	除上述用途外的构件	VIc
7		VIIc

注：轻型木结构用规格材标准采用目测法进行分级。分级时选材标准应符合表 20.12.1 的规定。

2. 轻型木结构用规格材材质标准按表 20.12-2 执行。

轻型木结构用规格材材质标准　　　　表 20.12-2

项次	缺陷名称	材质等级			
		Ic	IIc	IIIc	IVc
1	振裂和干裂	允许个别长度不超过 600mm，不贯通		贯通：长度不超过 600mm；不贯通：长度不超过 900mm 或 L/4	贯通—L/3 不贯通—全长 三面环裂—L/6
2	漏刨	构件的 10% 轻度漏刨[3]		5% 构件含有轻度漏刨[5]，或重度漏刨[4]，600mm	10% 轻度漏刨伴有重度漏刨[4]
3	劈裂	b		1.5b	b/6
4	斜纹：斜率不大于	1:12	1:10	1:8	1:4
5	钝棱[6]	不超过 h/4 和 b/4，全长或等效材面 如果每边钝棱不超过 h/2 或 b/3，L/4		不超过 h/3 和 b/3，全长或等效材面 如果每边钝棱不超过 2h/3 或 b/2，L/4	不超过 h/2 和 b/2'，全长或等效材面 如果每边钝棱不超过 7h/8 或 3b/4，L/4
6	针孔虫眼	每 25mm 的节孔允许 48 个针孔虫眼，以最差材面为准			
7	大虫眼	每 25mm 的节孔允许 12 个 6mm 的大虫眼，以最差材面为准			
8	腐朽—材心[16]a	不允许		当 h>40mm 时，不允许，否则 h/3 或 b/3	1/3 截面[12]
9	腐朽—白腐[16]b	不允许		1/3 体积	
10	腐朽—蜂窝腐[16]c	不允许		1/6 材宽[12]-坚实[12]	100% 坚实

续表

项次	缺陷名称	材质等级									
		Ic			IIc			IIIc		IVc	
11	腐朽—局部片状腐[16]d	不允许						1/6 材宽[12]、[13]		1/3 截面	
12	腐朽—不健全材	不允许						最大尺寸 b/12 和 50mm 长,或等效的多个小尺寸[12]		1/3 截面,深入部分 1/6 长度[14]	
13	扭曲,横弯和顺弯[7]	1/2 中度						轻度		中度	

项次	节子和节孔[15] 高度(mm)	健全,均匀分布的死节(mm)		死节和节孔[8](mm)	健全,均匀分布的死节(mm)		死节和节孔[9](mm)	任何节子(mm)		节孔[10](mm)	任何节子(mm)		节孔[11](mm)
		材边	材心		材边	材心		材边	材心		材边	材心	
14	40	10	10	10	13	13	13	16	16	16	19	19	19
	65	13	13	13	19	19	19	22	22	22	32	32	32
	90	19	22	19	25	38	25	32	51	32	44	64	44
	115	25	38	22	32	48	29	41	60	35	57	76	48
	140	29	48	25	38	57	32	48	73	48	70	95	51
	185	38	57	32	51	70	38	64	89	51	89	114	64
	235	48	67	32	64	93	48	83	108	64	114	140	76
	285	57	76	32	76	95	38	95	121	76	140	165	89

项次	缺陷名称	材质等级		
		Vc	VIc	VIIc
1	振裂和干裂	不贯通—全长 贯通和三面环裂—L/3	材面—长度不超过 600mm	贯通—长度不超过 600mm 不贯通—长度不超过 900mm 或不大于 L/4
2	漏刨	任何面中的轻度漏刨中,宽面含 10%的重度漏刨[4]	轻度漏刨—10%构件	轻度漏刨[5]占构件的 5%,或重度漏刨[4],600mm
3	劈裂	2b	b	$\frac{3b}{2}$
4	裂纹:斜率不大于	1:4	1:6	1:4
5	钝棱[6]	不超过 h/3 和 b/4,全长或等效材面 如果每边钝棱不超过 h/3 或 3b/4,L/4	不超过 h/4 和 b/4,全长或等效材面 如果每边钝棱不超过 h/2 或 b/3,L/4	不超过 h/3 和 b/3,全长或等效材面 如果每边钝棱不超过 2h/3 或 b/2,L/4
6	针孔虫眼	每 25mm 的节孔允许 48 个针孔虫眼,以最差材面为准		
7	大虫眼	每 25mm 的节孔允许 12 个 6mm 的大虫眼,以最差材面为准		
8	腐朽—材心[16]a	1/3 截面[14]	不允许	h/3 和 b/3
9	腐朽—白腐[16]b	无限制	不允许	1/3 体积

续表

项次	缺陷名称	材质等级		
		Vc	VIc	VIIc
10	腐朽—蜂窝腐[16]c	100%坚实	不允许	$b/6$
11	腐朽—局部片状腐[16]d	1/3 截面	不允许	$L/6$[13]
12	腐朽—不健全材	1/3 截面,深入部分 $L/6$[14]	不允许	最大尺寸 $b/12$ 和 50mm 长,或等效的小尺寸[12]
13	扭曲,横弯和顺弯[7]	1/2 中度	1/2 中度	轻度
14	节子和节孔[15] 高度(mm)	任何节子(mm) 材边 / 材心	节孔[11] (mm)	健全,均匀分布的死节(mm) / 死节和节孔[9] (mm)	任何节子 (mm) / 节孔[10] (mm)

高度(mm)	材边	材心	节孔(mm)	健全,均匀分布的死节(mm)	死节和节孔(mm)	任何节子(mm)	节孔(mm)
40	19	19	19				
65	32	32	32	19	16	25	19
90	44	64	38	32	19	38	25
115	57	76	44	38	25	51	32
140	70	95	51	—	—	—	—
185	89	114	64	—	—	—	—
235	114	140	76	—	—	—	—
285	140	165	89	—	—	—	—

注: 1. 目测分等应考虑构件所有材面以及两端。表中,b=构件宽度,h=构件厚度,L=构件长度。
2. 除本注解已说明,缺陷定义详见国家标准《锯材缺陷》GB/T 4832。
3. 深度不超过 1.6mm 的一组漏刨、漏刨之间的表面刨光。
4. 重度漏刨为宽面上深度为 3.2mm、长度为全长的漏刨。
5. 部分或全部漏刨,或全部糙面。
6. 离材端全部或部分占据材面的钝棱,当表面要求满足允许漏刨规定,窄面上破坏要求满足允许节孔的规定(长度不超过同一等级最大节孔直径的二倍),钝棱的长度可为 300mm,每根构件允许出现一次。含有该缺陷的构件不得超过总数的 5%。
7. 顺弯允许值是横弯的 2 倍。
8. 每 1.2m 有一个或数个小节孔,小节孔直径之和与单个节孔直径相等。
9. 每 0.9m 有一个或数个小节孔,小节孔直径之和与单个节孔直径相等。
10. 每 0.6m 有一个或数个小节孔,小节孔直径之和与单个节孔直径相等。
11. 每 0.3m 有一个或数个小节孔,小节孔直径之和与单个节孔直径相等。
12. 仅允许厚度为 40mm。
13. 假如构件窄面均有局部片状腐,长度限制为节孔尺寸的二倍。
14. 不得破坏钉入边。
15. 节孔可以全部或部分贯通构件。除非特别说明,节孔的测量方法同节子。
16a. 材心腐朽是指某些树种沿髓心发展的局部腐朽,用目测鉴定。材心腐朽存在于活树中,在被砍伐的木材中不会发展。
16b. 白腐是指木材中白色或棕色的小壁孔或斑点,由白腐菌引起。白腐存在于活树中,在使用时不会发展。
16c. 蜂窝腐与白腐相似但囊孔更大。含有蜂窝腐的构件较未含蜂窝的构件不易腐朽。
16d. 局部片状腐是柏树中槽状或壁孔状的区域。所有引起局部片状腐的木腐菌在树砍伐后不再生长。

21 建筑抗震设防分类及设防标准

21.1 建筑抗震设防类别划分

21.1.1 建筑抗震设防类别划分的因素

建筑抗震设防类别划分，应根据下列因素的综合分析确定：

1. 建筑破坏造成的人员伤亡、直接和间接经济损失及社会影响的大小；
2. 城市的大小和地位、行业的特点、工矿企业的规模；
3. 建筑使用功能失效后，对全局的影响范围大小，抗震救灾影响及恢复的难易程度；
4. 建筑各区段的重要性有显著不同时，可按区段划分抗震设防类别；
5. 不同行业的相同建筑，当所处地位及地震破坏所产生的后果和影响不同时，其抗震设防类别可不相同。

注：区段指由防震缝分开的结构单元、平面内使用功能不同的部分或上下使用功能不同的部分。

21.1.2 建筑抗震设防类别

建筑应根据其使用功能的重要性分为甲类、乙类、丙类、丁类四个抗震设防类别。

甲类建筑应属于重大建筑工程和地震时可能发生严重次生灾害的建筑；

乙类建筑应属于地震时使用功能不能中断或需尽快恢复的建筑；

丙类建筑应属于除甲、乙、丁类以外的一般建筑；

丁类建筑应属于抗震次要建筑。

21.2 各抗震设防类别建筑的抗震设防标准

应符合下列要求：

1. 甲类建筑，地震作用应高于本地区抗震设防烈度的要求，其值应按批准的地震安全性评价结果确定；抗震措施，当抗震设防烈度为6～8度时，应符合本地区抗震设防烈度提高一度的要求，当为9度时，应符合比9度抗震设防更高的要求。

2. 乙类建筑，地震作用应符合本地区抗震设防烈度的要求；抗震措施，一般情况下，当抗震设防烈度为6～8度时，应符合本地区抗震设防烈度提高一度的要求，当为9度时，应符合比9度抗震设防更高的要求；地基基础的抗震措施，应符合有关规定。

对较小的乙类建筑，当其结构改用抗震性能较好的结构类型时，应允许仍按本地区抗震设防烈度的要求采取抗震措施。

3. 丙类建筑，地震作用和抗震措施均应符合本地区抗震设防烈度的要求；

4. 丁类建筑，一般情况下，地震作用仍应符合本地区抗震设防烈度的要求；抗震措施应允许比本地区抗震设防烈度的要求适当降低，但抗震设防烈度为6度时不应降低。

建筑场地为Ⅰ类时，甲、乙类建筑应允许仍按本地区抗震设防烈度的要求采取抗震构造措施；丙类建筑应允许按本地区抗震设防烈度降低一度的要求采取抗震构造措施，但抗震设防烈度为6度时仍应按本地区抗震设防烈度的要求采取抗震构造措施。

21.3 城市和工矿企业与抗震防灾和救灾有关的建筑的抗震设防类别示例

抗震救灾建筑应根据其社会影响及在抗震救灾中的作用划分抗震设防类别。

1. 医疗建筑的抗震设防类别，应符合下列规定：

① 三级特等医院的住院部、医技楼、门诊部，抗震设防类别应划为甲类。

② 大中城市的三级医院住院部、医技楼、门诊部，县及县级市的二级医院住院部、医技楼、门诊部，抗震设防烈度为8、9度的乡镇主要医院住院部、医技楼，县级以上急救中心的指挥、通信、运输系统的重要建筑，县级以上的独立采、供血机构的建筑，抗震设防类别应划分为乙类。

③ 工矿企业的医疗建筑，可比照城市的医疗建筑确定其抗震设防类别。

2. 消防车库及其值班用房，抗震设防类别应划分为乙类。

3. 大中城市和抗震设防烈度为8、9度的县级以上抗震防灾指挥中心的主要建筑，抗震设防类别应划分为乙类。

工矿企业的抗震防灾指挥系统建筑，可比照城市抗震防灾指挥系统建筑确定其抗震设防类别。

4. 疾病预防与控制中心建筑的抗震设防类别，应符合下列规定：

① 承担研究、中试和存放剧毒的高危险传染病病毒任务的疾病预防与控制中心的建筑或其区段，抗震设防类别应划为甲类。

② 县、县级市以上的疾病预防与控制中心的主要建筑，除1款规定者，其抗震设防类别应划为乙类。

21.4 公共建筑和居住建筑抗震设防类别示例

本条适用于体育建筑、影剧院、博物馆、档案馆、商场、展览馆、会展中心、教育建筑、旅馆、办公建筑、科学实验建筑等公共建筑和住宅、宿舍、公寓等居住建筑。

公共建筑，应根据其人员密集程度、使用功能、规模、地震破坏所造成的社会影响和直接经济损失的大小划分抗震设防类别。

1. 体育建筑中，使用要求为特级、甲级且规模分级为特大型、大型的体育场和体育馆，抗震设防类别应划分为乙类。

2. 影剧院建筑中，大型的电影院、剧场、娱乐中心建筑，抗震设防类别应划分为乙类。

3. 商业建筑中，大型的人流密集的多层商场，抗震设防类别应划为乙类。当商业建筑与其他建筑合建时应分别判断，并按区段确定其抗震设防类别。

4. 博物馆和档案馆中，大型博物馆，存放国家一级文物的博物馆，特级、甲级档案馆，抗震设防类别应划为乙类。

5. 会展建筑中大型展览馆、会展中心，抗震设防类别应划为乙类。

6. 教育建筑中，人数较多的幼儿园、小学的低层教学楼，抗震设防类别应划为乙类。这类房屋采用抗震性能较好的结构类型时，可仍按本地区抗震设防烈度的要求采取抗震措施。

7. 科学实验建筑中，研究、中试生产和存放剧毒的生物制品、天然和人工细菌、病毒（如鼠疫、霍乱、伤害和新发高危险传染病等）的建筑，抗震设防类别应划为甲类。

8. 高层建筑中，当结构单元内经常使用人数超过10000人时，抗震设防类别宜划为乙类。

9. 住宅、宿舍和公寓的抗震设防类别可划为丙类。

21.5 城镇给排水、燃气、热力建筑抗震设防类别示例

工矿企业的给水、排水、燃气、热力建筑工程，可分别比照城镇的给水、排水、燃气、热力建筑工程确定其抗震设防类别。

城镇和工矿企业的给水、排水、燃气、热力建筑，应根据其使用功能、规模、修复难易程度和社会影响等划分抗震设防类别。其配套的供电建筑，应与主要建筑的抗震设防类别相同。

1. 给水建筑工程中，20万人口以上城镇和抗震设防烈度为8、9度的县及县级市的主要取水设施和输水管线、水质净化处理厂的主要水处理建（构）筑物、配水井、送水泵房、中控室、化验室等，抗震设防类别应划为乙类。

2. 排水建筑工程中，20万人口以上城镇和抗震设防烈度为8、9度的县及县级市的污水干管（含合流），主要污水处理厂的主要水处理建（构）筑物、进水泵房、中控室、化验室，以及城市排涝泵站、城镇主干道立交处的雨水泵房等，抗震设防类别应划为乙类。

3. 燃气建筑中，20万人口以上城镇和抗震设防烈度为8、9度的县及县级市的主要燃气厂的主厂房、贮气罐、加压泵房和压缩间、调度楼及相应的超高压和高压调压间、高压和次高压输配气管道等主要设施，抗震设防类别应划为乙类。

4. 热力建筑中，50万人口以上城市的主要热力厂主厂房、调度楼、中继泵站及相应的主要设施等，抗震设防类别应划为乙类。

21.6 电力建筑抗震设防类别示例

本条适用于电力生产建筑和城镇供电设施。

电力建筑应根据其直接影响的城市和企业的范围及地震破坏造成的直接和间接经济损失划分抗震设防类别。

1. 电力调度建筑的抗震设防类别，应符合下列规定：
① 国家和区域的电力调度中心，抗震设防类别应划为甲类。
② 省、自治区、直辖市的电力调度中心，抗震设防类别宜划为乙类。

2. 火力发电厂（含核电厂的常规岛）、变电所的生产建筑中，下列建筑的抗震设防类

别应划为乙类：

① 单机容量为 300MW 及以上或规划容量为 800MW 及以上的火力发电厂和地震时必须维持正常供电的重要电力设施的主厂房、电气综合楼、网控楼、调度通信楼、配电装置楼、烟囱、烟道、碎煤机室、输煤转运站和输煤栈桥、燃油和燃气机组电厂的燃料供应设施。

② 330kV 及以上的变电所和 220kV 及以下枢纽变电所的主控通信楼、配电装置楼、就地继电器室；330kV 及以上的换流站工程中的主控通信楼、阀厅和就地继电器室。

③ 供应 20 万人口以上规模的城镇集中供热的热电站的主要发配电控制室及其供电、供热设施。

④ 不应中断通信设施的通信调度建筑。

21.7 交通运输建筑抗震设防类别示例

本条适用于铁路、公路、水运和空运系统建筑和城镇交通设施。

交通运输系统生产建筑应根据其在交通运输线路中的地位、修复难易程度和对抢险救灾、恢复生产所起的作用划分抗震设防类别。

1. 铁路建筑中，Ⅰ、Ⅱ级干线和位于抗震设防烈度为 8、9 度地区的铁路枢纽的行车调度、运转、通信、信号、供电、供水建筑以及特大型站的客运候车楼、抗震设防类别应划为乙类。

工矿企业铁路专用线枢纽，可比照铁路干线枢纽确定其抗震设防类别。

2. 公路建筑中，高速公路、一级公路、一级汽车客运站和位于抗震设防烈度为 8、9 度地区的公路监控室以及一级长途汽车站客运候车楼、抗震设防类别应划为乙类。

3. 水运建筑中，50 万人口以上城市和位于抗震设防烈度为 8、9 度地区的水运通信和导航等重要设施的建筑、国家重要客运站、海难救助打捞等部门的重要建筑，抗震设防类别应划为乙类。

4. 空运建筑中，国际或国内主要干线机场中的航空站楼、航管楼、大型机库，以及通信、供电、供热、供水、供气的建筑，抗震设防类别应划为乙类。

5. 城镇交通设施的抗震设防类别，应符合下列规定：

① 在交通网络中占关键地位、承担交通量大的大跨度桥应划为甲类；处于交通枢纽的其余桥梁应划为乙类。

② 城市轨道交通的地下隧道、枢纽建筑及供电、通风设施，抗震设防类别应划为乙类。

21.8 邮电通信、广播电视建筑抗震设防类别示例

邮电通信、广播电视建筑，应根据其在整个信息网络中的地位和保证信息网络通畅的作用划分抗震设防类别。其配套的供电、供水建筑，应与主体建筑的抗震设防类别相同；当甲类建筑的供电、供水建筑为单独建筑时，可划为乙类建筑。

1. 邮电通信建筑的抗震设防类别，应符合下列规定：

① 国际海缆登陆站、国际卫星地球站，中央级的电信枢纽（含卫星地球站），抗震设防类别应划为甲类。

② 大区中心和省中心的长途电信枢纽、邮政枢纽、海缆登陆局，重要市话局（汇接局，承担重要通信任务和终局容量超过五万门的局），卫星地球站，地区中心和抗震设防烈度为8、9度的县及县级市的长途电信枢纽楼的主机房和天线支承物，抗震设防类别应划为乙类。

2. 广播电视建筑的抗震设防类别，应符合下列规定：

① 中央级、省级的电视调频广播发射塔建筑，当混凝土结构的塔高大于250m或钢结构塔高大于300m时，抗震设防类别应划为甲类；中央级、省级的其余发射塔建筑、抗震设防类别应划为乙类。

② 中央级、省级的广播中心、电视中心和电视调频广播发射台的主体建筑，发射总功率不小于200kW的中波和短波广播发射台、广播电视卫星地球站、中央级和省级广播电视监测台与节目传送台的机房建筑和天线支承物，抗震设防类别应划为乙类。

21.9 采煤、采油和矿山生产建筑抗震设防类别示例

本条适用于采煤、采油和天然气以及采矿的生产建筑。

采煤、采油和天然气、采矿的生产建筑，应根据其直接影响的城市和企业的范围及地震破坏所造成的直接和间接经济损失划分抗震设防类别。

1. 采煤生产建筑中，产量3Mt/a及以上矿区和产量1.2Mt/a及以上矿井的提升、通风、供电、供水、通信和瓦斯排放系统，抗震设防类别应划为乙类。

2. 采油和天然气生产建筑中，下列建筑的抗震设防类别应划为乙类。

① 大型油、气田的联合站、压缩机房、加压气站泵房、阀组间、加热炉建筑。

② 大型计算机房和信息贮存库。

③ 油品储运系统液化气站，轻油泵房及氮气站、长输管道首末站、中间加压泵站。

④ 油、气田主要供电、供水建筑。

3. 采矿生产建筑中，下列建筑的抗震设防类别应划为乙类：

① 大型冶金矿山的风机室、排水泵房、变电、配电室等。

② 大型非金属矿山的提升、供水、排水、供电、通风等系统的建筑。

21.10 原材料生产建筑抗震设防类别示例

本条适用于冶金、化工、石油化工、建材和轻工业原材料等工业原材料生产建筑。

冶金、化工、石油化工、建材、轻工业的原材料生产建筑，主要以其规模、修复难易程度和停产后相关企业的直接和间接经济损失划分抗震设防类别。

1. 冶金工业、建材工业企业的生产建筑中，下列建筑的抗震设防类别应划为乙类：

① 大中型冶金企业的动力系统建筑，油库及油泵房，全厂性生产管制中心、通信中心的主要建筑。

② 大型和不容许中断生产的中型建材工业企业的动力系统建筑。

2. 化工和石油化工生产建筑中，下列建筑的抗震设防类别应划为乙类：
① 特大型、大型和中型企业的主要生产建筑以及对正常运行起关键作用的建筑。
② 特大型、大型和中型企业的供热、供电、供气和供水建筑。
③ 特大型、大型和中型企业的通讯、生产指挥中心建筑。
3. 轻工原材料生产建筑中，大型浆板厂和洗涤剂原料厂等大型原材料生产企业中的主要装置及其控制系统和动力系统建筑，其抗震设防类别应划为乙类。
4. 冶金、化工、石油化工、建材、轻工业原料生产中，使用或产生具有剧毒、易燃、易爆物质的厂房以及存放这些物品的仓库，当具有火灾危险性时，其抗震设防类别应划为乙类；存放有放射性物品的仓库，其抗震设防类别应划为乙类。

21.11 加工制造业生产建筑抗震设防类别示例

本条适用于机械、船舶、航空、航天、电子（信息）、纺织、轻工、医药等工业生产建筑。

加工制造工业生产建筑，应根据建筑规模和地震破坏所造成的直接和间接经济损失划分抗震设防类别。

1. 航空工业生产建筑中，下列建筑的抗震设防类别应划为乙类：
① 部级及部级以上的计量基准所在的建筑，记录和贮存航空主要产品（如飞机、发动机等）或关键产品的信息贮存（如光盘、磁盘、磁带等）所在的建筑。
② 对航空工业发展有重要影响的整机或系统性能试验设施、关键设备所在建筑（如大型风洞及其测试间，发动机高空试车台及其动力装置及测试间，全机电磁兼容试验建筑）。
③ 存放国内少有或仅有的重要精密设备的建筑。
④ 大中型企业主要的动力系统建筑。
2. 航天工业生产建筑中，下列建筑的抗震设防类别应划为乙类：
① 重要的航天工业科研楼、生产厂房和试验设施、动力系统的建筑。
② 重要的演示、通信、计量、培训中心建筑。
3. 电子（信息）工业生产建筑中，下列建筑的抗震设防类别应划为乙类：
① 国家级、省部级计算中心、信息中心的建筑。
② 大型彩管、玻壳生产厂房及其动力系统。
③ 大型的集成电路、平板显示器和其他电子类生产厂房。
4. 纺织工业的化纤生产建筑中，具有化工性质的生产建筑，其抗震设防类别宜按第21.10.2条划分。
5. 大型医药生产建筑中，具有生物制品性质的厂房及其控制系统，其抗震设防类别宜按第21.4.7条划分。
6. 加工制造工业建筑中，生产或使用具有剧毒、易燃、易爆物质的厂房及其控制系统的建筑，当具有火灾危险性时，其抗震设防类别应划为乙类。
7. 大型的机械、船舶、纺织、轻工、医药等工业企业的动力系统建筑应划为乙类建筑。

8. 机械、船舶工业的生产厂房、电子、纺织、轻工、医药等工业的其他生产厂房，宜划为丙类建筑。

21.12 仓库类建筑抗震设防类别示例

本条适用于工业与民用的仓库类建筑。

仓库类建筑，应根据其存放物品的经济价值和地震破坏所产生的次生灾害划分抗震设防类别。

仓库类建筑中，储存放射性物质及剧毒、易燃、易爆物质等具有火灾危险性的危险品仓库应划为乙类建筑；一般储存物品的价值低、人员活动少、无次生灾害的单层仓库等可划为丁类建筑。

21.13 水泥厂建（构）筑物的建筑抗震设防类别示例

水泥厂各建（构）筑物的建筑抗震设防的分类，应按其使用功能的重要性，工厂的生产规模，停产后的经济损失大小和修复的难易等因素来划分，并应符合表21.13的规定。

水泥厂建（构）筑物抗震设防类别示例　　　　　　　　表 21.13

抗震设防类别	建（构）筑物名称
乙类	大、中型水泥工厂的总降压变电站
丙类	除乙、丁类以外的建（构）筑物
丁类	露天堆场、装载机棚、推土机棚、卷扬机房、板道房、各种物料堆棚、材料库、机车库、自行车棚、厕所、矿山山上工人值班室、开水房、围墙、岗亭、避炮棚

说明：

从第21.3至21.13条，仅列出了主要行业的甲、乙、丁建筑和少数丙类建筑的示例，使用功能、规模类似的建筑，可按相近的建筑示例划分其抗震设防类别。未列出的建筑宜划为丙类建筑。

21.14 生物安全实验室的抗震设防分类

设防分类应符合表21.14的规定。

生物安全实验室的抗震设防分类　　　　　　　　表 21.14

实验室级别	抗 震 设 防 类 别
三级	宜按甲类建筑设防
四级	应按甲类建筑设防

22 抗震建筑的地段、场地类别

22.1 对建筑抗震有利、不利和危险地段的划分

选择建筑场地时,应按表 22.1 划分对建筑抗震有利、不利和危险的地段。

有利、不利和危险地段的划分 表 22.1

地段类别	地质、地形、地貌
有利地段	稳定基岩,坚硬土,开阔、平坦、密实、均匀的中硬土等
不利地段	软弱土,液化土,条状突出的山嘴,高耸孤立的山丘,非岩质的陡坡,河岸和边坡的边缘,平面分布上成因、岩性、状态明显不均匀的土层(如故河道、疏松的断层破碎带、暗埋的塘浜沟谷和半填半挖地基)等
危险地段	地震时可能发生滑坡、崩塌、地陷、地裂、泥石流等及发震断裂带上可能发生地表位错的部位

22.2 建筑的场地类别

建筑的场地类别,应根据土层等效剪切波速和场地覆盖层厚度按表 22.2 划分为四类。

各类建筑场地的覆盖层厚度 (m) 表 22.2

等效剪切波速 (m/s)	场 地 类 别			
	Ⅰ	Ⅱ	Ⅲ	Ⅳ
$v_{se}>500$	0			
$500 \geq v_{se}>250$	<5	≥5		
$250 \geq v_{se}>140$	<3	3~50	>50	
$v_{se} \leq 140$	<3	3~15	>15~80	>80

22.2.1 构筑物的场地分类

《构筑物抗震设计规范》(GB 50191—93)第 4.1.4 条规定,场地分类,可根据场地指数 μ 按表 22.2.1 确定。当有充分依据时,表中的场地指数划分范围可作适当调整。

构筑物场地分类 表 22.2.1

场地指数	$1 \geq \mu>0.80$	$0.80 \geq \mu>0.35$	$0.35 \geq \mu>0.05$	$0.05 \geq \mu \geq 0$
场地分类	硬场地	中硬场地	中软场地	软场地

22.2.2 不同类型场地的建筑抗震构造措施

1. 建筑场地为Ⅰ类时,甲、乙类建筑应允许仍按本地区抗震设防烈度的要求采取抗

震构造措施；丙类建筑应允许按本地区抗震设防烈度降低一度的要求采取抗震构造措施，但抗震设防烈度为6度时仍应按本地区抗震设防烈度的要求采取抗震构造措施。

2. 建筑场地为Ⅲ、Ⅳ类时，对设计基本地震加速度为0.15g和0.30g的地区，除规范另有规定外，宜分别按抗震设防烈度8度（0.20g）和9度（0.40g）时各类建筑的要求采取抗震构造措施。

22.2.3 土层剪切波速的测量与经验估计

1. 土层剪切波速的测量，应符合下列要求：

① 在场地初步勘察阶段，对大面积的同一地质单元，测量土层剪切波速的钻孔数量，应为控制性钻孔数量的1/3～1/5，山间河谷地区可适量减少，但不宜少于3个。

② 在场地详细勘察阶段，对单幢建筑，测量土层剪切波速的钻孔数量不宜少于2个，数据变化较大时，可适量增加；对小区中处于同一地质单元的密集高层建筑群，测量土层剪切波速的钻孔数量可适量减少，但每幢高层建筑下不得少于一个。

2. 对丁类建筑及层数不超过10层且高度不超过30m的丙类建筑，当无实测剪切波速时，可根据岩土名称和性状，按表22.2.3划分土的类型，再利用当地经验在表22.2.3的剪切波速范围内估计各土层的剪切波速。

土的类型划分和剪切波速范围　　　　　　　　　　　　　　　　　　表22.2.3

土的类型	岩土名称和性状	土层剪切波速范围(m/s)
坚硬土或岩石	稳定岩石，密实的碎石土	$v_s>500$
中硬土	中密、稍密的碎石土，密实、中密的砾、粗、中砂，$f_{ak}>200$的黏性土和粉土，坚硬黄土	$500 \geqslant v_s>250$
中软土	稍密的砾、粗、中砂，除松散外的细、粉砂，$f_{ak} \leqslant 200$的黏性土和粉土，$f_{ak}>130$的填土，可塑黄土	$250 \geqslant v_s>140$
软弱土	淤泥和淤泥质土，松散的砂，新近沉积的黏性土和粉土，$f_{ak} \leqslant 130$的填土，流塑黄土	$v_s \leqslant 140$

注：f_{ak}为由载荷试验等方法得到的地基承载力特征值（kPa）；v_s为岩土剪切波速。

22.3 液化土层地基的液化等级

对存在液化土层的地基，应探明各液化土层的深度和厚度，计算每个钻孔的液化指数I_{lE}，根据液化指数I_{lE}按表22.3综合划分地基的液化等级。

液化土层地基的液化等级　　　　　　　　　　　　　　　　　　　　表22.3

液化等级	轻微	中等	严重
判别深度为15m时的液化指数	$0<I_{lE} \leqslant 5$	$5<I_{lE} \leqslant 15$	$I_{lE}>15$
判别深度为20m时的液化指数	$0<I_{lE} \leqslant 6$	$6<I_{lE} \leqslant 18$	$I_{lE}>18$

23 我国主要城镇抗震设防烈度、设计基本地震加速度和设计地震分组

本节仅提供我国抗震设防区各县级及县级以上城镇的中心地区建筑工程抗震设计时所采用的抗震设防烈度、设计基本地震加速度值和所属的设计地震分组。

注：本节一般把"设计地震第一、二、三组"简称为"第一组、第二组、第三组"。

A.0.1 首都和直辖市

1. 抗震设防烈度为8度，设计基本地震加速度值为0.20g：

北京（除昌平、门头沟外的11个市辖区）、平谷、大兴、延庆、宁河、汉沽。

2. 抗震设防烈度为7度，设计基本地震加速度值为0.15g：

密云、怀柔、昌平、门头沟、天津（除汉沽、大港外的12个市辖区）、蓟县、宝坻、静海。

3. 抗震设防烈度为7度，设计基本地震加速度值为0.10g：

大港、上海（除金山外的15个市辖区）、南汇、奉贤。

4. 抗震设防烈度为6度，设计基本地震加速度值为0.05g：

崇明、金山、重庆（14个市辖区）、巫山、奉节、云阳、忠县、丰都、长寿、壁山、合川、铜梁、大足、荣昌、永川、江津、綦江、南川、黔江、石柱、巫溪*。

注：1. 首都和直辖市的全部县级及县以上设防城镇，设计地震分组均为第一组；
2. 上标*指该城镇的中心位于本设防区和较低设防区的分界线，下同。

A.0.2 河北省

1. 抗震设防烈度为8度，设计基本地震加速度值为0.20g：

第一组：廊坊（2个市辖区），唐山（5个市辖区）、三河、大厂、香河、丰南、丰润、怀来、涿鹿。

2. 抗震设防烈度为7度，设计基本地震加速度值为0.15g：

第一组：邯郸（4个市辖区），邯郸县、文安、任丘、河间、大城、涿州、高碑店、涞水、固安、永清、玉田、迁安、卢龙、滦县、滦南、唐海、乐亭、宣化、蔚县、阳原、成安、磁县、临漳、大名、宁晋。

3. 抗震设防烈度为7度，设计基本地震加速度值为0.10g：

第一组：石家庄（6个市辖区）、保定（3个市辖区），张家口（4个市辖区）、沧州（2个市辖区）、衡水、邢台（2个市辖区）、霸州、雄县、易县、沧县、张北、万全、怀安、兴隆、迁西、抚宁、昌黎、青县、献县、广宗、平乡、鸡泽、隆尧、新河、曲周、肥乡、馆陶、广平、高邑、内丘、邢台县、赵县、武安、涉县、赤城、涞源、定兴、容城、徐水、安新、高阳、博野、蠡县、肃宁、深泽、安平、饶阳、魏县、藁城、栾城、晋州、深州、武强、辛集、冀州、任县、柏乡、巨鹿、南和、沙河、临城、泊头、永年、崇礼、南宫*。

第二组：秦皇岛（海港、北戴河）、清苑、遵化、安国。

4. 抗震设防烈度为 6 度，设计基本地震加速度值为 0.05g：

第一组：正定、围场、尚义、灵寿、无极、平山、鹿泉、井陉、元氏、南皮、吴桥、景县、东光。

第二组：承德（除鹰手营子外的 2 个市辖区）、隆化、承德县、宽城、青龙、阜平、满城、顺平、唐县、望都、曲阳、定州、行唐、赞皇、黄骅、海兴、孟村、盐山、阜城、故城、清河、山海关、沽源、新乐、武邑、枣强、威县。

第三组：丰宁、滦平、鹰手营子、平泉、临西、邱县。

A.0.3 山西省

1. 抗震设防烈度为 8 度，设计基本地震加速度值为 0.20g：

第一组：太原（6 个市辖区）、临汾、忻州、祁县、平遥、古县、代县、原平、定襄、阳曲、太谷、介休、灵石、汾西、霍州、洪洞、襄汾、晋中、浮山、永济、清徐。

2. 抗震设防烈度为 7 度，设计基本地震加速度值为 0.15g：

第一组：大同（4 个市辖区）、朔州（朔城区）、大同县、怀城、浑源、广灵、应县、山阴、灵丘、繁峙、五台、古交、交城、文水、汾阳、曲沃、孝义、侯马、新绛、稷山、绛县、河津、闻喜、翼城、万荣、临猗、夏县、运城、芮城、平陆、沁源*、宁武*。

3. 抗震设防烈度为 7 度，设计基本地震加速度值为 0.10g：

第一组：长治（2 个市辖区）、阳泉（3 个市辖区）、长治县、阳高、天镇、左云、右玉、神池、寿阳、昔阳、安泽、乡宁、垣曲、沁水、平定、和顺、黎城、潞城、壶关。

第二组：平顺、榆社、武乡、娄烦、交口、隰县、蒲县、吉县、静乐、盂县、沁县、陵川、平鲁。

4. 抗震设防烈度为 6 度，设计基本地震加速度值为 0.05g：

第二组：偏关、河曲、保德、兴县、临县、方山、柳林。

第三组：晋城、离石、左权、襄垣、屯留、长子、高平、阳城、泽州、五寨、岢岚、岚县、中阳、石楼、永和、大宁。

A.0.4 内蒙古自治区

1. 抗震设防烈度为 8 度，设计基本地震加速度值为 0.30g：

第一组：土默特右旗、达拉特旗*。

2. 抗震设防烈度为 8 度，设计基本地震加速度值为 0.20g：

第一组：包头（除白云矿区外的 5 个市辖区）、呼和浩特（4 个市辖区）、土默特左旗、乌海（3 个市辖区）、杭锦后旗、磴口、宁城、托克托*。

3. 抗震设防烈度为 7 度，设计基本地震加速度值 0.15g：

第一组：喀喇沁旗、五原、乌拉特前旗、临河、固阳、武川、凉城、和林格尔、赤峰（红山*、元宝山区）。

第二组：阿拉善左旗。

4. 抗震设防烈度为 7 度，设计基本地震加速度值为 0.10g：

第一组：集宁、清水河、开鲁、傲汉旗、乌特拉后旗、卓资、察右前旗、丰镇、扎兰屯、乌特拉中旗、赤峰（松山区）、通辽*。

第二组：东胜、准格尔旗。

5. 抗震设防烈度为 6 度，设计基本地震加速度值为 0.05g：

第一组：满洲里、新巴尔虎右旗、莫力达瓦旗、阿荣旗、扎赉特旗、翁牛特旗、兴和、商都、察右后旗、科左中旗、科左后旗、奈曼旗、库伦旗、乌审旗、苏尼特右旗。

第二组：达尔罕茂明安联合旗、阿拉善右旗、鄂托克旗、鄂托克前旗、白云。

第三组：伊金霍洛旗、杭锦旗、四王子旗、察右中旗。

A.0.5　辽宁省

1. 抗震设防烈度为 8 度，设计基本地震加速度值为 0.20g：

普兰店、东港。

2. 抗震设防烈度为 7 度，设计基本地震加速度值为 0.15g：

营口（4 个市辖区）、丹东（3 个市辖区）、海城、大石桥、瓦房店、盖州、金州。

3. 抗震设防烈度为 7 度，设计基本地震加速度值为 0.10g：

沈阳（9 个市辖区）、鞍山（4 个市辖区）、大连（除金州外的 5 个市辖区）、朝阳（2 个市辖区）、辽阳（5 个市辖区）、抚顺（除顺城外的 3 个市辖区）、铁岭（2 个市辖区）、盘锦（2 个市辖区）、盘山、朝阳县、辽阳县、岫岩、铁岭县、凌源、北票、建平、开原、抚顺县、灯塔、台安、大洼、辽中。

4. 抗震设防烈度为 6 度，设计基本地震加速度值为 0.05g：

本溪（4 个市辖区）、阜新（5 个市辖区）、锦州（3 个市辖区）、葫芦岛（3 个市辖区）、昌图、西丰、法库、彰武、铁法、阜新县、康平、新民、黑山、北宁、义县、喀喇沁、凌海、兴城、绥中、建昌、宽甸、凤城、庄河、长海、顺城。

注：全省县级及县级以上设防城镇的设计地震分组，除兴城、绥中、建昌、南票为第二组外，均为第一组。

A.0.6　吉林省

1. 抗震设防烈度为 8 度，设计基本地震加速度值为 0.20g：

前郭尔罗斯、松原。

2. 抗震设防烈度为 7 度，设计基本地震加速度值为 0.15g：

大安*。

3. 抗震设防烈度为 7 度，设计基本地震加速度值为 0.10g：

长春（6 个市辖区）、吉林（除丰满外的 3 个市辖区）、白城、乾安、舒兰、九台、永吉。

4. 抗震设防烈度为 6 度，设计基本地震加速度值为 0.05g：

四平（2 个市辖区）、辽源（2 个市辖区）、镇赉、洮南、延吉、汪清、图门、珲春、龙井、和龙、安图、蛟河、桦甸、梨树、磐石、东丰、辉南、梅河口、东辽、榆树、靖宇、抚松、长岭、通榆、德惠、农安、伊通、公主岭、扶余、丰满。

注：全省县级及县级以上设防城镇，设计地震分组均为第一组。

A.0.7　黑龙江省

1. 抗震设防烈度为 7 度，设计基本地震加速度值为 0.10g：

绥化、萝北、泰来。

2. 抗震设防烈度为 6 度，设计基本地震加速度值为 0.05g：

哈尔滨（7 个市辖区）、齐齐哈尔（7 个市辖区）、大庆（5 个市辖区）、鹤岗（6 个市辖区)、牡丹江(4个市辖区)、鸡西(6个市辖区)、佳木斯(5个市辖区)、七台河(3个市辖区)、伊春(伊春区、乌马河区)、鸡东、望奎、穆棱、绥芬河、东宁、宁安、五大连池、嘉荫、汤原、桦南、桦川、依兰、勃利、通河、方正、木兰、巴彦、延寿、尚志、宾县、安达、明水、绥棱、庆安、兰西、肇东、肇州、肇源、呼兰、阿城、双城、五常、讷河、北安、甘南、富裕、龙江、黑河、青冈*、海林*。

注：全省县级及县级以上设防城镇，设计地震分组均为第一组。

A.0.8 江苏省

1. 抗震设防烈度为8度，设计基本地震加速度值为0.30g：

第一组：宿迁、宿豫*。

2. 抗震设防烈度为8度，设计基本地震加速度值为0.20g：

第一组：新沂、邳州、睢宁。

3. 抗震设防烈度为7度，设计基本地震加速度值为0.15g：

第一组：扬州(3个市辖区)、镇江(2个市辖区)、东海、沭阳、泗洪、江都、大丰。

4. 抗震设防烈度为7度，设计基本地震加速度值为0.10g：

第一组：南京(11个市辖区)、淮安(除楚州外的3个市辖区)、徐州(5个市辖区)、铜山、沛县、常州(4个市辖区)、泰州(2个市辖区)、赣榆、泗阳、盱眙、射阳、江浦、武进、盐城、盐都、东台、海安、姜堰、如皋、如东、扬中、仪征、兴化、高邮、六合、句容、丹阳、金坛、丹徒、溧阳、溧水、昆山、太仓。

第三组：连云港(4个市辖区)、灌云。

5. 抗震设防烈度为6度，设计基本地震加速度值为0.05g：

第一组：南通(2个市辖区)、无锡(6个市辖区)、苏州(6个市辖区)、通州、宜兴、江阴、洪泽、金湖、建湖、常熟、吴江、靖江、泰兴、张家港、海门、启东、高淳、丰县。

第二组：响水、滨海、阜宁、宝应、金湖。

第三组：灌南、涟水、楚州。

A.0.9 浙江省

1. 抗震设防烈度为7度，设计基本地震加速度值为0.10g：

岱山、嵊泗、舟山(2个市辖区)。

2. 抗震设防烈度为6度，设计基本地震加速度值为0.05g：

杭州(6个市辖区)、宁波(5个市辖区)、湖州、嘉兴(2个市辖区)、温州(3个市辖区)、绍兴、绍兴县、长兴、安吉、临安、奉化、鄞县、象山、德清、嘉善、平湖、海盐、桐乡、余杭、海宁、萧山、上虞、慈溪、余姚、瑞安、富阳、平阳、苍南、乐清、永嘉、泰顺、景宁、云和、庆元、洞头。

注：全省县级及县级以上设防城镇，设计地震分组均为第一组。

A.0.10 安徽省

1. 抗震设防烈度为7度，设计基本地震加速度值为0.15g：

第一组：五河、泗县。

2. 抗震设防烈度为7度，设计基本地震加速度值为0.10g：

第一组：合肥(4个市辖区)、蚌埠(4个市辖区)、阜阳(3个市辖区)、淮南(5个市辖区)、枞阳、怀远、长丰、六安(2个市辖区)、灵璧、固镇、凤阳、明光、定远、肥东、肥西、舒城、庐江、桐城、霍山、涡阳、安庆(3个市辖区)*、铜陵县*。

3. 抗震设防烈度为6度，设计基本地震加速度值为0.05g：

第一组：铜陵(3个市辖区)、芜湖(4个市辖区)、巢湖、马鞍山(4个市辖区)、滁州(2个市辖区)、芜湖县、砀山、萧县、亳州、界首、太和、临泉、阜南、利辛、蒙城、凤台、寿县、颖上、霍丘、金寨、天长、来安、全椒、含山、和县、当涂、无为、繁昌、池州、岳西、潜山、太湖、怀宁、望江、东至、宿松、南陵、宣城、郎溪、广德、泾县、青阳、石台。

第二组：濉溪、淮北。

第三组：宿州。

A.0.11 福建省

1. 抗震设防烈度为8度，设计基本地震加速度值为0.20g：

第一组：金门*。

2. 抗震设防烈度为7度，设计基本地震加速度值为0.15g：

第一组：厦门(7个市辖区)、漳州(2个市辖区)、晋江、石狮、龙海、长泰、漳浦、东山、诏安。

第二组：泉州(4个市辖区)。

3. 抗震设防烈度为7度，设计基本地震加速度值为0.10g：

第一组：福州(除马尾外的4个市辖区)、安溪、南靖、华安、平和、云霄。

第二组：莆田(2个市辖区)、长乐、福清、莆田县、平潭、惠安、南安、马尾。

4. 抗震设防烈度为6度，设计基本地震加速度值为0.05g：

第一组：三明(2个市辖区)、政和、屏南、霞浦、福鼎、福安、柘荣、寿宁、周宁、松溪、宁德、古田、罗源、沙县、尤溪、闽清、闽侯、南平、大田、漳平、龙岩、永定、泰宁、宁化、长汀、武平、建宁、将乐、明溪、清流、连城、上杭、永安、建瓯。

第二组：连江、永泰、德化、永春、仙游。

A.0.12 江西省

1. 抗震设防烈度为7度，设计基本地震加速度值为0.10g：

寻乌、会昌。

2. 抗震设防烈度为6度，设计基本地震加速度值为0.05g：

南昌(5个市辖区)、九江(2个市辖区)、南昌县、进贤、余干、九江县、彭泽、湖口、星子、瑞昌、德安、都昌、武宁、修水、靖安、铜鼓、宜丰、宁都、石城、瑞金、安远、定南、龙南、全南、大余。

注：全省县级及县级以上设防城镇，设计地震分组均为第一组。

A.0.13 山东省

1. 抗震设防烈度为8度，设计基本地震加速度值为0.20g：

第一组：郯城、临沭、莒南、莒县、沂水、安丘、阳谷。

2. 抗震设防烈度为7度，设计基本地震加速度值为0.15g：

第一组：临沂(3个市辖区)、潍坊(4个市辖区)、菏泽、东明、聊城、苍山、沂南、昌邑、昌乐、青州、临驹、诸城、五莲、长岛、蓬莱、龙口、莘县、鄄城、寿光*。

3. 抗震设防烈度为7度,设计基本地震加速度值为0.10g:

第一组:烟台(4个市辖区)、威海、枣庄(5个市辖区)、淄博(除博山外的4个市辖区)、平原、高唐、茌平、东阿、平阴、梁山、郓城、定陶、巨野、成武、曹县、广饶、博兴、高青、桓台、文登、沂源、蒙阴、费县、微山、禹城、冠县、莱芜(2个市辖区)*、单县*、夏津*。

第二组:东营(2个市辖区)、招远、新泰、栖霞、莱州、日照、平度、高密、垦利、博山、滨州*、平邑*。

4. 抗震设防烈度为6度,设计基本地震加速度值为0.05g:

第一组:德州、宁阳、陵县、曲阜、邹城、鱼台、乳山、荣成、兖州。

第二组:济南(5个市辖区)、青岛(7个市辖区)、泰安(2个市辖区)、济宁(2个市辖区)、武城、乐陵、庆云、无棣、阳信、宁津、沾化、利津、惠民、商河、临邑、济阳、齐河、邹平、章丘、泗水、莱阳、海阳、金乡、滕州、莱西、即墨。

第三组:胶南、胶州、东平、汶上、嘉祥、临清、长清、肥城。

A.0.14 河南省

1. 抗震设防烈度为8度,设计基本地震加速度值为0.20g:

第一组:新乡(4个市辖区)、新乡县、安阳(4个市辖区)、安阳县、鹤壁(3个市辖区)、原阳、延津、汤阴、淇县、卫辉、获嘉、范县、辉县。

2. 抗震设防烈度为7度,设计基本地震加速度值为0.15g:

第一组:郑州(6个市辖区)、濮阳、濮阳县、长桓、封丘、修武、武陟、内黄、浚县、滑县、台前、南乐、清丰、灵宝、三门峡、陕县、林州*。

3. 抗震设防烈度为7度,设计基本地震加速度值为0.10g:

第一组:洛阳(6个市辖区)、焦作(4个市辖区)、开封(5个市辖区)、南阳(2个市辖区)、开封县、许昌县、沁阳、博爱、孟州、孟津、巩义、偃师、济源、新密、新郑、民权、兰考、长葛、温县、荥阳、中牟、杞县*、许昌*。

4. 抗震设防烈度为6度,设计基本地震加速度值为0.05g:

第一组:商丘(2个市辖区)、信阳(2个市辖区)、漯河、平顶山(4个市辖区)、登封、义马、虞城、夏邑、通许、尉氏、睢县、宁陵、柘城、新安、宜县、嵩县、汝阳、伊川、禹州、郏县、宝丰、襄城、郾城、鄢陵、扶沟、太康、鹿邑、郸城、沈丘、项城、淮阳、周口、商水、上蔡、临颍、西华、西平、栾川、内乡、镇平、唐河、邓州、新野、社旗、平舆、新县、驻马店、泌阳、汝南、桐柏、淮滨、息县、正阳、遂平、光山、罗山、潢川、商城、固始、南召、舞阳*。

第二组:汝州、睢县、永城。

第三组:卢氏、洛宁、渑池。

A.0.15 湖北省

1. 抗震设防烈度为7度,设计基本地震加速度值为0.10g:

竹溪、竹山、房县。

2. 抗震设防烈度为6度,设计基本地震加速度值为0.05g:

武汉(13个市辖区)、荆州(2个市辖区)、荆门、襄樊(2个市辖区)、襄阳、十堰(2个市辖区)、宜昌(4个市辖区)、宜昌县、黄石(4个市辖区)、恩施、咸宁、麻城、团风、罗田、英山、黄冈、鄂州、浠水、蕲春、黄梅、武穴、郧西、郧县、丹江口、谷城、老河口、宜城、南漳、保康、神农架、钟祥、沙洋、远安、兴山、巴东、秭归、当阳、建始、利川、公安、宣恩、咸丰、长阳、宜都、枝江、松滋、江陵、石首、监利、洪湖、孝感、应城、云梦、天门、仙桃、红安、安陆、潜江、嘉鱼、大冶、通山、赤壁、崇阳、通城、五峰*、京山*。

注：全省县级及县级以上设防城镇，设计地震分组均为第一组。

A.0.16 湖南省

1. 抗震设防烈度为7度，设计基本地震加速度值为0.15g：

常德（2个市辖区）。

2. 抗震设防烈度为7度，设计基本地震加速度值为0.10g：

岳阳（3个市辖区）、岳阳县、汨罗、湘阴、临澧、澧县、津市、桃源、安乡、汉寿。

3. 抗震设防烈度为6度，设计基本地震加速度值为0.05g：

长沙（5个市辖区）、长沙县、益阳（2个市辖区）、张家界（2个市辖区）、郴州（2个市辖区）、邵阳（3个市辖区）、邵阳县、泸溪、沅陵、娄底、宜章、资兴、平江、宁乡、新化、冷水江、涟源、双峰、新邵、邵东、隆回、石门、慈利、华容、南县、临湘、沅江、桃江、望城、溆浦、会同、靖州、韶山、江华、宁远、道县、临武、湘乡*、安化*、中方*、洪江*。

注：全省县级及县级以上设防城镇，设计地震分组均为第一组。

A.0.17 广东省

1. 抗震设防烈度为8度，设计基本地震加速度值为0.20g：

汕头（5个市辖区）、澄海、潮安、南澳、徐闻、潮州*。

2. 抗震设防烈度为7度，设计基本地震加速度值为0.15g：

揭阳、揭东、潮阳、饶平。

3. 抗震设防烈度为7度，设计基本地震加速度值为0.10g：

广州（除花都外的9个市辖区）、深圳（6个市辖区）、湛江（4个市辖区）、汕尾、海丰、普宁、惠来、阳江、阳东、阳西、茂名、化州、廉江、遂溪、吴川、丰顺、南海、顺德、中山、珠海、斗门、电白、雷州、佛山（2个市辖区）*、江门（2个市辖区）*、新会*、陆丰*。

4. 抗震设防烈度为6度，设计基本地震加速度值为0.05g：

韶关（3个市辖区）、肇庆（2个市辖区）、花都、河源、揭西、东源、梅州、东莞、清远、清新、南雄、仁化、始兴、乳源、曲江、英德、佛冈、龙门、龙川、平远、大埔、从化、梅县、兴宁、五华、紫金、陆河、增城、博罗、惠州、惠阳、惠东、三水、四会、云浮、云安、高要、高明、鹤山、封开、郁南、罗定、信宜、新兴、开平、恩平、台山、阳春、高州、翁源、连平、和平、蕉岭、新丰*。

注：全省县级及县级以上设防城镇，设计地震分组均为第一组。

A.0.18 广西自治区

1. 抗震设防烈度为7度，设计基本地震加速度值为0.15g：

灵山、田东。

2. 抗震设防烈度为7度，设计基本地震加速度值为0.10g：

玉林、兴业、横县、北流、百色、田阳、平果、隆安、浦北、博白、乐业*。

3. 抗震设防烈度为6度，设计基本地震加速度值为0.05g：

南宁（6个市辖区）、桂林（5个市辖区）、柳州（5个市辖区）、梧州（3个市辖区）、钦州（2个市辖区）、贵港（2个市辖区）、防城港（2个市辖区）、北海（2个市辖区）、兴安、灵川、临桂、永福、鹿寨、天峨、东兰、巴马、都安、大化、马山、融安、象州、武宣、桂平、平南、上林、宾阳、武鸣、大新、扶绥、邕宁、东兴、合浦、钟山、贺州、藤县、苍梧、容县、岑溪、陆川、凤山、凌云、田林、隆林、西林、德保、靖西、那坡、天等、崇左、上思、龙州、宁明、融水、凭祥、全州。

注：全自治区县级及县级以上设防城镇，设计地震分组均为第一组。

A.0.19 海南省

1. 抗震设防烈度为8度，设计基本地震加速度值为0.30g：

海口（3个市辖区）、琼山。

2. 抗震设防烈度为8度，设计基本地震加速度值为0.20g：

文昌、定安。

3. 抗震设防烈度为7度，设计基本地震加速度值为0.15g：

澄迈。

4. 抗震设防烈度为7度，设计基本地震加速度值为0.10g：

临高、琼海、儋州、屯昌。

5. 抗震设防烈度为6度，设计基本地震加速度值为0.05g：

三亚、万宁、琼中、昌江、白沙、保亭、陵水、东方、乐东、通什。

注：全省县级及县级以上设防城镇，设计地震分组均为第一组。

A.0.20 四川省

1. 抗震设防烈度不低于9度，设计基本地震加速度值不小于0.40g：

第一组：康定、西昌。

2. 抗震设防烈度为8度，设计基本地震加速度值为0.30g：

第一组：冕宁*。

3. 抗震设防烈度为8度，设计基本地震加速度值为0.20g：

第一组：松潘、道孚、泸定、甘孜、炉霍、石棉、喜德、普格、宁南、德昌、理塘。

第二组：九寨沟。

4. 抗震设防烈度为7度，设计基本地震加速度值为0.15g：

第一组：宝兴、茂县、巴塘、德格、马边、雷波。

第二组：越西、雅江、九龙、平武、木里、盐源、会东、新龙。

第三组：天全、荥经、汉源、昭觉、布拖、丹巴、芦山、甘洛。

5. 抗震设防烈度为7度，设计基本地震加速度值为0.10g：

第一组：成都（除龙泉驿、清白江的5个市辖区）、乐山（除金口河外的3个市辖区）、自贡（4个市辖区）、宜宾、宜宾县、北川、安县、绵竹、汶川、都江堰、双流、新津、青神、峨边、沐川、屏山、理县、得荣、新都*。

第二组：攀枝花（3个市辖区）、江油、什邡、彭州、郫县、温江、大邑、崇州、邛崃、蒲江、彭山、丹棱、眉山、洪雅、夹江、峨嵋山、若尔盖、色达、壤塘、马尔康、石渠、白玉、金川、黑水、盐边、米易、乡城、稻城、金口河、朝天区*。

第三组：青川、雅安、名山、美姑、金阳、小金、会理。

6. 抗震设防烈度为6度，设计基本地震加速度值为0.05g：

第一组：泸州（3个市辖区）、内江（2个市辖区）、德阳、宣汉、达州、达县、大竹、邻水、渠县、广安、华蓥、隆昌、富顺、泸县、南溪、江安、长宁、高县、珙县、兴文、叙永、古蔺、金堂、广汉、简阳、资阳、仁寿、资中、犍为、荣县、威远、南江、通江、万源、巴中、苍溪、阆中、仪陇、西充、南部、盐亭、三台、射洪、大英、乐至、旺苍、龙泉驿、清白江。

第二组：绵阳（2个市辖区）、梓潼、中江、阿坝、筠连、井研。

第三组：广元（除朝天区外的2个市辖区）、剑阁、罗江、红原。

A.0.21 贵州省

1. 抗震设防烈度为7度，设计基本地震加速度值为0.10g：

第一组：望谟。

第二组：威宁。

2. 抗震设防烈度为6度，设计基本地震加速度值为0.05g：

第一组：贵阳（除白云外的5个市辖区）、凯里、毕节、安顺、都匀、六盘水、黄平、福泉、贵定、麻江、清镇、龙里、平坝、纳雍、织金、水城、普定、六枝、镇宁、惠水、长顺、关岭、紫云、罗甸、兴仁、贞丰、安龙、册亨、金沙、印江、赤水、习水、思南*。

第二组：赫章、普安、晴隆、兴义。

第三组：盘县。

A.0.22 云南省

1. 抗震设防烈度不低于9度，设计基本地震加速度值不小于0.40g：

第一组：寻甸、东川。

第二组：澜沧。

2. 抗震设防烈度为8度，设计基本地震加速度值为0.30g：

第一组：剑川、嵩明、宜良、丽江、鹤庆、永胜、潞西、龙陵、石屏、建水。

第二组：耿马、双江、沧源、勐海、西盟、孟连。

3. 抗震设防烈度为8度，设计基本地震加速度值为0.20g：

第一组：石林、玉溪、大理、永善、巧家、江川、华宁、峨山、通海、洱源、宾川、弥渡、祥云、会泽、南涧。

第二组：昆明（除东川外的4个市辖区）、思茅、保山、马龙、呈贡、澄江、晋宁、易门、漾濞、巍山、云县、腾冲、施甸、瑞丽、梁河、安宁、凤庆*、陇川*。

第三组：景洪、永德、镇康、临沧。

4. 抗震设防烈度为7度，设计基本地震加速度值为0.15g：

第一组：中甸、泸水、大关、新平*。

第二组：沾益、个旧、红河、元江、禄丰、双柏、开远、盈江、永平、昌宁、宁蒗、南华、楚雄、勐腊、华坪、景东*。

第三组：曲靖、弥勒、陆良、富民、禄劝、武定、兰坪、云龙、景谷、普洱。

5. 抗震设防烈度为7度，设计基本地震加速度值为0.10g：

第一组：盐津、绥江、德钦、水富、贡山。

第二组：昭通、彝良、鲁甸、福贡、永仁、大姚、元谋、姚安、牟定、墨江、绿春、镇沅、江城、金平。

第三组：富源、师宗、泸西、蒙自、元阳、维西、宣威。

6. 抗震设防烈度为6度，设计基本地震加速度值为0.05g：

第一组：威信、镇雄、广南、富宁、西畴、麻栗坡、马关。

第二组：丘北、砚山、屏边、河口、文山。

第三组：罗平。

A.0.23 西藏自治区

1. 抗震设防烈度不低于9度，设计基本地震加速度值不小于0.40g：

第二组：当雄、墨脱。

2. 抗震设防烈度为8度，设计基本地震加速度值为0.30g：

第一组：申扎。

第二组：米林、波密。

3. 抗震设防烈度为8度，设计基本地震加速度值为0.20g：

第一组：普兰、聂拉木、萨嘎。

第二组：拉萨、堆龙德庆、尼木、仁布、尼玛、洛隆、隆子、错那、曲松。

第三组：那曲、林芝（八一镇）、林周。

4. 抗震设防烈度为7度，设计基本地震加速度值为0.15g：

第一组：札达、吉隆、拉孜、谢通门、亚东、洛扎、昂仁。

第二组：日土、江孜、康马、白郎、扎囊、措美、桑日、加查、边坝、八宿、丁青、类乌齐、乃东、琼结、贡嘎、朗县、达孜、日喀则*、噶尔*。

第三组：南木林、班戈、浪卡子、墨竹工卡、曲水、安多、聂荣。

5. 抗震设防烈度为7度，设计基本地震加速度值为0.10g：

第一组：改则、措勤、仲巴、定结、芒康。

第二组：昌都、定日、萨迦、岗巴、巴青、工布江达、索县、比如、嘉黎、察雅、左贡、察隅、江达、贡觉。

6. 抗震设防烈度为6度，设计基本地震加速度值为0.05g：

第一组：革吉。

A.0.24 陕西省

1. 抗震设防烈度为8度，设计基本地震加速度值为0.20g：

第一组：西安（8个市辖区）、渭南、华县、华阴、潼关、大荔。

第二组：陇县。

2. 抗震设防烈度为7度，设计基本地震加速度值为0.15g：

第一组：咸阳（3个市辖区）、宝鸡（2个市辖区）、高陵、千阳、岐山、凤翔、扶风、武功、兴平、周至、眉县、宝鸡县、三原、富平、澄城、蒲城、泾阳、礼泉、长安、户县、蓝田、韩城、合阳。

第二组：凤县。

3. 抗震设防烈度为7度，设计基本地震加速度值为0.10g：

第一组：安康、平利、乾县、洛南。

第二组：白水、耀县、淳化、麟游、永寿、商州、铜川（2个市辖区）*、柞水*。

第三组：太白、留坝、勉县、略阳。

4. 抗震设防烈度为6度，设计基本地震加速度值为0.05g：

第一组：延安、清涧、神木、佳县、米脂、绥德、安塞、延川、延长、定边、吴旗、志丹、甘泉、富县、商南、旬阳、紫阳、镇巴、白河、岚皋、镇坪、子长*。

第二组：府谷、吴堡、洛川、黄陵、旬邑、洋县、西乡、石泉、汉阴、宁陕、汉中、南郑、城固。

第三组：宁强、宜川、黄龙、宜君、长武、彬县、佛坪、镇安、丹凤、山阳。

A.0.25 甘肃省

1. 抗震设防烈度不低于9度，设计基本地震加速度值不小于0.40g：

第一组：古浪。

2. 抗震设防烈度为8度，设计基本地震加速度值为0.30g：

第一组：天水（2个市辖区）、礼县、西和。

3. 抗震设防烈度为8度，设计基本地震加速度值为0.20g：

第一组：宕昌、文县、肃北、武都。

第二组：兰州（5个市辖区）、成县、舟曲、徽县、康县、武威、永登、天祝、景泰、靖远、陇西、武山、秦安、清水、甘谷、漳县、会宁、静宁、庄浪、张家川、通渭、华亭。

4. 抗震设防烈度为7度，设计基本地震加速度值为0.15g：

第一组：康乐、嘉峪关、玉门、酒泉、高台、临泽、肃南。

第二组：白银（2个市辖区）、永靖、岷县、东乡、和政、广河、临潭、卓尼、迭部、临洮、渭源、皋兰、崇信、榆中、定西、金昌、两当、阿克塞、民乐、永昌。

第三组：平凉。

5. 抗震设防烈度为7度，设计基本地震加速度值为0.10g：

第一组：张掖、合作、玛曲、金塔、积石山。

第二组：敦煌、安西、山丹、临夏、临夏县、夏河、碌曲、泾川、灵台。

第三组：民勤、镇原、环县。

6. 抗震设防烈度为6度，设计基本地震加速度值为0.05g：

第二组：华池、正宁、庆阳、合水、宁县。

第三组：西峰。

A.0.26 青海省

1. 抗震设防烈度为8度，设计基本地震加速度值为0.20g：

第一组：玛沁。

第二组：玛多、达日。

2. 抗震设防烈度为7度，设计基本地震加速度值为0.15g：

第一组：祁连、玉树。

第二组：甘德、门源。

3. 抗震设防烈度为7度，设计基本地震加速度值为0.10g：

第一组：乌兰、治多、称多、杂多、囊谦。

第二组：西宁（4个市辖区）、同仁、共和、德令哈、海晏、湟源、湟中、平安、民和、化隆、贵德、尖扎、循化、格尔木、贵南、同德、河南、曲麻莱、久治、班玛、天峻、刚察。

第三组：大通、互助、乐都、都兰、兴海。

4. 抗震设防烈度为6度，设计基本地震加速度值为0.05g：

第二组：泽库。

A.0.27 宁夏自治区

1. 抗震设防烈度为8度，设计基本地震加速度值为0.30g：

第一组：海原。

2. 抗震设防烈度为8度，设计基本地震加速度值为0.20g：

第一组：银川（3个市辖区）、石嘴山（3个市辖区）、吴忠、惠农、平罗、贺兰、永宁、青铜峡、泾源、灵武、陶乐、固原。

第二组：西吉、中卫、中宁、同心、隆德。

3. 抗震设防烈度为7度，设计基本地震加速度值为0.15g：

第三组：彭阳。

4. 抗震设防烈度为6度，设计基本地震加速度值为0.05g：

第三组：盐池。

A.0.28 新疆自治区

1. 抗震设防烈度不低于9度，设计基本地震加速度值不小于0.40g：

第二组：乌恰、塔什库尔干。

2. 抗震设防烈度为8度，设计基本地震加速度值为0.30g：

第二组：阿图什、喀什、疏附。

3. 抗震设防烈度为8度，设计基本地震加速度值为0.20g：

第一组：乌鲁木齐（7个市辖区）、乌鲁木齐县、温宿、阿克苏、柯坪、米泉、乌苏、特克斯、库车、巴里坤、青河、富蕴、乌什*。

第二组：尼勒克、新源、巩留、精河、奎屯、沙湾、玛纳斯、石河子、独山子。

第三组：疏勒、伽师、阿克陶、英吉沙。

4. 抗震设防烈度为7度，设计基本地震加速度值为0.15g：

第一组：库尔勒、新和、轮台、和静、焉耆、博湖、巴楚、昌吉、拜城、阜康*、木垒*。

第二组：伊宁、伊宁县、霍城、察布查尔、呼图壁。

第三组：岳普湖。

5. 抗震设防烈度为7度，设计基本地震加速度值为0.10g：

第一组：吐鲁番、和田、和田县、昌吉、吉木萨尔、洛浦、奇台、伊吾、鄯善、托克逊、和硕、尉犁、墨玉、策勒、哈密。

第二组：克拉玛依（克拉玛依区）、博乐、温泉、阿合奇、阿瓦提、沙雅。

第三组：莎车、泽普、叶城、麦盖堤、皮山。

6. 抗震设防烈度为6度，设计基本地震加速度值为0.05g：

第一组：于田、哈巴河、塔城、额敏、福海、和布克赛尔、乌尔禾。
第二组：阿勒泰、托里、民丰、若羌、布尔津、吉木乃、裕民、白碱滩。
第三组：且末。

A.0.29 港澳特区和台湾省

1. 抗震设防烈度不低于9度，设计基本地震加速度值不小于0.40g：

第一组：台中。
第二组：苗栗、云林、嘉义、花莲。

2. 抗震设防烈度为8度，设计基本地震加速度值为0.30g：

第二组：台北、桃园、台南、基隆、宜兰、台东、屏东。

3. 抗震设防烈度为8度，设计基本地震加速度值为0.20g：

第二组：高雄、澎湖。

4. 抗震设防烈度为7度，设计基本地震加速度值为0.15g：

第一组：香港。

5. 抗震设防烈度为7度，设计基本地震加速度值为0.10g：

第一组：澳门。

24 抗震等级

24.1 混凝土结构的抗震等级

根据《混凝土结构设计规范》GB 50010—2002，混凝土结构构件的抗震设计，应根据设防烈度、结构类型、房屋高度，按表24.1采用不同的抗震等级，并应符合相应的计算要求和抗震构造措施。

混凝土结构的抗震等级　　　　　　　　　表24.1

结构体系与类型		设防烈度						
		6		7		8		9
框架结构	高度(m)	≤30	>30	≤30	>30	≤30	>30	≤25
	框架	四	三	三	二	二	一	一
	剧场、体育馆等大跨度公共建筑	三		二		一		一
框架—剪力墙结构	高度(m)	≤60	>60	≤60	>60	≤60	>60	≤50
	框架	四	三	三	二	二	一	一
	剪力墙	三		三	二	二	一	一
剪力墙结构	高度(m)	≤80	>80	≤80	>80	≤80	>80	≤60
	剪力墙	四	三	三	二	二	一	一
部分框支剪力墙结构	框支层框架	二		二		一	不应采用	不应采用
	剪力墙	三		三	二	二	一	一
筒体结构	框架—核心筒结构 框架	三		二		一		一
	框架—核心筒结构 核心筒	二		二		一		一
	筒中筒结构 内筒	三		二		一		一
	筒中筒结构 外筒	三		二		一		一
单层厂房结构	铰接排架	四		三		二		一

注：1. 丙类建筑应按本地区的设防烈度直接由本表确定抗震等级；其他设防类别的建筑，应按现行国家标准《建筑抗震设计规范》GB 50011的规定调整设防烈度后，再按本表确定抗震等级；
2. 建筑场地为Ⅰ类时，除6度设防烈度外，应允许按本地区设防烈度降低一度所对应的抗震等级采取抗震构造措施，但相应的计算要求不应降低；
3. 框架—剪力墙结构，当按基本振型计算地震作用时，若框架部分承受的地震倾覆力矩大于结构总地震倾覆力矩的50%，框架部分应按表中框架结构相应的抗震等级设计；
4. 部分框支剪力墙结构中，剪力墙加强部位以上的一般部位，应按剪力墙结构中的剪力墙确定其抗震等级。

24.2 现浇钢筋混凝土房屋的抗震等级

根据《建筑抗震设计规范》GB 50011—2001，钢筋混凝土房屋应根据烈度，结构类型和房屋高度采用不同的抗震等级，并应符合相应的计算和构造措施要求，丙类建筑的抗震等级按表 24.2 确定，该表与表 24.1 基本相同，项目略有增减。

丙类现浇钢筋混凝土房屋的的抗震等级　　　表 24.2

结构类型		烈　度						
		6		7		8		9
框架结构	高度(m)	≤30	>30	≤30	>30	≤30	>30	≤25
	框架	四	三	三	二	二	一	一
	剧场、体育馆等大跨度公共建筑	三		二		一		一
框架—抗震墙结构	高度(m)	≤60	>60	≤60	>60	≤60	>60	≤50
	框架	四	三	三	二	二	一	一
	抗震墙	三		二		一		一
抗震墙结构	高度(m)	≤80	>80	≤80	>80	≤80	>80	≤60
	抗震墙	四	三	三	二	二	一	一
部分框支抗震墙结构	抗震墙	三		二		一		
	框支层框架	二		二		一		
筒体结构	框架—核心筒	框架	三		二		一		一
		核心筒	二		二		一		一
	筒中筒	内筒	三		二		一		一
		外筒	三		二		一		一
板柱—抗震墙结构	板柱的柱	三		二		一		
	抗震墙	二		二		二		

注：1. 建筑场地为Ⅰ类时，除 6 度外可按表内降低一度所对应的抗震等级采取抗震构造措施，但相应的计算要求不应降低；

　　2. 接近或等于高度分界时，应允许结合房屋不规则程度及场地、地基条件确定抗震等级；

　　3. 部分框支抗震结构中，抗震墙加强部位以上的一般部位，应允许按抗震墙结构确定其抗震等级。

24.2.1 确定钢筋混凝土房屋抗震等级的有关规定

钢筋混凝土房屋抗震等级的确定，尚应符合下列要求：

1. 框架—抗震墙结构，在基本振型地震作用下，若框架部分承受的地震倾覆力矩大于结构总地震倾覆力矩的 50%，其框架部分的抗震等级应按框架结构确定，最大适用高度可比框架结构适当增加。

2. 裙房与主楼相连，除应按裙房本身确定外，不应低于主楼的抗震等级；主楼结构在裙房顶层及相邻上下各一层应适当加强抗震构造措施。裙房与主楼分离时，应按裙房本身确定抗震等级。

3. 当地下室顶板作为上部结构的嵌固部位时，地下一层的抗震等级应与上部结构相同，地下一层以下的抗震等级可根据具体情况采用三级或更低等级。地下室中无上部结构的部分，可根据具体情况采用三级或更低等级。

4. 抗震设防类别为甲、乙、丁类的建筑，应按本书第21.2条规定和表24.2确定抗震等级；其中，8度乙类建筑高度超过表24.2规定的范围时，应经专门研究采取比一级更有效的抗震措施。

注：本章"一、二、三、四级"即"抗震等级为一、二、三、四级"的简称。

24.2.2 隔震后丙类钢筋混凝土结构的抗震等级

丙类建筑在隔震层以上结构的抗震措施，对钢筋混凝土结构，可按表24.2.2划分抗震等级，再按《建筑抗震设计规范》GB 50011—2001第6章的有关规定采用。

隔震后丙类钢筋混凝土结构的抗震等级　　　　表24.2.2

结构类型		7度		8度		9度	
框架	高度(m)	<20	>20	<20	>20	<20	>20
	一般框架	四	三	三	二	二	一
抗震墙	高度(m)	<25	>25	<25	>25	<25	>25
	一般抗震墙	四	三	三	二	二	一

24.3　A级高度的高层建筑结构抗震等级

1. 抗震设防类别为丙类的A级高度高层建筑结构抗震等级应按表24.3-1确定。

A级高度的高层建筑结构抗震等级　　　　表24.3-1

结构类型			烈　　度					
			6度		7度		8度	9度
框架		高度(m)	≤30	>30	≤30	>30	≤30	≤25
		框架	四	三	三	二	二	一
框架—剪力墙		高度(m)	≤60	>60	≤60	>60	≤60	≤50
		框架	四	三	三	二	二	一
		剪力墙	三		二		一	一
剪力墙		高度(m)	≤80	>80	≤80	>80	≤80	≤60
		剪力墙	四	三	三	二	二	一
框支剪力墙		非底部加强部位剪力墙	四	三	三	二	二	不应采用
		底部加强部位剪力墙	三	二	二	二	一	
		框支框架	二		二		一	
筒体	框架—核心筒	框架	三		二		一	一
		核心筒	二		二		一	一
	筒中筒	内筒	三		二		一	一
		外筒	三		二		一	一
板柱—剪力墙		板柱的柱	三		二		一	不应采用
		剪力墙	二		二		二	

注：1. 接近或等于高度分界时，应结合房屋不规则程度及场地、地基条件适当确定抗震等级；
　　2. 底部带转换层的筒体结构，其框支框架的抗震等级应按表中框支剪力墙结构的规定采用；
　　3. 板柱—剪力墙结构中框架的抗震等级应与表中"板柱的柱"相同。
　　4. 设防烈度为9度时，A级高度乙类建筑的抗震等级应按表24.3.1规定的特一级采用，甲类建筑应采取更有效的抗震措施。

2. 抗震设防类别为丙类的 B 级高度高层建筑结构抗震等级，应按表 24.3-2 确定。

B 级高度的高层建筑结构抗震等级　　　　表 24.3-2

结构类型		烈　　度		
		6度	7度	8度
框架—剪力墙	框架	二	一	一
	剪力墙	二	一	特一
剪力墙	剪力墙	二	一	一
框支剪力墙	非底部加强部位剪力墙	二	一	一
	底部加强部位剪力墙	二	一	特一
	框支框架	一	特一	特一
框架—核心筒	框架	二	一	一
	筒体	二	一	特一
筒中筒	外筒	二	一	特一
	内筒	二	一	特一

注：底部带转换层的筒体结构，其框支框架和底部加强部位筒体的抗震等级应按表中框支剪力墙结构的规定采用。

24.4　型钢混凝土组合结构的抗震等级

型钢混凝土组合结构构件的抗震设计，应根据设防烈度、结构类型、房屋高度按表 24.4 采用不同的抗震等级，并应符合相应的计算和抗震构造要求。

型钢混凝土组合结构的抗震等级　　　　表 24.4

结构体系与类型		烈　　度							
		6		7		8		9	
框架结构	房屋高度(m)	≤25	>25	≤35	>35	≤35	>35	≤25	
	框架	四	三	三	二	二	一	一	
框架—剪力墙结构	房屋高度(m)	≤50	>50	≤60	>60	<50	50~80	>80	≤25	>25
	框架	四	三	三	二	三	二	一	二	一
	剪力墙	三	三	二	二	二	一	一	一	一
剪力墙结构	房屋高度(m)	≤60	>60	≤80	>80	<35	35~80	>80	≤25	>25
	一般剪力墙	四	三	三	二	三	二	一	二	一
	框支落地剪力墙底部加强部位	三	三	二	二	二	一	一	不应采用	
	框支层框架	二	二	二	一	一	一	一		
筒体结构	框架—核心筒体 框架	三		二		二		一		
	框架—核心筒体 核心筒体	三		二		二		一		
	筒中筒 框架外筒	三		二		二		一		
	筒中筒 内筒	三		二		二		一		

注：1. 框架—剪力墙结构中，当剪力墙部分承受的地震倾覆力矩不大于结构总地震倾覆力矩的50%时，其框架部分应按框架结构的抗震等级采用；
　　2. 部分框支剪力墙结构当采用型钢混凝土结构时，对8度设防烈度，其房屋高度不应超过100m；
　　3. 有框支层的剪力墙结构，除落地剪力墙底部加强部位外，均按一般剪力墙结构的抗震等级取用；
　　4. 设防烈度为8度的丙类建筑，且房屋高度不超过12m的规则的一般民用框架结构（体育馆和影剧院等除外）和类似的工业框架结构，抗震等级采用三级。

24.5 钢筋混凝土大板结构的抗震等级

钢筋混凝土大板结构抗震设计应根据设防烈度、结构类型和房屋层数采用不同的抗震等级,并应符合相应的计算和构造措施要求。结构抗震等级的划分,宜符合表24.5的规定。

钢筋混凝土大板结构的抗震等级　　　　　　表 24.5

烈度	钢筋混凝土大板结构				少筋大板结构	
	层数	一般大板结构	底层大空间大板结构		层数	混凝土板、振动砖板、内板外砖及粉煤灰混凝土大板
			各层剪力墙	底层现浇框架及楼盖		
6度	≤12	四	三	二	≤7	四
	13~16	三	二	二		
7度	≤12	三	二	二	≤7	三
8度	≤12	二	二	一	≤7	二

24.6 钢筋轻骨料混凝土结构的抗震等级

钢筋轻骨料混凝土结构构件的抗震设计,应根据结构类型、房屋高度、设防烈度采用不同的抗震等级,并应符合相应的计算和构造措施要求。

结构抗震等级的划分宜符合表24.6的规定。

钢筋轻骨料混凝土结构的抗震等级　　　　　　表 24.6

结构类型		设防烈度					
		6		7		8	
框架结构	房屋高度(m)	≤15	>15	<25	25~30	<25	25~30
	框架	四	三	三	二	二	一
框架剪力墙结构	房屋高度(m)	≤30	>30	<50	50~60	<50	50~60
	框架	四	三	三	二	二	一
	剪力墙	三	三	二	二	二	一

注:1. 房屋的高度指室外地面至檐口的高度;
　2. 设防烈度为6度的建筑(建造在Ⅳ类场地上较高的高层建筑除外)可不进行截面抗震验算,但应符合有关的抗震构造要求;
　3. 框架剪力墙结构中,当剪力墙部分承受的地震倾覆力矩不大于结构总地震倾覆力矩的50%时,其框架部分应按框架结构的抗震等级采用;
　4. 设防烈度为8度的丙类建筑且房屋高度不超过12mm的规则的一般民用框架结构(体育馆和影剧院等除外)和类似的工业框架结构,抗震等级可采用三级;
　5. 本表所列结构,均为现浇钢筋轻骨料混凝土结构,剪力墙即为现行国家标准《建筑抗震设计规范》GB 50011中的现浇抗震墙。

24.7 钢—混凝土混合结构的抗震等级

钢—混凝土混合结构房屋抗震设计时,钢筋混凝土筒体及型钢混凝土框架的抗震等级,应按表24.7确定,并应符合相应的计算和构造措施。

钢—混凝土混合结构抗震等级　　　　　　表 24.7

结构类型		6		7		8		9
钢框架—钢筋混凝土筒体	高度(m)	≤150	>150	≤130	>130	≤100	>100	≤70
	钢筋混凝土筒体	二	一	一	特一	一	特一	特一
型钢混凝土框架—钢筋混凝土筒体	钢筋混凝土筒体	二	二	二	一	一	特一	特一
	型钢混凝土框架	三	二	二	一	一	一	一

24.8 框排架结构的框架跨的抗震等级

框排架结构的框架跨，应根据烈度、结构类型和框架高度，按表 24.8 划分抗震等级；框架—抗震墙结构中，当抗震墙部分承受的地震倾覆力矩不大于结构总地震倾覆力矩的 50% 时，其框架部分的抗震等级应按框架结构划分。

框架结构抗震等级　　　　　　表 24.8

烈度	框架结构		框架—抗震墙结构			设有贮仓的框架结构		
	框架高度(m)	框架	框架高度(m)	框架	抗震墙	框架高度(m)	贮仓壁为深梁	贮仓壁为浅梁
6	≤25	四级	≤50	四级	三	≤25	四级	四级
	>25	三级	>50	三级		>25	三级	三级
7	≤35	三级	≤60	三级	二	<35	三级	三级
	>35	二级	>60	二级		35～60	二级	二级
8	<15	三级	<50	三级	一	<15	二级	三级
	15～35	二级	50～80	二级		15～35		二级
	>35	一级	>80	一级		>35 但 <60		一级
9	≤25	一级	≤25	二级	一	≤25	一级	一级
			>25	一级				

24.9 桩基的抗震构造等级

1. 桩基的抗震构造等级，应根据烈度和构筑物类别，按表 24.9 确定。

桩基抗震构造等级　　　　　　表 24.9

烈度	构筑物类别			
	甲	乙	丙	丁
7	B	C	C	C
8	B	B	C	C
9	A	A	B	C

2. 各级桩基的抗震构造要求：
（1）C 级桩基，应满足一般桩基础的构造要求。

(2) B级桩基,除应满足一般桩基础的构造要求外,尚应采取下列构造措施:

1) 灌注桩,应在桩顶10倍桩径长度范围内配置纵向钢筋,当桩的设计直径为300~600mm时,其纵向钢筋最小配筋率不应小于0.65%~0.40%;在桩顶600mm长度范围内,箍筋直径不应小于6mm,间距不应大于100mm,且宜采用螺旋箍或焊接环箍。

2) 钢筋混凝土预制桩,其纵向钢筋的配筋率不应小于1%;在桩顶1.6m长度范围内,箍筋直径不应小于6mm,间距不应大于100mm;当需要接桩时,应采用钢板焊接连接。

3) 钢筋混凝土桩的纵向钢筋应锚入承台,锚固长度应满足受拉钢筋的抗震构造措施要求。

4) 钢管桩顶部填充混凝土时应配置纵向钢筋,配筋率不应低于混凝土截面面积的1%,锚固长度应满足受拉钢筋的抗震构造措施要求。

(3) A级桩基,除应满足对B级的要求外,尚应满足下列要求:

1) 灌注桩,应按计算配置纵向钢筋;在桩顶1.2m长度范围内的箍筋间距不应小于80mm且不应大于8倍纵向钢筋直径;当桩径不大于500mm时,箍筋直径不应小于8mm,其他桩径时不应小于10mm。

2) 钢筋混凝土预制桩,其纵向钢筋的配筋率不应小于1.2%;在桩顶1.6m长度范围内,箍筋直径不应小于8mm,间距不应大于100mm。

3) 钢管桩与承台的连接应按受拉进行设计,其拉力值可采用桩竖向承载力设计值的1/10。

(4) 独立桩基承台,宜沿两个主轴方向设置基础系梁,基础系梁可按拉压杆进行设计,其轴力可采用桩基竖向承载力设计值的1/10。

24.10 配筋砌块砌体剪力墙和墙梁的抗震等级

配筋砌块砌体剪力墙和墙梁的抗震设计应根据设防烈度和房屋高度,采用表24.10规定的结构抗震等级,并应符合相应的计算和构造要求。

抗震等级的划分　　　　表24.10

结构类型		设防烈度					
		6度		7度		8度	
配筋砌块砌体剪力墙	高度(m)	≤24	>24	≤24	>24	≤24	>24
	抗震等级	四	三	三	二	二	一
框支墙梁	底层框架	三		二		一	
	剪力墙	三		二		一	

注:1. 对于四级抗震等级,除《砌体结构设计规范》GB 50003—2001第10章规定外,均按非抗震设计采用;
2. 接近或等于高度分界时,可结合房屋不规则程度及场地、地基条件确定抗震等级;
3. 当配筋砌体剪力墙结构为底部大空间时,其抗震等级宜按表中规定适当提高一级。

24.11 配筋小型空心砌块抗震墙房屋的抗震等级

配筋小型空心砌块抗震墙房屋应根据抗震设防分类、抗震设防烈度和房屋高度采用不同的抗震等级，并应符合相应的计算和构造措施要求。丙类建筑的抗震等级宜按表24.11确定。

配筋小型空心砌块抗震墙房屋的抗震等级 表24.11

烈　　度	6		7		8	
高度(m)	≤24	>24	≤24	>24	≤24	>24
抗震等级	四	三	三	二	二	一

注：接近或等于高度分界时，可结合房屋不规则程度及和场地、地基条件确定抗震等级。

24.12 现浇预应力混凝土结构构件的抗震等级

预应力混凝土结构构件的抗震设计，应根据设防烈度、结构类型，房屋高度采用不同的抗震等级，并应符合相应的计算和构造措施要求。

丙类建筑的抗震等级应按本地区的设防烈度由表24.12确定。

抗震设防类别为甲、乙、丁类的建筑，应按现行国家标准《建筑抗震设计规范》GB 50011的规定调整设防烈度后，再按表24.12确定抗震等级。

现浇预应力混凝土结构构件的抗震等级 表24.12

结　构　类　型		设　防　烈　度					
		6度		7度		8度	
框架结构	高度(m)	≤30	>30	≤30	>30	≤30	>30
	框架	四	三	三	二	二	一
	剧场、体育馆等大跨度公共建筑中的框架	三		二		一	
框架—剪力墙结构	高度(m)	≤60	>60	≤60	>60	≤60	>60
	框架	四	三	三	二	二	一
部分框支剪力墙结构	高度(m)	≤80	>80	≤80	>80	≤80	>80
	框支层框架	二		二		一	
框架—核心筒结构	框　架	三		二		一	
板柱—剪力墙结构	板柱的柱及周边框架	三		二		一	

注：1. 接近或等于高度分界时，应结合房屋不规则程度及场地、地基条件确定抗震等级；
　　2. 剪力墙等非预应力构件的抗震等级应按钢筋混凝土结构的规定执行。

25 建筑结构不规则类型及抗震房屋高度、高宽比限值

25.1 平面不规则类型

建筑设计应符合抗震概念设计的要求，不应采用严重不规则的设计方案。

建筑及其抗侧力结构的平面布置宜规则、对称，并应具有良好的整体性；建筑的立面和竖向剖面宜规则，结构的侧向刚度宜均匀变化，竖向抗侧力构件的截面尺寸和材料强度宜自下而上逐渐减小，避免抗侧力结构的侧向刚度和承载力突变。

平面不规则类型的定义应符合表 25.1 的规定。

平面不规则的类型　　　　　　　　　　　　　　　　　　　　　　　　　表 25.1

不规则类型	定　义
扭转不规则	楼层的最大弹性水平位移(或层间位移)，大于该楼层两端弹性水平位移(或层间位移)平均值的 1.2 倍
凹凸不规则	结构平面凹进的一侧尺寸，大于相应投影方向总尺寸的 30%
楼板局部不连续	楼板的尺寸和平面刚度急剧变化，例如，有效楼板宽度小于该层楼板典型宽度的 50%，或开洞面积大于该层楼面面积的 30%，或较大的楼层错层

25.1.1 竖向不规则类型

竖向不规则类型的定义应符合表 25.1.1 的规定。

竖向不规则的类型　　　　　　　　　　　　　　　　　　　　　　　　　表 25.1.1

不规则类型	定　义
侧向刚度不规则	该层的侧向刚度小于相邻上一层的 70%，或小于其上相邻三个楼层侧向刚度平均值的 80%；除顶层外，局部收进的水平向尺寸大于相邻下一层的 25%
竖向抗侧力构件不连续	竖向抗侧力构件(柱、抗震墙、抗震支撑)的内力由水平转换构件(梁、桁架等)向下传递
楼层承载力突变	抗侧力结构的层间受剪承载力小于相邻上一楼层的 80%

25.1.2 不规则的建筑结构应采取的抗震措施

不规则的建筑结构，应按下列要求进行水平地震作用计算和内力调整，并应对薄弱部位采取有效的抗震构造措施：

1. 平面不规则而竖向规则的建筑结构，应采用空间结构计算模型，并应符合下列要求：

（1）扭转不规则时，应计及扭转影响，且楼层竖向构件最大的弹性水平位移和层间位移分别不宜大于楼层两端弹性水平位移和层间位移平均值的 1.5 倍；

（2）凹凸不规则或楼板局部不连续时，应采用符合楼板平面内实际刚度变化的计算模型，当平面不对称时尚应计及扭转影响。

2. 平面规则而竖向不规则的建筑结构，应采用空间结构计算模型，其薄弱层的地震剪力应乘以1.15的增大系数，应按《建筑抗震设计规范》GB 50011—2001有关规定进行弹塑性变形分析，并应符合下列要求：

（1）竖向抗侧力构件不连续时，该构件传递给水平转换构件的地震内力应乘以1.25～1.5的增大系数；

（2）楼层承载力突变时，薄弱层抗侧力结构的受剪承载力不应小于相邻上一楼层的65%。

3. 平面不规则且竖向不规则的建筑结构，应同时符合本条1、2款的要求。

25.2 多层砌体房屋的层数和总高度限值

多层砌体房屋的层数和总高度应符合下列要求：

1. 一般情况下，房屋的层数和总高度不应超过表25.2的规定。

2. 对医院、教学楼等及横墙较少的多层砌体房屋，总高度应比表25.2的规定降低3m，层数相应减少一层；各层横墙很少的多层砌体房屋，还应根据具体情况再适当降低总高度和减少层数。

注：横墙较少指同一楼层内开间大于4.20m的房间占该层总面积的40%以上。

3. 横墙较少的多层砖砌体住宅楼，当按规定采取加强措施并满足抗震承载力要求时，其高度和层数应允许仍按25.2的规定采用。

房屋的层数和总高度限值（m） 表25.2

房屋类别		最小墙厚度(mm)	烈 度							
			6		7		8		9	
			高度	层数	高度	层数	高度	层数	高度	层数
多层砌体	普通砖	240	24	8	21	7	18	6	12	4
	多孔砖	240	21	7	21	7	18	6	12	4
	多孔砖	190	21	7	18	6	15	5	—	—
	小砌块	190	21	7	21	7	18	6	—	—
底部框架—抗震墙		240	22	7	22	7	19	6		
多排柱内框架		240	16	5	16	5	13	4		

注：1. 房屋的总高度指室外地面到主要屋面板板顶或檐口的高度，半地下室从地下室室内地面算起，全地下室和嵌固条件好的半地下室应允许从室外地面算起；对带阁楼的坡屋面应算到山尖墙的1/2高度处；
2. 室内外高差大于0.6m时，房屋总高度应允许比表中数据适当增加，但不应多于1m；
3. 本表小砌块砌体房屋不包括配筋混凝土小型空心砌块砌体房屋。

25.2.1 多层砌体房屋的最大高宽比

多层砌体房屋总高度与总宽度的最大比值，宜符合表25.2.1的要求。

房屋最大高宽比 表25.2.1

烈度	6	7	8	9
最大高宽比	2.5	2.5	2.0	1.5

注：1. 单面走廊房屋的总宽度不包括走廊宽度；
2. 建筑平面接近正方形时，其高宽比宜适当减小。

25.2.2 房屋抗震横墙最大间距

房屋抗震横墙间距，不应超过表 25.2.2 的要求：

房屋抗震横墙最大间距 (m)　　　　　　　　　　表 25.2.2

房屋类别		烈 度			
		6	7	8	9
多层砌体	现浇或装配整体式钢筋混凝土楼、屋盖	18	18	15	11
	装配式钢筋混凝土楼、屋盖	15	15	11	7
	木楼、屋盖	11	11	7	4
底部框架—抗震墙	上部各层	同多层砌体房屋			
	底层或底部两层	21	18	15	—
	多排柱内框架	25	21	18	

注：1. 多层砌体房屋的顶层，最大横墙间距可适当放宽；
　　2. 表中木楼、屋盖的规定，不适用于小砌块砌体房屋。
　　3. 多孔砖厚度为190mm 的抗震横墙，应为表中数值减 3m，且仅适用于烈度为 6、7、8 度区的多层砌体房屋。

25.3 小砌块房屋的层数和总高度限值

1. 小砌块房屋的总高度和层数不应超过表 25.3-1 的规定；

对医院、教学楼等横墙较少的多层砌体房屋，总高度应比表 25.3-1 规定降低 3m，层数相应减少一层。

小砌块房屋的层数和总高度限值　　　　　　　　　表 25.3-1

房屋类别		最小厚度(mm)	烈 度					
			6		7		8	
			高度(m)	层数	高度(m)	层数	高度(m)	层数
多层砌体	普通小砌块	190	21	七	21	七	18	六
	轻骨料小砌块	190	18	六	15	五	12	四
底部框架抗震墙		190	22	七	22	七	19	六
多排柱内框架		190	16	五	16	五	13	四

注：1. 房屋的总高度指室外地面到主要屋面板板顶或檐口的高度，半地下室从地下室室内地面算起，全地下室和嵌固条件好的半地下室可从室外地面算起；对带阁楼和坡屋面应算到山尖墙的1/2高度处；
　　2. 室内外高差大于 0.6m 时，房屋总高度可比表中数据适当增加，但不应多于 1m；
　　3. 本表小砌块砌体房屋不包括配筋混凝土小砌块砌体房屋。

2. 多层小砌块房屋总高度与总宽度的最大比值，应符合表 25.3-2 的要求。

多层小砌块房屋最大高宽比　　　　　　　　　　表 25.3-2

烈 度	6	7	8
最大高宽比	2.5	2.5	2.0

注：单面走廊房屋的总宽度不包括走廊宽度。

25.4 配筋砌块砌体剪力墙房屋适用的最大高度

1. 配筋砌块砌体剪力墙房屋的最大高度应符合表 25.4-1 的规定。

配筋砌块砌体剪力墙房屋适用的最大高度（m）　　　表 25.4-1

最小墙厚(mm)	6度	7度	8度
190	54	45	30

注：房屋高度超过表内高度时，应根据专门研究，采取有效的加强措施。

2. 配筋混凝土小型空心砌块抗震墙房屋总高度与总宽度的比值不宜超过表 25.4-2 的规定。

配筋混凝土小型空心砌块抗震墙房屋的最大高宽比　　　表 25.4-2

烈　度	6度	7度	8度
最大高宽比	5	4	3

25.5 多孔砖房屋的最大高宽比

多孔砖房屋总高度与总宽度的最大比值，应符合表 25.5 的规定。

多孔砖房屋总高度与总宽度的最大比值　　　表 25.5

6度和7度	8度	9度
2.5	2.0	1.5

注：1. 单边走廊或挑廊的宽度不包括在房屋总宽度之内；
　　2. 表中9度区，不适用于190mm厚砖墙房屋。

25.6 现浇钢筋混凝土房屋适用的最大高度

1. 根据《混凝土结构设计规范》GB 50010—2002。

现浇钢筋混凝土房屋适用的最大高度应符合表 25.6-1 的要求。对平面和竖向均不规则的结构或Ⅳ类均地上的结构，房屋适用的最大高度应适当降低。

现浇钢筋混凝土房屋适用的最大高度（m）　　　表 25.6-1

结构体系		设防烈度			
		6	7	8	9
框架结构		60	55	45	25
剪力墙结构	全部落地剪力墙结构	140	120	100	50
	部分框支剪力墙结构	120	100	80	不应采用
筒体结构	框架—核心筒结构	150	130	100	70
	筒中筒结构	180	150	120	80

注：1. 房屋高度指室外地面到主要屋面板板顶的高度（不考虑局部突出屋顶部分）；
　　2. 框架—核心筒结构指周边稀柱框架与核心筒组成的结构；
　　3. 部分框支剪力墙结构指首层或底部两层为框架和落地剪力墙组成的框支剪力墙结构；
　　4. 甲类建筑应按本地区的设防烈度提高一度确定房屋最大高度，9度设防烈度时应专门研究；乙、丙类建筑应按本地区的设防烈度确定房屋最大高度；
　　5. 超过表内高度的房屋结构，应按有关标准进行设计，采取有效的加强措施。

2. 根据《建筑抗震设计规范》GB 50011—2001。

现浇钢筋混凝土房屋的结构类型和最大高度应符合表25.6-2的要求。平面和竖向均不规则的结构或建造于Ⅳ类场地的结构，适用的最大高度应适当降低。

注：本章的"抗震墙"即国家标准《混凝土结构设计规范》GB 50010中的剪力墙。

现浇钢筋混凝土房屋适用的最大高度（m） 表25.6-2

结构类型	烈度			
	6	7	8	9
框架	60	55	45	25
框架—抗震墙	130	120	100	50
抗震墙	140	120	100	60
部分框支抗震墙	120	100	80	不应采用
框架—核心筒	150	130	100	70
筒中筒	180	150	120	80
板柱—抗震墙	40	35	30	不应采用

注：1. 房屋高度指室外地面到主要屋面板板顶的高度（不包括局部突出屋顶部分）；
2. 框架—核心筒结构指周边稀柱框架与核心筒组成的结构；
3. 部分框支抗震墙结构指首层或底部两层框支抗震墙结构；
4. 乙类建筑可按本地区抗震设防烈度确定适用的最大高度；
5. 超过表内高度的房屋，应进行专门研究和论证，采取有效的加强措施。

25.7 A级高度钢筋混凝土高层建筑的最大适用高度

A级高度钢筋混凝土乙类和丙类高层建筑的最大适用高度，应符合表25.7的规定。

A级高度钢筋混凝土高层建筑的最大适用高度（m） 表25.7

结构体系		非抗震设计	抗震设防烈度			
			6度	7度	8度	9度
框架		70	60	55	45	25
框架—剪力墙		140	130	120	100	50
剪力墙	全部落地剪力墙	150	140	120	100	60
	部分框支剪力墙	130	120	100	80	不应采用
筒体	框架—核心筒	160	150	130	100	70
	筒中筒	200	180	150	120	80
板柱—剪力墙		70	40	35	30	不应采用

注：1. 房屋高度指室外地面至主要屋面高度，不包括局部突出屋面的电梯机房、水箱、构架等高度；
2. 表中框架不含异形柱框架结构；
3. 部分框支剪力墙结构指地面以上有部分框支剪力墙的剪力墙结构；
4. 平面和竖向均不规则的结构或Ⅳ类场地上的结构，最大适用高度应适当降低；
5. 甲类建筑，6、7、8度时宜按本地区抗震设防烈度提高一度后符合本表的要求，9度时应专门研究；
6. 9度抗震设防、房屋高度超过本表数值时，结构设计应有可靠依据，并采取有效措施。

25.7.1 B级高度钢筋混凝土高层建筑的最大适用高度

框架—剪力墙、剪力墙和筒体结构高层建筑，其高度超过表25.7规定时为B级高度高层建筑。

B级高度钢筋混凝土乙类和丙类高层建筑的最大适用高度应符合表25.7.1的规定。

B级高度钢筋混凝土高层建筑的最大适用高度（m） 表25.7.1

结构体系		非抗震设计	抗震设防烈度		
			6度	7度	8度
框架—剪力墙		170	160	140	120
剪力墙	全部落地剪力墙	180	170	150	130
	部分框支剪力墙	150	140	120	100
筒体	框架—核心筒	220	210	180	140
	筒中筒	300	280	230	170

注：1. 房屋高度指室外地面至主要屋面高度，不包括局部突出屋面的电梯机房、水箱、构架等高度；
2. 部分框支剪力墙结构指地面以上有部分框支剪力墙的剪力墙结构；
3. 平面和竖向均不规则的建筑或位于Ⅳ类场地的建筑，表中数值应适当降低；
4. 甲类建筑、6、7度时宜按本地区设防烈度提高一度后符合本表的要求，8度时应专门研究；
5. 当房屋高度超过表中数值时，结构设计应有可靠依据，并采取有效措施。

25.7.2 A级高度钢筋混凝土高层建筑的最大高宽比

最大高宽比不宜超过表25.7.2的数值。

A级高度钢筋混凝土高层建筑的最大高宽比 表25.7.2

结构体系	非抗震设计	抗震设防烈度		
		6度、7度	8度	9度
框架，板柱—剪力墙	5	4	3	2
框架—剪力墙	5	5	4	3
剪力墙	6	6	5	4
筒中筒、框架—核心筒	6	6	5	4

25.7.3 B级高度钢筋混凝土高层建筑的最大高宽比

最大高宽比不宜超过表25.7.3的数值。

B级高度钢筋混凝土高层建筑的最大高宽比 表25.7.3

非抗震设计	抗震设防烈度	
	6度、7度	8度
8	7	6

25.8 钢—混凝土混合结构高层建筑的最大适用高度

1. 钢—混凝土混合结构高层建筑的最大适用高度宜符合表25.8-1的要求。

钢—混凝土混合结构高层建筑的最大适用高度 表25.8-1

结构体系	非抗震设计	抗震设防烈度			
		6度	7度	8度	9度
钢框架—钢筋混凝土筒体	210	200	160	120	70
型钢混凝土框架—钢筋混凝土筒体	240	220	190	150	70

注：1. 房屋高度指室外地面标高至主要屋面高度，不包括突出屋面的水箱、电梯机房、构架等的高度；
2. 当房屋高度超过表中数值时，结构设计应有可靠依据，并采取进一步有效措施。

2. 钢—混凝土混合结构高层建筑的高宽比限值不宜大于表25.8-2的规定。

钢—混凝土混合结构高层建筑的高宽比限值 表25.8-2

结构体系	非抗震设计	抗震设防烈度		
		6度、7度	8度	9度
钢框架—钢筋混凝土筒体	7	7	6	4
型钢混凝土框架—钢筋混凝土筒体	8			

25.9 各类大板建筑的适用层数

各类装配式大板居住建筑的层数应符合表25.9的规定。烈度为8度的Ⅳ类场地，大板建筑的层数不宜高于七层，且不宜采用底层大空间结构。

大板建筑适用层数 表25.9

抗震设防要求		结构类型				
		钢筋混凝土墙板结构	少筋大板结构			
			普通混凝土和轻混凝土结构	内板外砖结构	振动砖板结构	粉煤灰混凝土结构
按抗震设计	8度或7度	≤12层	≤7层	≤7层	≤5层	≤6层
	6度	≤16层	≤7层	≤7层	≤5层	≤6层
非抗震设计		≤16层	≤7层	≤7层	≤5层	≤6层

注：在取得科研成果的基础上，经过计算并采取相应的结构措施后，建筑层数可适当增加。

25.10 钢结构和有混凝土剪力墙的钢结构高层建筑的最大适用高度

1. 钢结构和有混凝土剪力墙的钢结构高层建筑的最大适用高度应符合表25.10-1的规定。

钢结构和有混凝土剪力墙的钢结构高层建筑的最大适用高度（m） 表25.10-1

结构种类	结构体系	非抗震设防	设防烈度		
			6度、7度	8度	9度
钢结构	框架	110	110	90	70
	框架—支撑（剪力墙板）	260	220	200	140
	各类筒体	360	300	260	180
有混凝土剪力墙的钢结构	钢框架—混凝土剪力墙	220	180	100	70
	钢框架—混凝土核心筒				
	钢框筒—混凝土核心筒	220	180	150	70

注：1. 表中适用高度系指规则结构的高度，为从室外地墙算起至建筑檐口的高度。
　　2. 设防类别为乙类及其以下类别的高层民用建筑适用本表的规定。

2. 钢结构和有混凝土剪力墙的钢结构高层建筑的高宽比，不宜大于表25.10-2的规定。

钢结构和有混凝土剪力墙的钢结构高层建筑的高宽比限值　　　表 25.10-2

结构种类	结构体系	非抗震设防	设防烈度		
			6度、7度	8度	9度
钢结构	框架	5	5	4	3
	框架—支撑（剪力墙板）	6	6	5	4
	各类筒体	6.5	6	5	5
有混凝土剪力墙的钢结构	钢框架—混凝土剪力墙	5	5	4	4
	钢框架—混凝土核心筒	5	5	4	4
	钢框筒—混凝土核心筒	6	5	5	4

注：当塔形建筑的底部有大底盘时，高宽比采用的高度应从大底盘的顶部算起。

25.11　现浇预应力混凝土房屋适用的最大高度

现浇预应力混凝土房屋适用的最大高度不应超过表 25.11 所规定的数值。对平面和竖向均不规则的结构或建造于Ⅳ类场地的结构或跨度较大的结构，适用的最大高度应适当降低。

现浇预应力钢筋混凝土房屋适用的最大高度（m）　　　表 25.11

结 构 体 系	烈　　度		
	6	7	8
框架结构	60	55	45
框架—剪力墙	130	120	100
部分框支剪力墙	120	100	80
框架—核心筒	150	130	100
板柱—剪力墙	40	35	30
板柱—框架结构	22	18	—

注：1. 房屋高度指室外地面到主要屋面板板顶的高度（不考虑局部突出屋顶部分）；
　　2. 框架—核心筒结构指周边稀柱框架与核心筒组成的结构；
　　3. 部分框支剪力墙结构指首层或底部两层框支剪力墙结构；
　　4. 板柱—框架结构指由预应力板柱结构与框架组成的结构；
　　5. 乙类建筑可按本地区抗震设防烈度确定适用的最大高度；
　　6. 超过表内高度的房屋，应进行专门研究和论证，采取有效的加强措施。

26 其他有关分类

26.1 荷载分类和荷载代表值

1. 结构上的荷载可分为下列三类：
(1) 永久荷载，例如结构自重、土压力、预应力等。
(2) 可变荷载，例如楼面活荷载、屋面活荷载和积灰荷载、吊车荷载、风荷载、雪荷载等。
(3) 偶然荷载，例如爆炸力、撞击力等。

注：1. 自重是指材料自身重量产生的荷载（重力）。
2. 建筑结构设计时，对不同荷载应采用不同的代表值。

对永久荷载应采用标准值作为代表值。
对可变荷载应根据设计要求采用标准值、组合值、频遇值或准永久值作为代表值。
对偶然荷载应按建筑结构使用的特点确定其代表值。

26.2 地面粗糙度分类

地面粗糙度可分为 A、B、C、D 四类：
A 类指近海海面和海岛、海岸、湖岸及沙漠地区；
B 类指田野、乡村、丛林、丘陵以及房屋比较稀疏的乡镇和城市郊区；
C 类指有密集建筑群的城市市区；
D 类指有密集建筑群且房屋较高的城市市区。

26.3 砌体房屋的静力计算方案分类

砌体房屋的静力计算，根据房屋的空间工作性能，应按表 26.3 的规定确定静力计算方案。

房屋的静力计算方案　　　　表 26.3

	屋盖或楼盖类别	刚性方案	刚弹性方案	弹性方案
1	整体式、装配整体和装配式无檩体系钢筋混凝土屋盖或钢筋混凝土楼盖	$s<32$	$32 \leqslant s \leqslant 72$	$s>72$
2	装配式有檩体系钢筋混凝土屋盖、轻钢屋盖和有密铺望板的木屋盖或木楼盖	$s<20$	$20 \leqslant s \leqslant 48$	$s>48$
3	瓦材屋面的木屋盖和轻钢屋盖	$s<16$	$16 \leqslant s \leqslant 36$	$s>36$

注：1. 表中 s 为房屋横墙间距，其长度单位为 m；
2. 对无山墙或伸缩缝处无横墙的房屋，应按弹性方案考虑。

刚性和刚弹性方案房屋的横墙应符合下列要求：

1. 横墙中开有洞口时，洞口的水平截面面积不应超过横墙截面面积的50%；
2. 横墙的厚度不宜小于180mm；
3. 单层房屋的横墙长度不宜小于其高度，多层房屋的横墙长度不宜小于$H/2$（H为横墙总高度）。

注：1. 当横墙不能同时符合上述要求时，应对横墙的刚度进行验算。如其最大水平位移值$u_{max} \leqslant \dfrac{H}{4000}$时，仍可视作刚性或刚弹性方案房屋的横墙。

2. 凡符合注1刚度要求的一段横墙或其他结构构件（如框架等），也可视作刚性或刚弹性方案房屋的横墙。

26.4　高层建筑基础防水混凝土的抗渗等级

高层建筑基础的混凝土强度等级不宜低于C30，当有防水要求时，混凝土抗渗等级应根据地下水最大水头与防水混凝土厚度的比值按表26.4采用，且不应小于0.6MPa，必要时可设置架空排水层。

基础防水混凝土的抗渗等级　　　　　　　　　表26.4

最大水头H与防水混凝土厚度h的比值	设计抗渗等级(MPa)	最大水头H与防水混凝土厚度h的比值	设计抗渗等级(MPa)
$H/h<10$	0.6	$25 \leqslant H/h<35$	1.6
$10 \leqslant H/h<15$	0.8	$H/h \geqslant 35$	2.0
$15 \leqslant H/h<25$	1.2		

26.5　装配式大板居住建筑各种结构类型的承重墙所用材料强度等级

各种结构类型的承重墙所用材料强度等级应符合下列规定：

1. 承重墙板所用混凝土的最低强度等级应符合表26.5的规定；

承重墙板混凝土的最低强度等级　　　　　　　　　表26.5

结构类型			按抗震设计		按非抗震设计
			抗震等级		
			二、三	四	
钢筋混凝土墙板		实心板	C20	C20	C20
少筋墙板	普通混凝土	实心板	C20	C20	C20
		空心板	C25	C20	C20
	轻集料混凝土	内墙板	CL20	CL15	CL15
		外墙板	CL15	CL15	CL15
	粉煤灰混凝土墙板		C20	C15	C15
	振动砖墙板		C15	C15	C15

2. 振动砖墙板所用砖强度等级不应低于 MU7.5,砂浆强度等级不宜低于 M10。
3. 砖砌体墙所用砖强度等级不应低于 MU7.5,砂浆强度等级不宜低于 M5。
4. 现浇混凝土墙体所用混凝土的强度等级不低于 C20。

26.6 不同环境类别纵向受力钢筋的混凝土保护层最小厚度

为了满足混凝土结构构件的耐久性要求和对受力钢筋有效锚固的要求,纵向受力的普通钢筋及预应力钢筋其混凝土保护层厚度不应小于钢筋的公称直径,并且应符合表 26.6 的规定。

纵向受力钢筋的混凝土保护层最小厚度 (mm)　　　　表 26.6

环境类别		板、墙、壳			梁			柱		
		≤C20	C25~C45	≥C50	≤C20	C25~C45	≥C50	≤C20	C25~C45	≥C50
一		20	15	15	30	25	25	30	30	30
二	a	—	20	20	—	30	30	—	30	30
	b	—	25	20	—	35	30	—	35	30
三		—	30	25	—	40	35	—	40	35

注:基础中纵向受力钢筋的混凝土保护层厚度不应小于 40mm;当无垫层时不应小于 70mm。

说明:
1. 处于一类环境且由工厂生产的预制构件,当混凝土强度等级不低于 C20 时,其保护层厚度可按表 26.6 中规定减少 5mm;但预应力钢筋的保护层厚度不应小于 15mm;处于二类环境且由工厂生产的预制构件,当表面采取有效保护措施时,保护层厚度可按表 26.6 中一类环境数值取用。
预制钢筋混凝土受弯构件钢筋端头的保护层厚度不应小于 10mm;预制肋形板主肋钢筋的保护层厚度应按梁的数值取用。
2. 板、墙、壳中分布钢筋的保护层厚度不应小于表 26.6 中相应数值减 10mm,且不应小于 10mm;梁、柱中箍筋和构造钢筋的保护层厚度不应小于 15mm。
3. 当梁、柱中纵向受力钢筋的混凝土保护层厚度大于 40mm 时,应对保护层采取有效的防裂构造措施。
处于二、三类环境中的悬臂板,其上表面应采取有效的保护措施。
4. 对有防火要求的建筑物,其混凝土保护层厚度尚应符合国家现行有关标准的要求。
处于四、五类环境中的建筑物,其混凝土保护层厚度尚应符合国家现行有关标准的要求。

26.7 混凝土结构构件的裂缝控制等级

混凝土结构构件正截面的裂缝控制等级分为三级,裂缝控制等级的划分应符合下列规定:

一级——严格要求不出现裂缝的构件,按荷载效应标准组合计算时,构件受拉边缘混凝土不应产生拉应力;

二级——一般要求不出现裂缝的构件,按荷载效应标准组合计算时,构件受拉边缘混凝土拉应力不应大于混凝土轴心抗拉强度标准值；按荷载效应准永久组合计算时，构件受拉边缘混凝土不宜产生拉应力，当有可靠经验时可适当放松；

三级——允许出现裂缝的构件，按荷载效应标准组合并考虑长期作用影响计算时，构件的最大裂缝宽度不应超过表26.7.1规定的最大裂缝宽度限值。

26.7.1 混凝土结构构件的裂缝控制等级及最大裂缝宽度限值

混凝土结构构件应根据结构类别和环境类别，按表26.7.1的规定选用不同的裂缝控制等级及最大裂缝宽度限值 w_{lim}。

结构构件的裂缝控制等级及最大裂缝宽度限值　　表26.7.1

环境类别	钢筋混凝土结构		预应力混凝土结构	
	裂缝控制等级	w_{lim}(mm)	裂缝控制等级	w_{lim}(mm)
一	三	0.3(0.4)	三	0.2
二	三	0.2	二	—
三	三	0.2	一	—

注：1. 表中的规定适用于采用热轧钢筋的钢筋混凝土构件和采用预应力钢丝、钢绞线及热处理钢筋的预应力混凝土构件；当采用其他类别的钢丝或钢筋时，其裂缝控制要求可按专门标准确定；
2. 对处于年平均相对湿度小于60%地区一类环境下的受弯构件，其最大裂缝宽度限值可采用括号内的数值；
3. 在一类环境下，对钢筋混凝土屋架、托架及需作疲劳验算的吊车梁，其最大裂缝宽度限值应取为0.2mm；对钢筋混凝土屋面梁和托梁，其最大裂缝宽度限值应取为0.3mm；
4. 在一类环境下，对预应力混凝土屋面梁、托梁、屋架、托架、屋面板和楼板，应按二级裂缝控制等级进行验算；在一类和二类环境下，对需作疲劳验算的预应力混凝土吊车梁，应按一级裂缝控制等级进行验算；
5. 表中规定的预应力混凝土构件的裂缝控制等级和最大裂缝宽度限值仅适用于正截面的验算；预应力混凝土构件的斜截面裂缝控制验算应符合规范的要求；
6. 对于烟囱、筒仓和处于液体压力下的结构构件，其裂缝控制要求应符合专门标准的有关规定；
7. 对于处于四、五类环境下的结构构件，其裂缝控制要求应符合专门标准的有关规定；
8. 表中的最大裂缝宽度限值用于验算荷载作用引起的最大裂缝宽度。

26.7.2 钢筋轻骨料混凝土结构构件的裂缝控制等级及最大裂缝宽度限值

钢筋轻骨料混凝土和预应力轻骨料混凝土结构构件的裂缝控制等级、轻骨料混凝土拉应力限制系数 a_{ct} 及最大裂缝宽度允许值，应根据结构构件的工作条件和钢筋种类按表26.7.2采用。对裂缝控制有特殊要求的构件，表26.7.2规定的数值应适当减小；当有可靠的工程经验时，对预应力轻骨料混凝土构件的抗裂要求可适当放宽。

26.7.3 无粘结预应力混凝土构件的裂缝控制等级

无粘结预应力混凝土结构构件正截面的裂缝控制应符合下列规定：

1. 一级：严格要求不出现裂缝的无粘结预应力混凝土构件，按荷载效应标准组合计算时，构件受拉边缘混凝土不应产生拉应力（表26.7.3）；
2. 二级：一般要求不出现裂缝的构件，按荷载效应标准组合及按荷载效应准永久组合计算时，根据结构和环境类别、构件受拉边缘混凝土的拉应力应符合表26.7.3的规定；
3. 允许出现裂缝的构件，按荷载效应标准组合并考虑长期作用影响计算时，构件的最大裂缝宽度不应超过表26.7.3规定的最大裂缝宽度限值。

裂缝控制等级、轻骨料混凝土拉应力限制系数及最大裂缝宽度允许值 表 26.7.2

结构构件工作条件	钢筋种类	钢筋轻骨料混凝土结构 HPB235 级钢筋 HRB335 级钢筋 HRB400 级钢筋 冷轧带肋钢筋	预应力轻骨料混凝土结构	
			冷拉Ⅱ级钢筋 冷拉Ⅲ级钢筋 冷拉Ⅳ级钢筋	碳素钢丝 刻痕钢丝 钢绞线 热处理钢筋 冷轧带肋钢筋 冷拔低碳钢丝
室内正常环境	一般构件	三级 0.3mm(0.4mm)	三级 0.2mm	二级 $a_{ct}=0.5$
	屋面梁、托梁	三级 0.3mm	二级 $a_{ct}=1.0$	二级 $a_{ct}=0.5$
	屋架、托架	三级 0.2mm	二级 $a_{ct}=0.5$	二级 $a_{ct}=0.3$
露天或室内高湿度环境		三级 0.2mm	二级 $a_{ct}=0.5$	一级

注：1. 属于露天或室内高湿度环境一栏的构件系指：直接受雨淋的构件；无围护结构的房屋中经常受雨淋的构件；经常受蒸汽或凝结水作用的室内构件（如浴室等）；与土壤直接接触的构件；
2. 对处于年平均相对湿度小于 60% 的地区，且可变荷载标准值与恒载标准值之比大于 0.5 的受弯构件，其最大裂缝宽度允许值可采用括号内的数字；
3. 对配置冷轧带肋钢筋和冷拔低碳钢丝的预应力轻骨料混凝土一般构件及屋面梁，其裂缝控制要求应符合专门规程的有关规定；
4. 烟囱、筒仓及处于液体压力下的构件，其裂缝控制要求应符合现行专门规范的有关规定；
5. 表中预应力结构构件的轻骨料混凝土拉应力限制系数及最大裂缝宽度允许值仅适用于正截面的验算，斜截面的验算应符合规程的规定。

无粘结预应力混凝土构件的裂缝控制等级、混凝土拉应力限值及最大裂缝宽度限值 表 26.7.3

环境类别	构件类别	裂缝控制等级	
		标准组合下混凝土拉应力限值 $\sigma_{ctk,lim}$ (N/mm²) 或最大裂缝宽度限值 ω_{lim} (mm)	准永久组合下混凝土拉应力限值 $\sigma_{ctg,lim}$ (N/mm²)
一类	连续梁、框架梁、偏心受压构件及一般构件	三级 0.2	—
	楼（屋面）板、预制屋面梁	二级 $\leqslant 1.0 f_{tk}$	$\leqslant 0.4 f_{tk}$
	轴心受拉构件	二级 $\leqslant 0.5 f_{tk}$	$\leqslant 0.2 f_{tk}$
二类	轴心受拉构件	二级 $\leqslant 0.3 f_{tk}$	$\leqslant 0$
	基础板及其他构件	$\leqslant 1.0 f_{tk}$	$\leqslant 0.2 f_{tk}$
三类	结构构件	一级	$\leqslant 0$

注：1. 一类、二类、三类环境类别的分类应符合本书表 20.7.6.5 的规定；
2. 表中规定的裂缝控制等级、混凝土拉应力限值和最大裂缝宽度限值仅适用于正截面的验算，斜截面的裂缝控制验算应符合现行国家标准《混凝土结构设计规范》GB 50010 的有关规定；
3. 若施加预应力仅为了减小钢筋混凝土构件的裂缝宽度或满足构件的允许挠度限值时，可不受本表的限制；
4. 表中的混凝土拉应力限值及最大裂缝宽度限值仅用于验算荷载作用引起的混凝土拉应力及最大裂缝宽度。

26.8 一、二级焊缝质量等级及缺陷分级

设计要求全焊透的一、二级焊缝应采用超声波探伤进行内部缺陷的检验，超声波探伤不能对缺陷作出判断时，应采用射线探伤，其内部缺陷分级及探伤方法应符合现行国家标准《钢焊缝手工超声波探伤方法和探伤结果分级法》GB 11345 或《钢熔化焊对接接头射线照相和质量分级》GB 3323 的规定。

焊接球节点网架焊缝、螺栓球节点网架焊缝及圆管 T、K、Y 形节点相关线焊缝，其内部缺陷分级及探伤方法应分别符合国家现行标准《焊接球节点钢网架焊缝超声波探伤方法及质量分级法》JBJ/T 3034.1、《螺栓球节点钢网架焊缝超声波探伤方法及质量分级法》JBJ/T 3034.2、《建筑钢结构焊接技术规程》JGJ 81 的规定。

1. 一级、二级焊缝的质量等级及缺陷分级应符合表 26.8-1 的规定。

检查数量：全数检查。

检验方法：检查超声波或射线探伤记录。

一、二级焊缝质量等级及缺陷分级　　　　　表 26.8-1

焊缝质量等级		一级	二级
内部缺陷 超声波探伤	评定等级	Ⅱ	Ⅲ
	检验等级	B 级	B 级
	探伤比例	100%	20%
内部缺陷 射线探伤	评定等级	Ⅱ	Ⅲ
	检验等级	AB 级	AB 级
	探伤比例	100%	20%

注：探伤比例的计数方法应按以下原则确定：
　　1. 对工厂制作焊缝，应按每条焊缝计算百分比，且探伤长度应不小于 200mm，当焊缝长度不足 200mm 时，应对整条焊缝进行探伤；
　　2. 对现场安装焊缝，应按同一类型、同一施焊条件的焊缝条数计算百分比，探伤长度应不小于 200mm，并应不少于 1 条焊缝。

2. 二、三级焊缝外观质量标准应符合表 26.8-2 的规定，一级焊缝不得存在表列各种缺陷。

二级、三级焊缝外观质量标准　　　　　表 26.8-2

项　目	允许偏差(mm)	
缺陷类型	二级	三级
未焊满(指不足设计要求)	≤0.2+0.02t，且≤1.0	≤0.2+0.04t，且≤2.0
	每 100.0 焊缝内缺陷总长≤25.0	
根部收缩	≤0.2+0.02t，且≤1.0	≤0.2+0.04t，且≤2.0
	长度不限	
咬边	≤0.05t，且≤0.5；连续长度≤100.0，且焊缝两侧咬边总长≤10%焊缝全长	≤0.1t 且≤1.0，长度不限
弧坑裂纹	不允许	允许存在个别长度≤5.0 的弧坑裂纹
电弧擦伤	不允许	允许存在个别电弧擦伤
接头不良	缺口深度 0.05t，且≤0.5	缺口深度 0.1t，且≤1.0
	每 1000.0 焊缝不应超过 1 处	
表面夹渣	不允许	深≤0.2t，长≤0.5t，且≤20.0
表面气孔	不允许	每 50.0 焊缝长度内允许直径≤0.4t，且≤3.0 的气孔 2 个，孔距≥6 倍孔径

注：表内 t 为连接处较薄的板厚。

26.9 现浇混凝土结构外观质量缺陷分类

现浇结构的外观质量缺陷，应由监理（建设）单位、施工单位等各方根据其对结构性能和使用功能影响的严重程度，按表 26.9 分为严重缺陷和一般缺陷两类。

现浇结构外观质量缺陷　　　　表 26.9

名称	现象	严重缺陷	一般缺陷
露筋	构件内钢筋未被混凝土包裹而外露	纵向受力钢筋有露筋	其他钢筋有少量露筋
蜂窝	混凝土表面缺少水泥砂浆而形成石子外露	构件主要受力部位有蜂窝	其他部位有少量蜂窝
孔洞	混凝土中孔穴深度和长度均超过保护层厚度	构件主要受力部位有孔洞	其他部位有少量孔洞
夹渣	混凝土中夹有杂物且深度超过保护层厚度	构件主要受力部位有夹渣	其他部位有少量夹渣
疏松	混凝土中局部不密实	构件主要受力部位有疏松	其他部位有少量疏松
裂缝	缝隙从混凝土表面延伸至混凝土内部	构件主要受力部位有影响结构性能或使用功能的裂缝	其他部位有少量不影响结构性能或使用功能的裂缝
连接部位缺陷	构件连接处混凝土缺陷及连接钢筋、连接件松动	连接部位有影响结构传力性能的缺陷	连接部位有基本不影响结构传力性能的缺陷
外形缺陷	缺棱掉角、棱角不直、翘曲不平、飞边凸肋等	清水混凝土构件有影响使用功能或装饰效果的外形缺陷	其他混凝土构件有不影响使用功能的外形缺陷
外表缺陷	构件表面麻面、掉皮、起砂、玷污等	具有重要装饰效果的清水混凝土构件有外表缺陷	其他混凝土构件有不影响使用功能的外表缺陷

26.10 砌体施工质量控制等级

砌体施工质量控制等级应分为三级，并应符合表 26.10 的规定。

砌体施工质量控制等级　　　　表 26.10

项目	施工质量控制等级		
	A	B	C
现场质量管理	制度健全，并严格执行；非施工方质量监督人员经常到现场，或现场设有常驻代表；施工方有在岗专业技术管理人员，人员齐全，并持证上岗	制度基本健全，并能执行；非施工方质量监督人员间断地到现场进行质量控制；施工方有在岗专业技术管理人员，并持证上岗	有制度；非施工方质量监督人员很少作现场质量控制；施工方有在岗专业技术管理人员
砂浆、混凝土强度	试块按规定制作，强度满足验收规定，离散性小	试块按规定制作，强度满足验收规定，离散性较小	试块强度满足验收规定，离散性大
砂浆拌合方式	机械拌合；配合比计量控制严格	机械拌合；配合比计量控制一般	机械或人工拌合；配合比计量控制较差
砌筑工人	中级工以上，其中高级工不少于 20%	高、中级工不少于 70%	初级工以上

26.11 建筑变形测量的等级及其精度要求

建筑变形测量分为四级,其精度要求应符合表26.11的规定。

建筑变形测量的等级及其精度要求 表26.11

变形测量等级	沉降观测 观测点测站高差中误差(mm)	位移观测 观测点坐标中误差(mm)	适用范围
特级	≤0.05	≤0.3	特高精度要求的特种精密工程和重要科研项目变形观测
一级	≤0.15	≤1.0	高精度要求的大型建筑物和科研项目变形观测
二级	≤0.50	≤3.0	中等精度要求的建筑物和科研项目变形观测;重要建筑物主体倾斜观测、场地滑坡观测
三级	≤1.50	≤10.0	低精度要求的建筑物变形观测;一般建筑物主体倾斜观测、场地滑坡观测

注:1. 观测点测站高差中误差,系指几何水准测量测站高差中误差或静力水准测量相邻观测点相对高差中误差;
　　2. 观测点坐标中误差,系指观测点相对测站点(如工作基点等)的坐标中误差、坐标差中误差以及等价的观测点相对基准线的偏差值中误差、建筑物(或构件)相对底部定点的水平位移分量中误差。

26.12 钢材表面除锈等级要求

钢结构涂装前钢材表面除锈应符合设计要求和国家现行有关标准的规定。处理后的钢材表面不应有焊渣、焊疤、灰尘、油污、水和毛刺等。当设计无要求时,钢材表面除锈等级应符合表26.12的规定。

各种底漆或防锈漆要求最低的除锈等级 表26.12

涂料品种	除锈等级
油性酚醛、醇酸等底漆或防锈漆	S_t2
高氯化聚乙烯、氯化橡胶、氯磺化聚乙烯、环氧树脂、聚氨酯等底漆或防锈漆	$Sa2$
无机富锌、有机硅、过氯乙烯等底漆	$Sa2\frac{1}{2}$

检验方法:用铲刀检查和用现行国家标准《涂装前钢材表面锈蚀等级和除锈等级》GB 8923规定的图片对照观察检查。

26.13 建筑工程基桩桩身完整性分类

桩身完整性分类应符合表26.13的规定。

桩身完整性分类表 表26.13

桩身完整性类别	分类原则
Ⅰ类桩	桩身完整
Ⅱ类桩	桩身有轻微缺陷,不会影响桩身结构承载力的正常发挥
Ⅲ类桩	桩身有明显缺陷,对桩身结构承载力有影响
Ⅳ类桩	桩身存在严重缺陷

26.13.1 钻芯法判定桩身完整性类别

钻芯法判定桩身完整性类别，应结合钻芯孔数、现场混凝土芯样特征、芯样单轴抗压强度试验结果，按表26.13的规定和表26.13.1的特征进行综合判定。

钻芯法判定桩身完整性类别 表26.13.1

类别	特征
Ⅰ	混凝土芯样连续、完整、表面光滑、胶结好、骨料分布均匀、呈长柱状、断口吻合,芯样侧面仅见少量气孔
Ⅱ	混凝土芯样连续、完整、胶结较好、骨料分布基本均匀、呈柱状、断口基本吻合,芯样侧面局部见蜂窝麻面、沟槽
Ⅲ	大部分混凝土芯样胶结较好,无松散、夹泥或分层现象,但有下列情况之一: 芯样局部破碎且破碎长度不大于10cm; 芯样骨料分布不均匀; 芯样多呈短柱状或块状; 芯样侧面蜂窝麻面、沟槽连续
Ⅳ	有下列情况之一: 钻进很困难; 芯样任一段松散、夹泥或分层; 芯样局部破碎且破碎长度大于10cm

26.13.2 低应变法判定桩身完整性类别

低应变法判定桩身完整性类别应结合缺陷出现的深度、测试信号衰减特性以及设计桩型、成桩工艺、地质条件、施工情况，按表26.13的规定和表26.13.2所列实测时域或幅频信号特征进行综合分析判定：

低应变法判定桩身完整性类别 表26.13.2

类别	时域信号特征	辐频信号特征
Ⅰ	$2L/c$ 时刻前无缺陷反射波,有桩底反射波	桩底谐振峰排列基本等间距,其相邻频差 $\Delta f \approx c/2L$
Ⅱ	$2L/c$ 时刻前出现轻微缺陷反射波,有桩底反射波	桩底谐振峰排列基本等间距,其相邻频差 $\Delta f \approx c/2L$,轻微缺陷产生的谐振峰与桩底谐振峰之间的频差 $\Delta f' > c/2L$
Ⅲ	有明显缺陷反射波,其他特征介于Ⅱ类和Ⅳ类之间	
Ⅳ	$2L/c$ 时刻前出现严重缺陷反射波或周期性反射波,无桩底反射波 或因桩身浅部严重缺陷使波形呈现低频大振幅衰减振动,无桩底反射波	缺陷谐振峰排列基本等间距,相邻频差 $\Delta f' > c/2L$,无桩底谐振峰; 或因桩身浅部严重缺陷只出现单一谐振峰,无桩底谐振峰

注：对同一场地、地质条件相近、桩型和成桩工艺相同的基桩，因桩端部分桩身阻抗与持力层阻抗相匹配导致实测信号无桩底反射波时，可按本场地同条件下有桩底反射波的其他桩实测信号判定桩身完整性类别。

26.13.3 高应变法判定桩身完整性类别

对于等截面桩，高应变法判定桩身完整性类别可按表26.13.3并结合经验判定；桩身完整性系数 β 应按《建筑基桩检测技术规范》JGJ 106—2003公式9.4.12-1计算。

高应变法判定等截面桩桩身完整性类别 表26.13.3

类别	β值	类别	β值
Ⅰ	$\beta=1.0$	Ⅲ	$0.6 \leq \beta < 0.8$
Ⅱ	$0.8 \leq \beta < 1.0$	Ⅳ	$\beta < 0.6$

26.13.4 声波透射法判定桩身完整性类别

专用波透射法判定桩身完整性类别应结合桩身混凝土各声学参数临界值、PSD判据、混凝土声速低限值以及桩身质量可疑点加密测试（包括斜测或扇形扫测）后确定的缺陷范围，按表26.13的规定和表26.13.4的特征进行综合判定。

声波透射法判定桩身完整性类别　　　　表26.13.4

类别	特　征
Ⅰ	各检测剖面的声学参数均无异常，无声速低于低限值异常
Ⅱ	某一检测剖面个别测点的声学参数出现异常，无声速低于低限值异常
Ⅲ	某一检测剖面连续多个测点的声学参数出现异常； 两个或两个以上检测剖面在同一深度测点的声学参数出现异常； 局部混凝土声速出现低于低限值异常
Ⅳ	某一检测剖面连续多个测点的声学参数出现明显异常； 两个或两个以上检测剖面在同一深度测点的声学参数出现明显异常； 桩身混凝土声速出现普遍低于低限值异常或无法检测首波或声波接收信号严重畸变

26.14　PVC塑料门、窗建筑物理性能分级

26.14.1　塑料门、窗的抗风压性能分级

划分应符合表26.14.1的要求。

塑料门、窗的抗风压性能分级W_q（单位：Pa）　　　　表26.14.1

等级	1	2	3	4	5	6
W_q	≥3500	<3500 ≥3000	<3000 ≥2500	<2500 ≥2000	<2000 ≥1500	<1500 ≥1000

注：表中取值是建筑荷载规范中设计荷载取值的2.25倍。

26.14.2　塑料门、窗空气渗透性能分级

划分应符合表26.14.2的要求。

塑料门、窗的空气渗透性能分级q_0（单位：m³/h·m）　　　　表26.14.2

窗型＼等级	1	2	3	4	5
平开窗	≤0.5	>0.5 ≤1.0	>1.0 ≤1.5	>1.5 ≤2.0	—
推拉窗 塑料门		≤1.0	>1.0 ≤1.5	>1.5 ≤2.0	>2.0 ≤2.5

注：1. 表中数值是压力差为10Pa时单位缝长空气渗透量。
　　2. 平开塑料窗单位缝长空气渗透量的合格指标为不大于2.0m³/h·m。
　　3. 推拉塑料窗、塑料门单位缝长空气渗透量的合格指标为不大于2.5m³/h·m。

26.14.3　塑料门、窗雨水渗透性能分级

划分应符合表26.14.3的要求。

塑料门、窗的雨水渗透性能分级 ΔP（单位：Pa）　　　　表 26.14.3

等级	1	2	3	4	5	6
ΔP	≥600	<600 ≥500	<500 ≥350	<350 ≥250	<250 ≥150	<150 ≥100

注：1. 在表中所列压力等级下，以雨水不进入室内为合格。
　　2. 雨水渗漏性能的合格指标为不小于 100Pa。

26.14.4　塑料门、窗保温性能分级

划分应符合表 26.14.4 的要求。

26.14.5　塑料门、窗空气声计权隔声性能分级

划分应符合表 26.14.5 的要求。

塑料门、窗的保温性能分级 K_0（单位：W/m²·K）　　　　表 26.14.4

型式＼等级	1	2	3	4
平开塑料窗、门	≤2.00	>2.00 ≤3.00	>3.00 ≤4.00	>4.00 ≤5.00
推拉塑料窗、门	—	>2.00（仅用于门） ≤3.00	>3.00 ≤4.00	>4.00 ≤5.00

注：塑料窗保温性能的合格指标为 K_0 值不大于 5.00W/m²·K。

塑料门、窗的空气声计权隔声性能分级（单位：dB）　　　　表 26.14.5

型式＼等级	1	2	3
平开塑料窗、门	≥35	≥30	≥25
推拉塑料窗、门	—	≥30	≥25

注：1. 塑料窗隔声性能的合格指标为不小于 25dB。
　　2. 推拉塑料窗隔声性能的合格指标也可按协议确定。

26.15　铝合金门、窗建筑物理性能分级

铝合金门、窗的性能应根据建筑物所在地区的地理、气候和周围环境以及建筑物的高度、体型、重要性等选定。

铝合金门的性能在无要求的情况下，应符合其性能最低值的要求。

26.15.1　铝合金门、窗的抗风压性能分级

划分应符合表 26.15.1 的要求。

铝合金门、窗的抗风压性能分级 P_3（单位 kPa）　　　　表 26.15.1

分级	1	2	3	4	5
指标值	1.0≤P_3<1.5	1.5≤P_3<2.0	2.0≤P_3<2.5	2.5≤P_3<3.0	3.0≤P_3<3.5
分级	6	7	8	×·×	
指标值	3.5≤P_3<4.0	4.0≤P_3<4.5	4.5≤P_3<5.0	P_3≥5.0	

注：×·× 表示用≥5.0kPa 的具体的值，取代分级代号。

在各分级指标值中，门、窗主要受力构件相对挠度单层、夹层玻璃挠度≤$L/120$，中空玻璃挠度≤$L/180$。其绝对值不应超过 15mm，取其较小值。

26.15.2　铝合金门、窗水密性能分级

划分应符合表 26.15.2 的要求。

26.15.3　铝合金门、窗气密性能分级

划分应符合表 26.15.3 的要求。

26.15.4　铝合金门、窗保温性能分级

划分应符合表 26.15.4 的要求。

26.15.5　铝合金门、窗空气声隔声性能分级

划分应符合表 26.15.5 的要求。

26.15.6　铝合金窗采光性能分级

划分应符合表 26.15.6 的要求。

铝合金门、窗的水密性能分级 ΔP（单位 Pa）　　表 26.15.2

分级	1	2	3	4	5	××××
指标值	100≤ΔP<150	150≤ΔP<250	250≤ΔP<350	350≤ΔP<500	500≤ΔP<700	ΔP≥700

注：××××表示用≥700pa 的具体值取代分级代号，适用于热带风暴和台风袭击地区的建筑。

铝合金门、窗气密性能分级 q_1、q_2　　表 26.15.3

分　级	2（仅用于门）	3	4	5
单位缝长指标值 $q_1/(m^3/(m\cdot h))$	4.0≥q_1>2.5	2.5≥q_1>1.5	1.5≥q_1>0.5	q_1≤0.5
单位面积指标值 $q_2/(m^3/(m^2\cdot h))$	12≥q_2>7.5	7.5≥q_2>4.5	4.5≥q_2>1.5	q_2≤1.5

铝合金门、窗的保温性能分级 K（单位 W/m²·K）　　表 26.15.4

分级	5	6	7	8	9	10
指标值	4.0>K≥3.5	3.5>K≥3.0	3.0>K≥2.5	2.5>K≥2.0	2.0>K≥1.5	K<1.5

铝合金门、窗空气声隔声性能分级 R_W（单位 dB）　　表 26.15.5

等级	2	3	4	5	6
指标值	25≤R_W<30	30≤R_W<35	35≤R_W<40	40≤R_W<45	R_W≥45

铝合金窗采光性能分级 T_r　　表 26.15.6

等级	1	2	3	4	5
指标值	0.2≤T_r<0.3	0.3≤T_r<0.4	0.4≤T_r<0.5	0.5≤T_r<0.6	T_r≥0.6

26.16　耐火砌体分类

1. 在工业炉砌筑工程中，根据所要求的施工精细程度，耐火砌体分为五类。各类砌体的砖缝厚度，应符合表 26.16-1 的规定。

各类耐火砌体的砖缝厚度 表26.16-1

砌体类型	砖缝厚度(mm)	砌体类型	砖缝厚度(mm)
特类	≥0.5	Ⅲ类	≥3
Ⅰ类	≥1	Ⅳ类	>3
Ⅱ类	≥2		

2. 耐火砌体一般采用的泥浆种类和成分，应符合表26.16-2的规定。

耐火砌体一般采用的泥浆种类和成分 表26.16-2

项次	砌体名称	泥浆种类和成分	技术条件
1	黏土耐火砖	黏土质耐火泥浆	GB/T 14982—94
2	高铝砖	高铝质耐火泥浆	GB/T 2994—94
3	硅砖	硅质耐火泥浆	YB/T 384—91
4	镁砖、镁铝砖或镁铬砖	镁质耐火泥浆	YB/T 5009—93
5	炭砖	碳素泥浆	YB/T 121—97
6	黏土质隔热耐火砖	酸铝质隔热耐火泥浆	YB/T 114—97
7	高铝质隔热耐火砖		
8	硅藻土隔热制品		
9	换热器黏土耐火砖格子	气硬性泥浆 质量比(%)： 1. 黏土熟料粉　　　　　　　　90 2. 铁矾土($Al_2O_3>75\%$)　　　10 以下为外加： 1. 水玻璃(密度为 1.3～1.4g/mL)　15 2. 氟硅酸钠　　　　　　　　　1.5 3. 羧甲基纤维素(CMC)　　　　0.1 4. 糊精　　　　　　　　　　　1 5. 水　　　　　　　　　　　适量	

26.17 建筑钢结构工程的焊接难度区分原则

建筑钢结构工程焊接难度可分为一般、较难和难三种情况。施工单位在承担钢结构焊接工程时应具备与焊接难度相适应的技术条件。建筑钢结构工程的焊接难度可按表26.17的区分原则进行分类。

建筑钢结构工程的焊接难度区分原则 表26.17

焊接难度＼影响因素	节点复杂程度和拘束度	板厚(mm)	受力状态	钢材碳当量[①] $C_{eq}(\%)$
一般	简单对接、角接，焊缝能自由收缩	$t<30$	一般静载拉、压	<0.38
较难	复杂节点或已施加限制收缩变形的措施	$30\leqslant t\leqslant 80$	静载且板厚方向受拉或间接动载	0.38～0.45
难	复杂节点或局部返修条件而使焊缝不能自由收缩	$t>80$	直接动载，抗震设防烈度大于8度	>0.45

注：① 按国际焊接学会(IIW)计算公式

$$C_{ep}(\%)=C+\frac{Mn}{6}+\frac{Cr+Mo+V}{5}+\frac{Cu+Ni}{15}(\%)(适用于非调质钢)$$

26.17.1 焊接方法分类及代号

焊接工艺评定所用的焊接方法分类及代号应符合表 26.17.1 的规定。

焊接方法分类　　　　　　　　表 26.17.1

类别号	焊 接 方 法	代 号	类别号	焊 接 方 法	代 号
1	手工电弧焊	SMAW	6-3	板极电渣焊	ESW-BE
2-1	半自动实芯焊丝气体保护焊	GMAW	7-1	单丝气电立焊	EGW
2-2	半自动药芯焊丝气体保护焊	FCAW-G	7-2	多丝气电立焊	EGW-D
3	半自动药芯焊丝自保护焊	FCAW-SS	8-1	自动实芯焊丝气体保护焊	GMAW-A
4	非熔化极气体保护焊	GTAW	8-2	自动药芯焊丝气体保护焊	FCAW-GA
5-1	单丝自动埋弧焊	SAW	8-3	自动药芯焊丝气体保护焊	FCAW-SA
5-2	多丝自动埋弧焊	SAW-D	9-1	穿透栓钉焊	SW-P
6-1	熔嘴电渣焊	ESW-MN	9-2	非穿透栓钉焊	SW
6-2	丝极电渣焊	ESW-WE			

26.17.2 焊缝质量等级的选用原则

焊缝应根据结构的重要性、荷载特性、焊缝形式、工作环境以及应力状态等情况，按下述原则分别选用不同的质量等级：

1. 在需要进行疲劳计算的构件中，凡对接焊缝均应焊透，其质量等级为：

（1）作用力垂直于焊缝长度方向的横向对接焊缝或 T 形对接与角接组合焊缝，受拉时应为一级，受压时应为二级。

（2）作用力平行于焊缝长度方向的纵向对接焊缝应为二级。

2. 不需要计算疲劳的构件中，凡要求与母材等强的对接焊缝应予焊透，其质量等级当受拉时应不低于二级，受压时宜为二级。

3. 重级工作制和起重量 $Q \geqslant 50t$ 的中级工作制吊车梁的腹板与上翼缘之间以及吊车桁架上弦杆与节点板之间的 T 形接头焊缝均要求焊透，焊缝形式一般为对接与角接的组合焊缝，其质量等级不应低于二级。

4. 不要求焊透的 T 形接头采用的角焊缝或部分焊透的对接与角接组合焊缝以及搭接连接采用的角焊缝，其质量等级为：

（1）对直接承受动力荷载且需要验算疲劳的结构和吊车起重量等于或大于 50t 的中级工作制吊车梁，焊缝的外观质量标准应符合二级；

（2）对其他结构，焊缝的外观质量标准可为三级。

26.17.3 钢结构施焊位置分类及代号

分类及代号应符合表 26.17.3 的规定。

26.17.4 钢结构常用钢材分类

常用钢材分类应符合表 26.17.4 的规定。

26.17.5 钢结构试件接头形式分类及代号

接头形式分类及代号应符合表 26.17.5 的规定。

施焊位置分类及代号　　　　　　　表 26.17.3

焊接位置		代号	焊接位置		代号
板材	平	F	管材	水平转动平焊	1G
	横	H		竖立固定横焊	2G
	立	V		水平固定全位置焊	5G
	仰	O		倾斜固定全位置焊	6G
				倾斜固定加挡板全位置焊	5GR

常用钢材分类　　　　　　　表 26.17.4

类别	钢材强度级别	类别	钢材强度级别
Ⅰ	Q215、Q235	Ⅲ	Q390、Q420
Ⅱ	Q295、Q345	Ⅳ	Q460

注：国内新材料和国外钢材按其化学成分、力学性能和焊接性能归入相应级别。

接头形式分类及代号　　　　　　　表 26.17.5

接头形式	代号	接头形式	代号
对接接头	B	十字接头	X
T形接头	T		

26.18 钢筋机械连接接头的等级

钢筋机械连接接头根据抗拉强度以及高应力和大变形条件下反复拉压性能的差异，分为三个等级，各级接头的抗拉强度应符合表 26.18 的规定。

机械连接接头的抗拉强度　　　　　　　表 26.18

接头等级	Ⅰ 级	Ⅱ 级	Ⅲ 级
抗拉强度	$f^\circ_{mst} \geqslant f^\circ_{st}$ 或 $1.10 f_{uk}$	$f^\circ_{mst} \geqslant f_{uk}$	$f^\circ_{mst} \geqslant f_{yk}$

注：1. f°_{mst}—接头试件实际抗拉强度；
　　　f°_{st}—接头试件中钢筋抗拉强度实测值；
　　　f_{uk}—钢筋抗拉强度标准值；
　　　f_{yk}—钢筋屈服强度标准值。
2. Ⅰ、Ⅱ级接头应具有高延性及反复拉压性能。
   Ⅲ级接头应具有一定的延性及反复拉压性能。
3. Ⅰ、Ⅱ、Ⅲ级接头应能经受规定的高应力和大变形反复拉压循环，且在经历拉压循环后，其抗拉强度仍应符合表 26.18 的规定。

参考文献

[1] 中国建筑科学研究院主编. 民用建筑设计通则（GB 50352—2005）/现行建筑设计规范大全. 北京：中国建筑工业出版社，2005：2-1-1

[2] 中国建筑标准设计研究所主编. 宿舍建筑设计规范（JGJ 36—87）/现行建筑设计规范大全. 北京：中国建筑工业出版社，2005：2-3-1

[3] 中国建筑技术研究院主编. 住宅设计规范（GB 50096—1999）（2003 年版）/现行建筑设计规范大全. 北京：中国建筑工业出版社，2005：2-4-1

[4] 中国建筑设计研究院，民政部社会福利和社会事务司主编. 老年人居住建筑设计标准（GB/T 50340—2003）/现行建筑设计规范大全. 北京：中国建筑工业出版社，2005：2-10-1

[5] 黑龙江省建筑设计院主编. 托儿所、幼儿园建筑设计规范（JGJ 39—87）（试行）/现行建筑设计规范大全. 北京：中国建筑工业出版社，2005：2-11-1

[6] 国家档案局档案科学技术研究所主编. 档案馆建筑设计规范（JGJ 25—2000）/现行建筑设计规范大全. 北京：中国建筑工业出版社，2005：2-15-1

[7] 华东建筑设计院主编. 博物馆建筑设计规范（JGJ 66—91）/现行建筑设计规范大全. 北京：中国建筑工业出版社，2005：2-16-1

[8] 中国建筑西南设计研究院主编. 剧场建筑设计规范（JGJ 57—2000）/现行建筑设计规范大全. 北京：中国建筑工业出版社，2005：2-17-1

[9] 中国建筑西南设计院. 中国电影科学技术研究所主编. 电影院建筑设计规范（JGJ 58—88）（试行）/现行建筑设计规范大全. 北京：中国建筑工业出版社，2005：2-18-1

[10] 中国卫生经济学会医疗卫生建筑专业委员会主编. 医院洁净手术部建筑技术规范（GB 50333—2002）/现行建筑设计规范大全. 北京：中国建筑工业出版社，2005：2-22-1

[11] 北京市建筑设计研究院主编. 体育建筑设计规范（JGJ 31—2003）/现行建筑设计规范大全. 北京：中国建筑工业出版社，2005：2-23-1

[12] 建设部建筑设计院主编. 旅馆建筑设计规范（JGJ 62—90）/现行建筑设计规范大全. 北京：中国建筑工业出版社，2005：2-25-1

[13] 中南建筑设计院主编. 商店建筑设计规范（JGJ 48—88）（试行）/现行建筑设计规范大全. 北京：中国建筑工业出版社，2005：2-26-1

[14] 中国建筑东北设计院，辽宁省食品卫生监督检验所主编. 饮食建筑设计规范（JGJ 64—89）/现行建筑设计规范大全. 北京：中国建筑工业出版社，2005：2-27-1

[15] 甘肃省建筑设计研究院主编. 汽车客运站建筑设计规范（JGJ 60—99）/现行建筑设计规范大全. 北京：中国建筑工业出版社，2005：2-28-1

[16] 大连市建筑设计研究院主编. 港口客运站建筑设计规范（JGJ 86—92）/现行建筑设计规范大全. 北京：中国建筑工业出版社，2005：2-29-1

[17] 铁道部第三勘察设计院，中国建筑东北设计研究院主编. 铁路旅客车站建筑设计规范（GB 50226—95）/现行建筑设计规范大全. 北京：中国建筑工业出版社，2005：2-30-1

[18] 郑州工程学院郑州粮油食品工程建筑设计院主编. 粮食平房仓设计规范（GB 50320—2001）/现行建筑设计规范大全. 北京：中国建筑工业出版社，2005：2-36-1

[19] 水利部水利水电规划设计总院，北京水利水电管理干部学院主编．泵站设计规范（GB/T 50265—97）/现行建筑设计规范大全．北京：中国建筑工业出版社，2005：2-38-1

[20] 北京建筑工程学院主编．汽车库建筑设计规范（JGJ 100—98）/现行建筑设计规范大全．北京：中国建筑工业出版社，2005：2-39-1

[21] 陕西省建筑科学研究设计院主编．湿陷性黄土地区建筑规范（GB 50025—2004）/现行建筑设计规范大全．北京：中国建筑工业出版社，2005：2-44-1

[22] 中国建筑科学研究院主编．生物安全实验室建筑技术规范（GB 50346—2004）/现行建筑设计规范大全．北京：中国建筑工业出版社，2005：2-45-1

[23] 中国电子工程设计院主编．洁净厂房设计规范（GB 50073—2001）/现行建筑设计规范大全．北京：中国建筑工业出版社，2005：3-2-1

[24] 五洲工程设计研究院主编．民用爆破器材工厂设计安全规范（GB 50089—98）/现行建筑设计规范大全．北京：中国建筑工业出版社，2005：3-3-1

[25] 河南省电力勘测设计院主编．小型火力发电厂设计规范（GB 50049—94）/现行建筑设计规范大全．北京：中国建筑工业出版社，2005：3-4-1

[26] 水利部水利水电规划设计总院，水利部四川水利水电勘测设计研究院主编．小型水力发电站设计规范（GB 50071—2002）/现行建筑设计规范大全．北京：中国建筑工业出版社，2005：3-5-1

[27] 中国石化工程建设公司主编．石油库设计规范（GB 50074—2002）/现行建筑设计规范大全．北京：中国建筑工业出版社，2005：3-10-1

[28] 中国石化工程建设公司，中国市政工程华北设计研究院，四川石油管理局勘察设计研究院主编．汽车加油加气站设计与施工规范（GB 50156—2002）/现行建筑设计规范大全．北京：中国建筑工业出版社，2005：3-11-1

[29] 中国兵器工业总公司第二一七研究所，江西烟花爆竹质量监督检验站主编．烟花爆竹工厂设计安全规范（GB 50161—92）/现行建筑设计规范大全．北京：中国建筑工业出版社，2005：3-16-1

[30] 国内贸易工程设计研究院主编．猪屠宰与分割车间设计规范（GB 50317—2000）/现行建筑设计规范大全．北京：中国建筑工业出版社，2005：3-17-1

[31] 天津水泥工业设计研究院主编．水泥工厂设计规范（GB 50295—1999）/现行建筑设计规范大全．北京：中国建筑工业出版社，2005：3-19-1

[32] 中国环球化学工程公司主编．工业建筑防腐蚀设计规范（GB 50046—95）/现行建筑设计规范大全．北京：中国建筑工业出版社，2005：3-20-1

[33] 公安部消防局主编．建筑设计防火规范（GBJ 16—87）（2001年版）/现行建筑设计规范大全．北京：中国建筑工业出版社，2005：4-2-1

[34] 山西省公安厅主编．村镇建筑设计防火规范（GBJ 39—90）/现行建筑设计规范大全．北京：中国建筑工业出版社，2005：4-3-1

[35] 公安部消防局主编．高层民用建筑设计防火规范（GB 50045—95）（2001年版）/现行建筑设计规范大全．北京：中国建筑工业出版社，2005：4-4-1

[36] 中国建筑科学研究院主编．建筑内部装修设计防火规范（GB 50222—95）（1999年局部修订）/现行建筑设计规范大全．北京：中国建筑工业出版社，2005：4-5-1

[37] 上海市消防局主编．汽车库、修车库、停车场设计防火规范（GB 50067—97）/现行建筑设计规范大全．北京：中国建筑工业出版社，2005：4-6-1

[38] 中国航空工业规划设计研究院主编．飞机库设计防火规范（GB 50284—98）/现行建筑设计规范大全．北京：中国建筑工业出版社，2005：4-7-1

[39] 中国石油化工总公司洛阳石油化工工程公司主编．石油化工企业设计防火规范（GB 50160—92）（1999年版）/现行建筑设计规范大全．北京：中国建筑工业出版社，2005：4-8-1

[40] 中国石油天然气股份有限公司规划总院主编. 石油天然气工程设计防火规范（GB 50183—2004）/现行建筑设计规范大全. 北京：中国建筑工业出版社，2005：4-9-1

[41] 公安部天津消防科学研究所主编. 自动喷水灭火系统设计规范（GB 50084—2001）/现行建筑设计规范大全. 北京：中国建筑工业出版社，2005：4-10-1

[42] 公安部上海消防科学研究所主编. 建筑灭火器配置设计规范（GBJ 140—90）（1997年版）/现行建筑设计规范大全. 北京：中国建筑工业出版社，2005：4-13-1

[43] 公安部沈阳消防科学研究所主编. 火灾自动报警系统设计规范（GB 50116—98）/现行建筑设计规范大全. 北京：中国建筑工业出版社，2005：4-14-1

[44] 机械工业部设计研究院主编. 建筑物防雷设计规范（GB 50057—94）（2000年版）/现行建筑设计规范大全. 北京：中国建筑工业出版社，2005：4-20-1

[45] 中国建筑标准设计研究院，四川中光高技术研究所有限责任公司主编. 建筑物电子信息系统防雷技术规范（GB 50343—2004）/现行建筑设计规范大全. 北京：中国建筑工业出版社，2005：4-21-1

[46] 中国建筑科学研究院主编. 民用建筑热工设计规范（GB 50176—93）/现行建筑设计规范大全. 北京：中国建筑工业出版社，2005：5-1-1

[47] 中国建筑科学研究院主编. 民用建筑隔声设计规范（GBJ 118—88）/现行建筑设计规范大全. 北京：中国建筑工业出版社，2005：5-5-1

[48] 中国建筑科学研究院主编. 体育馆声学设计及测量规程（JGJ/T 131—200，J 42—2000）/现行建筑设计规范大全. 北京：中国建筑工业出版社，2005：5-13-1

[49] 中国建筑科学研究院主编. 建筑采光设计标准（GB/T 50033—2001）/现行建筑设计规范大全. 北京：中国建筑工业出版社，2005：5-14-1

[50] 信息产业部北京邮电设计院主编. 建筑与建筑群综合布线系统工程设计规范（GB/T 50311—2000）/现行建筑设计规范大全. 北京：中国建筑工业出版社，2005：5-17-1

[51] 河南省建筑科学研究院主编. 民用建筑工程室内环境污染控制规范（GB 50325—2001）/现行建筑设计规范大全. 北京：中国建筑工业出版社，2005：5-18-1

[52] 中国建筑科学研究院主编. 建筑结构可靠度标准（GB 50068—2001）/现行建筑结构规范大全. 北京：中国建筑工业出版社，2005：1-1-1

[53] 中国建筑科学研究院主编. 建筑结构荷载规范（GB 50009—2001）/现行建筑结构规范大全. 北京：中国建筑工业出版社，2005：1-7-1

[54] 中国建筑东北设计研究院主编. 砌体结构设计规范（GB 50003—2001）/现行建筑结构规范大全. 北京：中国建筑工业出版社，2005：2-1-1

[55] 四川省建筑科学研究院主编. 混凝土小型空心砌块建筑技术规程（JGJ/T 14—2004）/现行建筑结构规范大全. 北京：中国建筑工业出版社，2005：2-3-1

[56] 中国建筑科学研究院主编. 多孔砖砌体结构技术规范（JGJ 137—2001）（2002年版）/现行建筑结构规范大全. 北京：中国建筑工业出版社，2005：2-4-1

[57] 中国建筑西南设计研究院，四川省建筑科学研究院主编. 木结构设计规范（GB 50005—2003）/现行建筑结构规范大全. 北京：中国建筑工业出版社，2005：2-6-1

[58] 北京钢铁设计研究总院主编. 钢结构设计规范（GB 50017—2003）/现行建筑结构规范大全. 北京：中国建筑工业出版社，2005：2-8-1

[59] 中国建筑科学研究院主编. 混凝土结构设计规范（GB 50010—2002）/现行建筑结构规范大全. 北京：中国建筑工业出版社，2005：3-1-1

[60] 中国建筑科学研究院主编. 冷轧带肋钢筋混凝土结构技术规程（JGJ 95—2003）/现行建筑结构规范大全. 北京：中国建筑工业出版社，2005：3-2-1

[61] 中国建筑技术研究院标准设计研究所主编. 高层民用建筑钢结构技术规程（JGJ 99—98）/现行建筑结构规范大全. 北京：中国建筑工业出版社，2005：3-4-1

[62] 中国建筑科学研究院主编. 轻骨料混凝土结构设计规程（JGJ 12—99）/现行建筑结构规范大全. 北京：中国建筑工业出版社，2005：3-5-1

[63] 中国建筑科学研究院主编. 型钢混凝土组合结构技术规程（JGJ 138—2001）/现行建筑结构规范大全. 北京：中国建筑工业出版社，2005：3-9-1

[64] 中国建筑科学研究院主编. 高层建筑混凝土结构技术规程（JGJ 3—2002）/现行建筑结构规范大全. 北京：中国建筑工业出版社，2005：3-11-1

[65] 中国建筑技术发展研究中心，中国建筑科学研究院主编. 装配式大板居住建筑设计与施工规程（JGJ 1—91）/现行建筑结构规范大全. 北京：中国建筑工业出版社，2005：3-12-1

[66] 山西建筑工程（集团）总公司主编. 屋面工程技术规范（GB 50345—2004）/现行建筑结构规范大全. 北京：中国建筑工业出版社，2005：3-15-1

[67] 中国建筑科学研究院主编. 无粘结预应力混凝土结构技术规程（JGJ 92—2004）/现行建筑结构规范大全. 北京：中国建筑工业出版社，2005：3-17-1

[68] 中国建筑科学研究院主编. 建筑地基基础设计规范（GB 50007—2002）/现行建筑结构规范大全. 北京：中国建筑工业出版社，2005：4-1-1

[69] 中国建筑科学研究院主编. 建筑桩基技术规范（JGJ 94—94）/现行建筑结构规范大全. 北京：中国建筑工业出版社，2005：4-2-1

[70] 中国建筑科学研究院主编. 建筑基坑支护技术规程（JGJ 120—99）/现行建筑结构规范大全. 北京：中国建筑工业出版社，2005：4-5-1

[71] 中国建筑科学研究院主编. 膨胀土地区建筑技术规范（GBJ 112—87）/现行建筑结构规范大全. 北京：中国建筑工业出版社，2005：4-6-1

[72] 黑龙江省寒地建筑科学研究院主编. 冻土地区建筑地基基础设计规范（JGJ 118—98）/现行建筑结构规范大全. 北京：中国建筑工业出版社，2005：4-8-1

[73] 建设部综合勘察设计研究院主编. 岩土工程勘察规范（GB 50021—2001）/现行建筑结构规范大全. 北京：中国建筑工业出版社，2005：4-9-1

[74] 机械工业勘察设计研究院主编. 高层建筑岩土工程勘察规程（JGJ 72—2004）/现行建筑结构规范大全. 北京：中国建筑工业出版社，2005：4-10-1

[75] 中国建筑科学研究院主编. 软土地区工程地质勘察规范（JGJ 83—91）/现行建筑结构规范大全. 北京：中国建筑工业出版社，2005：4-11-1

[76] 内蒙古大兴安岭林业设计院主编. 冻土工程地质勘察规范（GB 50324—2004）/现行建筑结构规范大全. 北京：中国建筑工业出版社，2005：4-12-1

[77] 重庆市设计院主编. 建筑边坡工程技术规范（GB 50330—2002）/现行建筑结构规范大全. 北京：中国建筑工业出版社，2005：4-16-1

[78] 同济大学主编. 高耸结构设计规范（GBJ 135—90）/现行建筑结构规范大全. 北京：中国建筑工业出版社，2005：5-1-1

[79] 北京市市政工程设计研究总院主编. 给水排水工程管道结构设计规范（GB 50332—2002）/现行建筑结构规范大全. 北京：中国建筑工业出版社，2005：5-6-1

[80] 中国建筑设计研究院主编. 人民防空地下室设计规范（GB 50038—94）（2003年版）/现行建筑结构规范大全. 北京：中国建筑工业出版社，2005：5-8-1

[81] 中国建筑科学研究院主编. 建筑抗震设计规范（GB 50011—2001）/现行建筑结构规范大全. 北京：中国建筑工业出版社，2005：6-1-1

[82] 冶金部建筑研究总院主编. 构筑物抗震设计规范（GB 50191—93）/现行建筑结构规范大全. 北

[83] 中国建筑科学研究院主编. 预应力混凝土结构抗震设计规程（JGJ 140—2004）/现行建筑结构规范大全. 北京：中国建筑工业出版社，2005：6-4-1

[84] 中国建筑科学研究院主编. 建筑工程抗震设防分类标准（GB 50223—2004）/现行建筑结构规范大全. 北京：中国建筑工业出版社，2005：6-5-1

[85] 建设部综合勘察研究设计院主编. 建筑变形测量规程（JGJ/T 8—97）/现行建筑结构规范大全. 北京：中国建筑工业出版社，2005：6-9-1

[86] 中国建筑科学研究院主编. 建筑基桩检测技术规范（JGJ 106—2003）/现行建筑结构规范大全. 北京：中国建筑工业出版社，2005：6-10-1

[87] 公安部科技局，全国安全防范报警系统标准化技术委员会主编. 安全防范工程技术规范（GB 50348—2004）/现行建筑施工规范大全. 北京：中国建筑工业出版社，2005：1-13-1

[88] 总参工程科研三所主编. 地下工程防水技术规范（GB 50108—2001）/现行建筑施工规范大全. 北京：中国建筑工业出版社，2005：1-14-1

[89] 山西建筑工程（集团）总公司主编. 地下防水工程质量验收规范（GB 50208—2002）/现行建筑施工规范大全. 北京：中国建筑工业出版社，2005：1-15-1

[90] 冶金工业部建筑研究总院主编. 钢结构工程施工质量验收规范（GB 50205—2001）/现行建筑施工规范大全. 北京：中国建筑工业出版社，2005：2-1-1

[91] 中国建筑科学研究院主编. 混凝土结构工程施工质量验收规范（GB 50204—2002）/现行建筑施工规范大全. 北京：中国建筑工业出版社，2005：2-4-1

[92] 陕西省建筑科学研究设计院主编. 砌体工程施工质量验收规范（GB 50203—2002）/现行建筑施工规范大全. 北京：中国建筑工业出版社，2005：2-10-1

[93] 武汉冶金建筑设计院主编. 工业炉砌筑工程施工及验收规范（GB 50211—2004）/现行建筑施工规范大全. 北京：中国建筑工业出版社，2005：2-15-1

[94] 哈尔滨工业大学主编. 木结构工程施工质量验收规范（GB 50206—2002）/现行建筑施工规范大全. 北京：中国建筑工业出版社，2005：2-16-1

[95] 中冶集团建筑研究总院主编. 建筑钢结构焊接技术规程（JGJ 81—2002）/现行建筑施工规范大全. 北京：中国建筑工业出版社，2005：4-11-1

[96] 中国建筑科学研究院主编. 钢筋机械连接通用技术规程（JGJ 107—2003）/现行建筑施工规范大全. 北京：中国建筑工业出版社，2005：4-12-1

[97] 中国建筑科学研究院主编. PVC塑料门（JG/T 3017—94）/现行建筑材料规范大全（增补本）. 北京：中国建筑工业出版社，2003：901-915

[98] 中国建筑科学研究院主编. PVC塑料窗（JGJ/T 3018—94）/现行建筑材料规范大全（增补本）. 北京：中国建筑工业出版社，2003：916-930

[99] 中国建筑标准设计研究所主编. 铝合金窗（GB/T 8479—2003）